数字经济专业系列教材

区块链原理与应用
——数字经济的视角

刘建国　王山山　主　编

电子工业出版社·
Publishing House of Electronics Industry
北京·BEIJING

内 容 简 介

本书从数字经济的角度对区块链的技术起源、发展历程和应用领域进行了介绍，还详细介绍了区块链的原理和应用。

本书首先介绍了区块链的核心技术，包括区块链的体系结构、分布式账本与点对点网络、密码学技术及共识机制等。随后，本书详细介绍了 Solidity 编程语言的开发环境、基本语法及智能合约示例，并介绍了如何创建智能合约并部署到以太坊测试网络。

对于希望深入了解企业级区块链应用的读者，本书提供了超级账本的开发指南。

对于数字身份和数据所有权问题，本书详细阐述了 Web3.0 的定义与特征，区块链技术如何促进 Web3.0 的发展，以及去中心化应用与 Web3.0 的融合。

本书最后介绍了多个区块链在金融领域的实践案例，帮助读者将理论知识与实践操作相结合。

图书在版编目（CIP）数据

区块链原理与应用 ： 数字经济的视角 ／ 刘建国，王山山主编. -- 北京 ： 电子工业出版社，2025. 8.

（数字经济专业系列教材）. -- ISBN 978-7-121-51000-7

Ⅰ. TP311. 135.9

中国国家版本馆 CIP 数据核字第 2025TM5383 号

责任编辑：刘小琳 特约编辑：张启龙
印　　刷：三河市鑫金马印装有限公司
装　　订：三河市鑫金马印装有限公司
出版发行：电子工业出版社
　　　　　北京市海淀区万寿路 173 信箱　邮编：100036
开　　本：787×1 092　1/16　印张：16.25　字数：364 千字
版　　次：2025 年 8 月第 1 版
印　　次：2025 年 8 月第 1 次印刷
定　　价：69.00 元

凡所购买电子工业出版社图书有缺损问题，请向购买书店调换。若书店售缺，请与本社发行部联系，联系及邮购电话：（010）88254888，88258888。

质量投诉请发邮件至 zlts@phei.com.cn，盗版侵权举报请发邮件至 dbqq@phei.com.cn。

本书咨询联系方式：（010）88254538，liuxl@phei.com.cn。

数字经济专业系列教材
专家委员会
（按姓氏笔画排名）

刘兰娟　安筱鹏　肖升生　汪寿阳　赵　琳

洪永淼　袁　媛　高红冰　蒋昌俊

前　言

　　本书的前言部分，首先介绍"基于区块链的社会化巡检"项目。该项目旨在解决超高压输电线路的反外损问题。反外损是一个影响电力供应安全和效率的重要问题，传统的电网巡检方式效率低下且成本高昂，因此，我们提出利用区块链技术的透明性、不可篡改性和分布式账本的特点，优化电网巡检过程。

　　在这个项目中，我们主要负责区块链技术的研发和实施。为此，我们基于区块链开发了一个系统，此系统可以有效地记录并验证巡检数据，提高数据的可靠性和巡检的透明度。此外，我们还利用社交网络动员机制，激励更多社区成员参与到电网巡检中来。这种机制不仅提高了巡检的覆盖率和巡检效率，也增加了社区成员的参与感，进而提高了整个系统的运行效率和安全性。

　　在基于区块链的社会化巡检项目中，我们交付的主要产品是一个基于区块链的巡检系统。这个系统利用区块链的不可篡改性和透明性，确保了巡检数据的真实性和完整性。例如，当巡检员完成巡检任务时，他们的发现和报告会被记录在区块链上，这些数据无法被事后修改或删除，从而提高了巡检的可信度。此外，我们还整合了社交网络动员机制来提高巡检效率。我们通过为参与巡检的个人和组织提供奖励来鼓励更多社区成员参与到电网巡检中。这种方法不仅提高了社区成员的参与度，还扩大了巡检的覆盖范围，使得电网问题能够更快被发现和解决。在实际操作中，这种结合了区块链技术和社交网络动员的系统极大地提高了巡检的效率，展示了区块链技术在传统行业中的应用潜力。

　　通过基于区块链的社会化巡检项目，我们的团队对区块链技术有了更深入的理解。我们认识到实施这项技术将会面临的挑战，如确保系统的安全性、处理大量数据的能力，以及用户接受度的问题。但同时我们也发现了区块链技术在电网行业中的巨大应用潜力，尤其是在提高透明度、数据可信度和运营效率3个方面。此外，我们也学习了如何在实际操作中解决技术和管理的问题。例如，我们通过用户教育和建立合作伙伴关系来促进技术的接受和使用。通过这个项目，我们不仅增强了对区块链技术的认识，还提高了在实际复杂的应用中部署该技术的能力。以此为契机，我们希望能够编写一本适合财经和经管等专业学生的区块链教材。

　　本书的设计原则是"务实的、面向未来的"。

务实的：务实（Pragmatic）即意味着具有"可操作性"，只要读者一步一步跟着教材内容做，就能理解知识并解决问题。因此，本书将通过列举大量例子来阐述观点和概念，除了希望读者能够快速掌握区块链的核心概念和工具，本书最想传达给读者的是一种独特的研究观念和思考方式。除此之外，本书每个章节都配备了相关代码，用来复现一些案例的结果。正如书名所言，本书希望为读者们构建出一个从理论分析到实践应用的完整教材体系。

面向未来的：本书不仅能帮助你解决目前需处理的项目，更期待在未来的某个时刻，能继续为你提供灵感。区块链领域的变化速度快得惊人，人们稍有松懈就会被时代所抛弃。相信你在学生生涯、职业生涯里，也感受到了社会生活的许多变化，比如从现金支付到信用卡支付再到移动支付，从传统媒体到新媒体等变化。因此，为了让本书在 10 年后依旧充满活力，就要做到在选题上尽可能宽泛和新颖。本书每个章节都把基础概念的来龙去脉交代清楚，并且会列举各个领域最前沿的研究项目。通过对经典研究和前沿研究的取舍，我们相信本书能够经得起时间的考验。

在本书中，我们将围绕区块链技术在金融领域的应用，通过串联各个章节的内容，为读者提供一个全面、深入的学习路径。从区块链技术的历史发展开始介绍其核心技术，如密码学、分布式账本、共识机制和智能合约等基础概念，为读者奠定坚实的理论基础。随后，本书将借助去中心化应用开发实操篇章，以使用 Solidity 编程语言为例，带领读者深入了解智能合约和去中心化应用的开发流程，将理论知识转化为实践技能。在探讨企业级区块链解决方案时，我们将详述超级账本项目的核心概念和交易流程，解释它是如何适应复杂的企业需求的。

进入 Web3.0 时代的讨论，我们将在书中展示区块链技术是如何成为推动数据资产生态系统和数据市场发展的关键力量的，为读者揭示这一技术在未来互联网发展中的角色地位和影响。最终，本书将重点分析区块链在金融领域的应用，包括支付、结算、融资借贷及金融监管等方面。本书将展现区块链技术是如何为现代金融体系带来颠覆性的创新的，同时也将指出这一领域所面临的挑战和机遇。

通过这样的结构安排，本书旨在为财经和经管类专业的学生提供一个实用且具有前瞻性的学习资源，帮助他们在区块链领域，特别是在金融应用方面取得实质性的收获。我们希望通过深入浅出的方式，让学生不仅能够掌握区块链技术的核心原理和开发技巧，而且能够理解和评估区块链技术在金融及其他领域的应用前景和挑战，为他们未来的职业生涯或进一步的学术研究打下坚实的基础。

编者

2025 年 5 月

目　录

第1章

绪　　论

1.1　区块链技术的历史与发展

1.1.1　区块链技术的起源

在信息技术迅速发展的时代，一股激进的潮流在硅谷蔓延。这是一个被称为"密码朋克"的小众群体，他们拥有着同一种精神：通过密码学技术让攻击成本远大于防御成本，从而更好地保护人们独立和自治的权利。Timothy May、Eric Hughes 等人在当时并不为世人所熟知，但他们的思想和实验，为后来的技术革命保留了火种。在这些"密码朋克"的手中，加密技术不再只是冷冰冰的算法，而是保护个体隐私免受侵犯的盾牌。Timothy May 对于"Crypto Credits"（加密信用）的构想，预示着未来的数字货币，这一构想在当时属于异想天开，却为未来发展奠定了全新的金融体系理论基础。

同一时期，另一位科学家 Leslie Lamport 提出了"拜占庭将军"问题，这不仅是一个逻辑难题，更是分布式系统必须解决的信任之谜。在数字货币的原始尝试中，David Chaum 的 Ecash（原名 eCash，是第一个点对点的电子现金系统）系统则是一个重要的实验，尽管它仍依赖传统的中心化模型开展，但却在提高交易环境的匿名性方面迈出了重要的一步。

进入 21 世纪，一本名为《比特币：一种点对点的电子现金系统》的白皮书，如一颗重磅炸弹砸进了数字世界。Satoshi Nakamoto（中本聪）这个名字被人熟知，但他的真实身份却是一个谜团，他提出了自己对电子货币的构想并提出"比特币"的概念，这不仅是货币的数字化，更是对整个金融体系的重新定义。比特币的出现，不只是货币数字化技术的创新，更是一场关于信任、权力和自由的社会实验。

如今，当我们回顾区块链技术的起源，可以清晰地看到，从"密码朋克"的理念到比特币的诞生，这不仅是一段关于技术发展的历史，更是一场思想和信仰的革命。区块链技术的演进，证明了一种全新的信任机制——分布式共识，它可以跨越物理界限，成为全球范围内不可或缺的社会基础设施。

1.1.2 区块链的发展历程

1. 数字货币

在数字世界的草原上，比特币如同一颗种子，在 2008 年孕育而生，随着中本聪那蕴含革命性思想的文字，破土发芽。2009 年，比特币的运行，是区块链 1.0 时代的开端，它不仅是对货币的再定义，也是对交易信任理念的全新构建。在此时期，有个被后人铭记的轶事：一位名叫拉斯洛·豪涅茨（Laszlo Hanyecz）的程序员以 1 万比特币换回了一个价值 25 美元的披萨，他未曾预料到，自己的这一举动将被载入史册，这一天也成了每年加密货币爱好者为庆祝比特币用于购买实物，而设置的"比特币披萨日"。

2. 资产编程

随着时间的流逝，人们慢慢窥见区块链背后更深层的奥秘。区块链 2.0 时代到来，以太坊与瑞波等平台引领了一场由智能合约驱动的金融革命。智能合约如同从童话里走出来的魔法师，握着编程之杖，激活了资产的灵动性，将金融交易编织进透明且不可篡改的数字帷幕中。在这一时期，《加密猫》游戏应运而生，它依托基于区块链技术的虚拟货币以太坊，让世人看到了虚拟资产的无限可能，也借此成为虚拟世界的宠儿，同时也预示着一个全新资产类别的诞生。

然而，智能合约的魔法并非无所不能。区块链 2.0 就在其魔法边界遭遇了速度的限制，如同被咒语束缚的巨人，步履维艰。

3. 社会编程

在探索的道路上，人类永不止步。区块链 3.0 时代的到来，如同开启了一扇通往未来世界的大门。MOAC、EOS 等技术的崛起，将区块链的火种带向了更广阔的社会领域，去中心化的理念也开始深深扎根在人们心中。区块链不再只是金融领域的代名词，它的影响蔓延到司法、医疗、物流等更多领域，不断挑战着传统体系的边界。在这一时代，区块链技术被视为构建信任的新型纽带，利用去中心化的魅力，重新定义着信息的价值与交换的方式。

1.1.3 区块链的重要事件

在区块链的发展历程中，一系列重要事件标志着这项技术正在不断成熟并快速扩散。这些重要事件不仅是技术进步的节点，也是社会对新型价值交换方式认知变迁的里程碑。

2008 年：比特币诞生。中本聪发布了有关比特币的白皮书《比特币：一种点对点的电子现金系统》，标志着区块链 1.0 技术的诞生。比特币是第一个去中心化的数字货币，它背后的区块链技术引起了广泛关注。

2009 年：比特币网络运行。中本聪挖出了比特币的创世区块，比特币网络正式运行。这是区块链技术第一次在现实世界中应用。

2013 年：以太坊概念被提出。Vitalik Buterin 创办了以太坊，一个可以执行智能合约的公共区块链开源平台，这标志着区块链 2.0 时代的到来。以太坊网络的建立极大地扩展了区块链的应用范围。

2015 年：以太坊网络正式运行。以太坊网络正式运行，开发者可以在以太坊平台上创建和运行去中心化应用（DApp）。

2016 年：DAO（去中心化自治组织）事件。DAO 事件令以太坊社区面临分歧，最终以太坊团队选择进行硬分叉，产生了以太币（ETH）和以太坊经典（ETC）。这次硬分叉引发了关于区块链不变性原则的广泛讨论。尽管硬分叉旨在挽回智能合约漏洞导致的资金损失，但这一做法与去中心化的原则相悖，引发了社区内部的争议。

2017 年：ICO（首次代币发行）热潮。2017 年，人们见证了 ICO 的爆发式增长，许多项目通过发行代币来筹集资金，这一年也见证了加密货币市场的大规模增长。

2018 年：加密货币市场调整。经历了 2017 年的快速增长之后，2018 年，加密货币市场进入调整期，很多加密货币的价格大幅下跌。

2020 年：DeFi（去中心化金融）兴起。DeFi 项目在 2020 年获得了爆发式增长，为金融服务提供了去中心化的替代方案，如借贷、交易、保险等。

2021 年：NFT（非同质化代币）兴起。NFT 在艺术品、收藏品、游戏道具等领域得到了广泛应用，引发了广泛的公众兴趣和媒体报道。

2022 年：机制转换。经过多年的开发和多次延期，以太坊的开发者们终于将其核心机制从 PoW（Proof of Work）机制转换为更加节能的 PoS（Proof of Stake）机制，大幅降低了能源消耗。这一举措完成了以太坊向更环保系统的关键转变，同时保持了其作为市值第二大加密货币的地位。

2023 年：首个国家标准发布。国家市场监督管理总局和国家标准化管理委员会发布的《区块链和分布式记账技术　参考架构》是我国在区块链技术领域获批发布的首个国家标准。该标准对区块链系统的功能架构和核心要素进行了规范，旨在统一行业对区块链概念的理解、提供并建设完善的区块链系统，是选择区块链服务的参考指南。作为指导我国区块链技术应用和产业发展的基础性、通用性标准，它已在区块链企业中得到应用，为相关产业的发展提供了重要支持。

2024 年：ETF 获批。美国证券交易委员会（SEC）首次批准了比特币现货 ETF，共 11 只比特币现货 ETF 获得上市交易授权。这一决定使得投资者可以通过传统股票经纪账户交易比特币，而无须依赖初创公司平台。

区块链技术已经开始被越来越多的行业认可，从金融服务到供应链管理，再到数字身份认证等，许多行业开始探索和应用区块链技术。其中 DeFi 和 NFT 等概念的兴起，再次证明了区块链技术的革新力量和它带给社会各领域的深远影响。随着技术的演进和数字世界的深度融合，元宇宙的概念逐渐从科幻走向现实。在这个过程中，区块链技术证明了自身不可或缺的价值。通过 NFT、DID（去中心化身份）和 DeFi 等创新，区块链成为构建元宇宙经济和社交基础的关键。

尽管元宇宙和区块链的结合目前还处于起步阶段，但它们已经展现出能够改变游戏、娱乐、社交、教育和商业等多领域的巨大潜力。在这个全新的数字空间，区块链不仅保障了创作者和用户的权益，也推动了一个更加公平和开放的数字经济生态的形成。每次技术革新，每个里程碑事件，都是区块链旅程中不可磨灭的历史足迹，它们共同织就了一幅波澜壮阔的技术革命图卷，正如星辰引领航路，区块链在历史的长河中也闪耀着引领未来的光芒。

1.2 区块链的重要性、应用领域及其对经济的影响

1.2.1 区块链的重要性

在互联网诞生之初，信息的海洋刚刚向人类敞开大门，每条信息都像是一颗潜藏着无限可能的种子，等待在未来的世界中发芽。如今，区块链技术正引领一场新的革命，它不仅是技术的迭代，更是信任的革命。区块链的重要性不能仅仅通过它的功能来定义，它的重要性主要在于它带来的深远影响及其引领未来的能力。

区块链重新定义了"信任"的基础。在传统的商业模式中，信任机制通常建立在人与人之间，或者依赖中介机构，如银行和律师事务所等。然而，区块链技术通过独特的加密技术和分布式记账机制，使得信任机制不再依赖特定的中介，而是被嵌入到系统的设计之中。在这个区块链中，交易的验证和执行由算法保护，数据的不可篡改性和透明度得以保障，从而在陌生人之间建立了一种全新的信任机制。这种信任机制中的去中心化和自动化极大地降低了传统信任机制中的不确定性和风险。

区块链的重要性还体现在它对数据安全性的强化上。一个由区块链支撑的数字身份系统，可以有效防止身份盗窃及欺诈，因为每个用户的身份信息都被加密并以分布式的形式存储在网络中，任何篡改行为都会立即被网络的其他部分识别并阻止。区块链的这种特性不仅提升了数据的安全性，还赋予了用户对自身数据更大的控制权，从而推动了数字身份和数据所有权的重塑。

智能合约的引入使区块链技术的潜力进一步扩大。智能合约作为一种自动化执行的协议，能够在特定条件内实现自动触发并执行，无须人为干预。这不仅简化了交易流程、提高了交易效率，还减少了交易的潜在风险。智能合约的应用为各行各业带来了创新的可能

性，并开启了自动化和可信计算的新纪元。

区块链的透明度和不可篡改性也正在重新定义审计和监管的未来。这不仅是对现有制度的优化，更是一场由根本信任和验证机制驱动的变革。区块链有望推动社会结构的转型，使之更加公平、透明和高效。在这个由区块链支撑的世界里，信任机制成为每笔交易和互动的基石。

总的来说，区块链的重要性在于它不仅是一种技术，更是一种重新构建信任、重塑数据安全、推动自动化和透明度的手段。区块链通过解放传统的信任机制、提高数据控制权、简化交易流程，以及强化监管手段，正在引领我们走向一个更为透明、可信和高效的未来。这不仅仅是技术的进步，更是对我们社会运作方式的一场深刻变革。

1.2.2　区块链的应用领域

区块链技术，犹如时代的宠儿。它的实用性和革命性在各行各业播下了创新的种子。这些种子又在不同的领域里孕育出了丰硕的果实，开启了各种可能性的大门。

在金融服务业，区块链技术被誉为"下一代互联网"。它通过提供去中心化的技术支持，重新定义了货币与资产交易。加密货币的兴起，如比特币和以太坊，不仅推动了货币的数字化，也挑战了传统银行业务的边界。DeFi 概念兴起，使得融资、借贷、交易和投资更为便捷和灵活，无须传统金融机构的介入。

在供应链领域，区块链展现出了独特的价值。通过区块链，我们能够实现实时追踪商品从生产到交付的每个环节，大幅提高了供应链的透明度，减少了欺诈现象。这在食品安全、药品溯源等领域尤为重要，能够确保消费者得到的产品是安全可靠的。

在公共部门，区块链提供了一种保护数据不被篡改的方法，提高了为公民服务的质量和效率。例如，它能够确保公民个人身份信息的安全存储，简化房地产的交易流程，甚至还可确保选举过程公正、透明。

在教育界，区块链可以用来存储和验证学历证明。在当今全球化的世界里，区块链可以提供一个不可篡改且容易验证的学历和证书系统，可以防止学历造假，还可以简化招聘流程。

在艺术界，区块链技术的应用也经历了翻天覆地的变化。NFT 的兴起，将艺术品买卖和版权管理带到了新的维度。艺术家可以直接向消费者销售数字艺术品，在保护艺术家的知识产权的同时，也创造了新的市场机会。

在医疗健康领域，区块链被用于保护患者的隐私，同时还能保障医疗记录的不变性和安全性。它还可使医疗资源在医疗机构之间更加高效地共享，同时降低了医疗欺诈的风险。

在环境保护中，区块链技术也开始发挥作用。通过准确记录碳排放和环境数据，区块链可以更有效地管理碳信用并执行环境保护合同。

此外，区块链与 Token（令牌）的融合，开启了资产代币化的新篇章。Token 不仅承载着价值的流转，还代表着权力和所有权的数字化表达。在区块链的新世界里，从艺术品到房产，从个人身份到公司股权，都可以被 Token 化，以此实现资产的自由流通和权益的明确界定。

随着隐私计算的融入，区块链不仅可以保护数据的安全，还可以保护用户的隐私。在数据泄露和隐私侵害日益严重的今天，区块链为用户提供了一种全新的数据处理方式，使得用户可以在享受便利服务时，不必担忧个人隐私被侵害。

在 Web 3.0 的构想中，区块链是构建去中心化网络的基石，用户不再是数据的被动提供者，而是自己数据的主人，享有更多控制权和自主权。

区块链之所以引人瞩目，不仅在于它的安全性高，也在于其独特的透明性和去中心化的特点。它是一种推动经济、文化等多领域协同发展的力量，为我们构建更加公平、高效的未来奠定了坚实基础。随着技术的成熟，我们可以预见，区块链将在更多领域发挥作用。

1.2.3　区块链对经济的影响

在这个全球化的市场经济体系中，区块链既是催化剂也是重塑者，它不仅重新定义了价值交换的方式，还在经济的本质结构上引入了创新的思维方式。

从微观经济的角度来看，区块链通过分布式账本，为小微企业提供了更低成本的金融服务渠道。这种去中介化的金融服务流程不仅降低了小微企业的融资门槛，还为他们提供了更加公平的竞争环境。

在供应链管理方面，区块链的透明性和不可篡改性保障了信息的真实性，从而提高了供应链效率，还减少了因信息不对称而产生的损失。

在宏观经济层面，区块链技术正推动货币政策和金融监管向更加灵活且适应性更强的方向发展。例如，去中心化的数字货币对传统的法定货币系统发出了挑战，促使政府和中央银行考虑如何融入这种新兴货币体系。新兴货币的兴起促使监管机构更新监管框架，确保市场经济金融的稳定性和对用户的保护。

此外，区块链在激发经济创新活力和创造就业机会方面也发挥了重要作用。它允许开发者和企业探索前所未有的商业模型，如 DeFi 和 NFTs，这些模型正在创造新的市场机会及新的就业岗位。

在税收和政务服务方面，区块链的应用提高了这些工作的透明度和效率。例如，通过区块链，税收和分配可以变得更加高效和透明，同时减少腐败滋生。政务服务数字化是指利用区块链实现数据的安全存储、身份验证和对公共资源更有效的管理。

区块链在国际贸易和跨境交易领域显示出巨大潜力。它简化了国际贸易流程，减少了跨境交易的时间和成本，增加了跨国公司和用户的利益。它还为货币快速转移和汇率风险管理提供了新的解决方案，从而加强了全球贸易的连通性。

总之，区块链技术正在全方位地影响着经济，它为金融市场提高了效率和透明度，为企业内部流程管理和政府治理结构带来了革新。随着区块链的不断发展及应用领域的不断拓宽，区块链在塑造新经济格局方面的作用只会越发显著。

习题

1．区块链 1.0、2.0 和 3.0 分别代表了区块链发展的哪 3 个阶段？简要说明每个阶段的主要特点和技术应用。

2．区块链在金融服务领域的应用有哪些？简要说明区块链在这一领域的优势与挑战。

3．区块链的发展可能带来哪些社会和经济的变革？请举例说明区块链可能对某一行业产生的深远影响。

4．从"密码朋克"到比特币的诞生，区块链技术经历了哪些重要的历史阶段？这些阶段对区块链技术的发展有什么影响？

5．请列举并描述区块链发展史上几个重要的事件，简要说明这些事件对区块链发展和应用的影响。

第2章

区块链的核心技术

2.1 区块链体系结构

2.1.1 区块链的基本概念与定义

区块链是一种独特的数据库存储系统，数据结构可以被视作信息不断增长的锁链，锁链的每一处都密封着一批处理完毕的交易记录。这些交易记录，被保存在"区块"中，形成一本透明的、不可篡改的"账本"。要真正理解区块链，我们首先要揭开其基本概念与定义的神秘面纱。

根据国际标准化组织（ISO）的定义，区块链是一种"利用密码学连接并保护连续数据块的分布式和去中心化的数字账本"。这意味着每个区块链中的数据块都通过精准的时间戳和前一个数据块的加密哈希值相连，形成一个连续的链，这就是区块链。国际标准化组织对区块链的这一定义，强调了其数据结构和安全性。

中华人民共和国国家互联网信息办公室发布的《区块链信息服务管理规定》中，也给出了区块链的定义，并强调了它在信息服务领域的应用。根据该定义可知，区块链是一种基于分布式数据存储、点对点传输、共识机制、加密算法等计算机技术的新型应用模式。该定义不仅明确了区块链技术的关键组成部分，还指出了它在促进信息服务管理中的潜力。

了解区块链的定义只是揭开它神秘面纱的第一步。要想完全领略其深远影响，必须深入了解区块链的构成——区块链的基本概念。正如建筑需要坚实的块基一样，要想对区块链有深层次的理解也需从其基本概念开始理解。

1. 区块链的基本概念

（1）交易。交易是区块链血液中的血细胞，携带着价值与信息在整个网络血液中流动。每笔交易都像是一次小型的革命，通过改变信息状态来验证和记录每个小小的经济活动。这些交易的集合构成了区块链的生命力，无数个交易汇集，支撑起整个区块链的存在和发展。

（2）去中心化。去中心化是区块链这座信息堡垒的宏伟蓝图，它可确保区块链上权力的分散和自治。在这个分布式的网络中，每个节点都是一个不折不扣的守护者，共同维护着交易记录的完整性和透明性。

（3）区块。区块是构成区块链这个庞大信息生命链中的微小细胞，每个细胞都蕴含着交易的细节，它们通过加密的纽带紧密连接，构建出不可更改的记忆锁链。在这一锁链中，每个晚生区块都肩负着证实前辈区块有效性的责任，通过层层积累加固，以此为整个区块体系赋予坚不可摧的安全性。

（4）链。链是构成区块链的骨架，每个链都紧扣历史，同时为未来的脉络奠定基础。在这个过程中，链不仅仅是连接区块的一种机制，也是过去与未来对话的桥梁，是信任与可靠性的象征。

（5）共识机制。共识机制是整个网络的心脏，每笔交易都能得到网络一致的认可。这不仅是一种技术手段，更是一种哲学理念，即在缺乏中央权威的环境中，集体的诚实和透明是可能的。

（6）透明性。区块链网络并不是简单地具有开放性，它是一种开放策略，任何人和组织都可以随时访问区块链上公开的交易明细，交易的发送方、接收方和交易的内容都可以在链上进行查询，这种方式增加了各节点之间的信任感，同时减少了欺诈的空间。

（7）不可篡改性。一旦交易被加入区块链，它就变得不可逆转或不可更改。这一特点使得区块链成为记录资产所有权和历史的理想工具。

交易、去中心化、区块、链、共识机制、透明性和不可篡改性，七者共同编织出了区块链这幅复杂而精妙的画卷。在这幅画卷中，每个概念都不是独立存在的，它们互为因果，相互依存，共同维护着一个公正、高效且安全的数字生态系统。

在探讨了区块链的基本概念和定义之后，我们不妨更深入地了解区块链的多样性和它的不同实现形式。

2. 区块链的分类

区块链根据其参与权限和治理结构的不同，可以大致分为以下 3 类。

（1）公链（Public Blockchain）。公链是一种完全开放的区块链网络，任何人都可以参与网络维护（挖矿）、验证交易或建立应用。公链是完全去中心化的，如比特币和以太坊。公链具有透明性、无须许可和不可审查性等特点，适用于高度透明度和任何人都能参与的场景。

（2）联盟链（Consortium Blockchain）。联盟链是一种半去中心化的区块链，其控制权在多个预先选定的节点中。这些节点通常由多个组织共同维护，如不同的金融机构共同维护一个支付网络。相比公链，联盟链在参与者的速度和隐私方面可以提供更高的效率和更好的性能。联盟链通常用于需要限定参与者的业务操作，如跨机构交易、供应链管理等。

（3）私有链（Private Blockchain）。私有链是完全中心化的区块链，其控制权属于单一个体。私有链可以设定参与网络维护的人员，如谁可以读取链上信息。私有链在处理速度、交易成本及网络的可扩展性方面都有显著优势，但也牺牲了其一定的去中心化特性。私有链通常适用于企业内部，如内部审计、资产管理等。

之后的小节将详细探讨这些不同类型的链如何影响区块链的体系结构和核心技术应用。接下来将更深入地剖析这些概念如何在区块链的分层结构中相互作用，它们又如何共同塑造一个前所未有的信息交互平台，为全球经济活动提供全新的数字基石。本节将从这些基本的定义和概念中扩展，揭示其背后的深层逻辑与应用前景。

2.1.2　区块链的分层结构

在区块链的宏伟构架中，每层都是精心设计的，以确保整个系统的健壮性、安全性和高效性。让我们带着对这一技术的敬畏之心，逐层剖析这座数字化建筑的一砖一瓦。区块链一般分为 7 层，如图 2.1 所示。

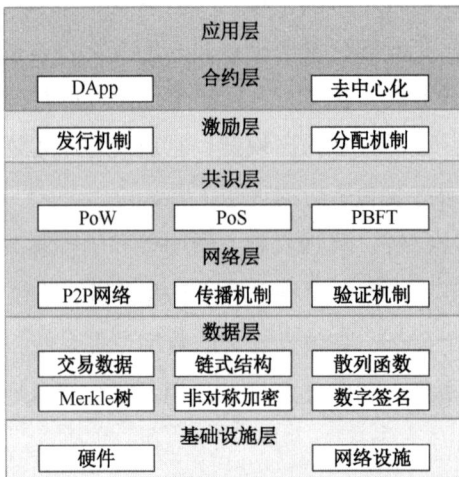

图 2.1　区块链分层结构

1. 基础设施层

这是区块链的最底层，如同古老建筑的坚实地基，为整个区块链体系提供坚实的物理支持，基础设施层包括硬件和网络设施，它支撑着整个区块链的运行。在不同类型的链中，基础设施层可能有所不同。

（1）公链中的基础设施层通常由全球分布的节点组成，任何人都可以贡献自己的计算资源，并将其加入网络。

（2）联盟链的基础设施层通常由联盟中的成员共同构建和维护。

（3）私有链的基础设施层可能完全处于单一组织的控制之下，由该组织的内部网络设施支持。

2．数据层

在数据层中，信息以区块的形式被永久记录。每个区块，宛如历史的一页，铭刻着用户之间的互动和交易。时间戳、前区块哈希、Merkle 树——这些复杂的加密技术如同封印，确保历史的真实性不被篡改，从数学层面为信任提供了保障。在数据层，不同类型的链对数据的处理和存储方式可能有不同的优化策略。

（1）公链中需要构建一个高度安全、去中心化的数据层来确保数据的不可篡改性和透明性。

（2）联盟链可能会实行部分集中的数据管理策略，从而优化处理速度并提升保密性。

（3）私有链的数据层通常由一个实体控制，可以进行高度定制以满足特定的业务需求。

3．网络层

在这个层面，无数节点遍布全球，它们借助互联网相互沟通，共同维护着区块链的完整性并推动其更新。如同古代的驿站传递急件，每个节点都是信息传递过程中的关键一环，确保了区块链网络的去中心化特性和高效运行。

（1）公链中网络层必须设计成能够处理大量节点的广播和验证活动。

（2）联盟链可能会采用定制化的网络协议，以提高网络运行效率和响应速度。

（3）私有链可能会有更简化的网络协议，因为所有的节点都处于内部控制状态，面对网络拥堵和遭受恶意攻击的风险较低。

4．共识层

在共识层，我们见证了协作和竞争的融合。借助 PoW、PoS 等机制，节点之间就新区块的真实性达成共识。这不仅是对技术的信任，更是参与者之间形成的默契，形成一种无声的共识，保证整个网络的同步和无缝运行。

（1）公链中通常需要一个去中心化和安全性极高的共识机制，如比特币的工作证明（Proof of Work, PoW）机制。

（2）联盟链可能会采用实用拜占庭容错（Practical Byzantine Fault Tolerance, PBFT）等效率较高的共识机制。

（3）私有链的共识机制可以更简单，甚至可以是中心化的，因为所有的参与者都是可信的。

5．激励层

在激励层，经济的激励与技术的发展交织在一起。矿工贡献算力以获取奖励，正是这种经济模型确保了区块链网络的安全性，并源源不断地为其注入活力。如同古代探险家们因为黄金的诱惑而勇闯新世界，矿工们也在数字世界中开辟道路，以自身行动为交易的确凿性提供保证。

（1）公链中，激励层一般通过挖矿奖励、交易费等方式运作，激励矿工和验证节点维护网络安全并进行交易验证。比特币和以太坊等公链依赖加密货币奖励来激励节点操作者。

（2）联盟链的激励层可能不依赖加密货币，而是使用合约或内部协议来保障各成员机构维护网络的积极性。这种激励形式可能是法律合约规定的义务，也可能是业务协同达成的共识。

（3）私有链的激励层则更多地依赖组织内部的管理策略。由于所有参与者都处于同一管理结构下，因此传统的金融或业务激励方式可能比加密货币更加有效。

6. 合约层

合约层是区块链魔法的源泉所在，它将代码转化为无须信任中介的自执行协议。这些智能合约确立了规则，就像自动机器一样自动运行，它们无须人工干预，便能确保协议得以严格执行。

（1）公链中的智能合约，如以太坊，为开发者提供了一个不存在中心化控制的平台，开发者可以在此平台上创建和执行智能合约。这些合约既可以是简单的交易协议，也可以是复杂的去中心化应用（DApp）的一部分。

（2）联盟链通常需要满足特定业务逻辑的需求，因此智能合约在联盟链上可能会被设计得更为复杂，并融入更多的行业规则和标准。

（3）私有链的智能合约可能更多地关注提高效率和实现内部流程的自动化。在私有链环境下，合约执行通常受到较为严格的监控和审查，以符合组织内部的合规性和策略要求。

7. 应用层

应用层为用户提供了与区块链技术直接接触的窗口。从简单的加密货币交易到复杂的去中心化金融产品，再到颠覆传统行业的 DApp，应用层让区块链技术真正融入用户的实际生活。

在了解区块链的分层结构之后，我们必须细致考察各层之间的交互关系，这些层不是孤立存在的，它们相互依存，宛如生态系统一般紧密且复杂，以下内容以公有链为例进行说明。

在基础设施层和数据层之间，基础设施层提供的计算资源和存储能力直接决定了数据层存储信息的容量和计算速度。数据层中的区块正是在基础设施层的支撑下，一点一滴积累形成历史记录的。

数据层与网络层协同工作，保障了信息的传播与验证。数据层记录的交易信息需要借助网络层的广播，传递至每个节点，这样每个节点都可以拥有一份完整的数据记录。网络层同时还承担着接收新交易和新区块的任务，保证数据的及时更新和同步。

网络层和共识层的交互则是系统整体协调的关键。网络层传来的新区块提议，需要在共识层获得验证和确认。不同的共识算法能保证网络中的节点可以就区块链的状态达成一致，这是整个系统能够向前发展、避免分叉的保障。

激励层具有独特的地位，贯穿并影响着其他所有层。它通过激励措施，如发行代币，调动和鼓励网络中的节点参与区块链网络的验证与维护工作。激励层的设计能确保网络的活跃性和安全性。

合约层则与激励层紧密相连，它依赖激励层提供的代币作为执行智能合约的"燃料"。同时，合约层为上层应用提供支撑，是连接用户需求与区块链底层功能的桥梁。

应用层将所有底层的技术和机制，转化为用户可以直接使用的服务和产品。这一层的应用直接反映了底层技术的能力，并以此影响着底层的发展方向和创新重点。

通过这种层与层之间的相互作用，区块链系统如同一个精密的钟表，各部分协同运作，确保了整个系统的高效运转。每层都承担着自己的职责，同时为上层功能提供支持，共同维系着区块链这一创新技术的生命力。

2.1.3　区块链的核心技术

在探索了区块链的分层结构之后，不难发现这一结构得以高效运作的基础在于核心技术。区块链不仅是一种新兴的技术范式，更是多种技术集成的复合体。这些核心技术相互交织，共同构筑起区块链这张牢不可破的网络。以下是构成区块链的核心技术。

1. 密码学技术

密码学技术是整个区块链安全性的核心。它不仅包括传统的哈希函数和公钥加密，还包括更为复杂的加密技术，如零知识证明、同态加密和安全多方计算等。零知识证明加密技术允许一方在不透露任何额外信息的前提下，向另一方证明某个陈述的正确性。这对于隐私保护至关重要，可使用户能够在不暴露任何个人信息的情况下进行交易和其他操作。同态加密支持在加密数据上直接进行计算，计算结果同样是加密的，只有合法的密钥持有者才能解密查看结果。安全多方计算技术让多个参与者可以在不泄露各自输入信息的情况下，共同计算函数的输出。这些密码学技术的综合应用，为区块链提供了强大的安全保障，使它成为一个可靠的去中心化平台。

2. 分布式账本技术

分布式账本技术是区块链的另一个核心特征，可将其视为区块链的数据管理层。每个区块包含一系列交易，这些交易经过网络中的节点验证，并通过特定的共识机制达成一致后被添加到区块链中。每个区块借助密码学方法（哈希函数）与前一个区块相连，形成一个不可篡改的链条。分布式账本不仅记录交易，还能确保账本的每份副本在全球范围内的节点间保持同步。这种技术的主要优点在于透明性和不可篡改性，它能提供一个真实可靠的交易历史记录，这对于确保交易的透明度、减少欺诈行为、提高效率等都至关重要。

3. 点对点（P2P）网络技术

P2P 网络技术是区块链实现去中心化的关键因素之一。在 P2P 网络中，每个节点同时兼具客户端与服务器的双重身份，节点能够直接进行数据的交换和通信，无须使用中心服务器。这种结构提高了网络的容错能力，即使部分节点失效，网络依然可以正常运行。P2P 网络的另一个重要特性是可扩展性，随着网络节点数量的增加，网络的强度和抗攻击能力也随之增加。此外，P2P 网络消除了传统中心化系统中的中介角色，减少了交易成本，进而降低了整个系统的运营成本。

4. 共识机制

共识机制是指区块链网络中所有节点就数据准确性达成一致的过程，这是去中心化网络能够稳定运行的基础。PoW 是最早期出现的共识机制之一，它要求节点完成复杂的计算任务证明其工作量。PoS 则是一种环保的替代方案，它依据节点持有的货币数量选择创建新区块的节点。此外，还有其他的共识机制，如委托权益证明（Delegated Proof of Stake, DPoS）和拜占庭容错（Byzantine Fault Tolerance, BFT）等共识机制。每种机制都试图在安全性、速度和能效之间找到最佳平衡点。

5. 智能合约

智能合约是一种程序，它可以在预设条件被触发时自动执行合约条款。智能合约的执行环境是区块链，这意味着其执行过程是不可逆的，且不存在中心化的控制点。这使得智能合约成为自动化执行合法协议的理想选择，同时减少了对信任的需求、降低了执行合约的成本。智能合约可以应用于创建复杂的 DApp，如自动化市场、分布式自治组织和其他各种需要可信执行的应用场景。

以上这些技术不是孤立存在的，而是紧密关联的。例如，智能合约的执行需要依托分布式账本技术确保执行环境的稳定性。共识机制的设定则直接影响 P2P 网络技术的稳定性和安全性。正是这些技术的综合应用，使区块链成了一个比以往的网络应用更具有颠覆性的技术平台，它不仅为我们提供了一个更加安全、透明的数字交易环境，还推动了新一代互联网从信息互联网向价值互联网迈进。

2.2　分布式账本与点对点网络

在正式介绍本节内容之前，先给大家讲一个菠萝村的故事。

在一个名为菠萝村的地方，村民们习惯在村中心的公告板上记录彼此的每笔交易，无论是商品买卖还是服务交换。这块公告板是村民信任与合作的基石，因为它保证了交易的透明度和公正性。

随着时间的推移，菠萝村的交易越来越多，公告板的空间变得不够用了。而且，记录在公告板上的交易信息开始出现被篡改的情况，这让村民们感到不安，彼此的信任也开始动摇。同时，村民们发现，记账工作既烦琐又没有必要，因为其中的大多数交易与自己无关。于是，他们决定选出一个可信的人，如村主任，来负责记账工作。村主任会在每天的交易结束后，整理当天的所有交易记录，然后向全村公布。如果村民们都表示这天的账目没有问题，大家就会抄写一份放到自己的账本里，这样就避免了每个人都要随时更新账本的麻烦。

为了进一步提升这一系统的效率和可靠性，菠萝村的村民们引入了一个新的概念：总账。每天交易结束时，村民们会汇总当天所有交易的余额，形成一个"日总账"。第二天的交易就在这个余额的基础上展开，每笔新的交易都会被记录下来，直到第二天的交易结束时，再次形成一个新的日总账。这样，每天的日总账就像是一块区块，记录了这一天所有交易的汇总信息。

随着时间的推移，这些日总账被连续记录下来，形成了一条连续的链条。每天的日总账以前一天的余额为基础，就像区块链中的每个区块都包含前一个区块的信息一样，这样可以确保整个链条的完整性和不可篡改性。这种方式不仅能让村民们追踪每笔交易的历史，还极大地增强了整个系统的安全性，因为要篡改任何一天的交易记录，都必须重新计算从那天开始到当前的所有日总账，这在实际操作中是非常困难的。

通过这种方式，菠萝村的村民们不仅解决了交易记录的安全性问题，还构建了一个高效且透明的系统来管理经济活动。这个系统的设计巧妙地借鉴了区块链技术的核心原理，即通过分布式账本和链式数据结构确保数据的不可篡改性和透明度，从而在菠萝村中建立牢固的信任基础。

随着分布式账本系统的成功实施，一个新的挑战出现了：村庄的地理分布较广，一些家庭距离公告板较远，每天前往查看和记录交易成为一项繁重的任务。为了解决这个问题，村民们采取了一种创新的方法：互相借阅账本。

当日总账在村中心的公告板上更新后，不需要每个人都亲自去查看。相反，那些住在公告板附近的村民会首先记录下新的交易信息，然后，这些信息通过邻里之间的互相借阅迅速在整个村子传播开来。这种点对点的信息传播方式，不仅解决了地理距离的问题，还加快了信息的传递速度。

这个过程实质上展示了一种去中心化的网络结构，每个村民既是信息的接收者，也是信息的传播者，形成了一个强大且灵活的网络。在这个网络中，每个村民都相当于一个节点，而节点之间直接的信息传递类似区块链网络中的 P2P 通信方式。通过这种方式，菠萝村不仅突破了物理距离的限制，还创造了一个高效、安全、去中心化的交易记录系统。

菠萝村的故事展现了一个社区如何通过创新和协作解决交易记录的安全性和信息传递效率低的问题，同时也精妙地揭示了分布式账本和 P2P 网络的基本原理及价值。

随着菠萝村交易数量的增加，传统的公告板记录方式暴露出其局限性，包括空间不足和信息易被篡改等问题。为了应对这些挑战，村民们首先选择了一个可信的人负责整理和公布每日的交易记录，随后进一步创新，通过引入"日总账"系统，每天汇总交易信息，形成连续的记录链条。这一做法模拟了分布式账本技术，每个"日总账"就像是区块链中的一个区块，通过前一天的余额信息与前一天的交易紧密连接，确保了记录的连续性和不可篡改性。

面对地理距离的挑战，村民们采用 P2P 的信息传播方式，通过互相借阅账本更新和共享交易信息。这种做法有效解决了信息传递效率低的问题，同时也体现了 P2P 网络的原理，每个村民（节点）既是信息的接收者也是信息的传播者，共同维护一个去中心化且高效的信息共享系统。

菠萝村的村民通过去中心化的数据记录和共享机制，增强了交易记录的安全性和透明度，降低了信任成本，同时提高了效率。这正是分布式账本技术，它给区块链带来了革命性的影响，为各种交易和合作提供了一个更安全、更可靠、更高效的基础架构。

本节将深入探讨分布式账本和 P2P 网络——构成区块链核心架构的两大基石。这两个概念不仅在区块链技术中扮演着关键角色，它们之间的相互作用也是理解区块链如何运作的重要部分。

分布式账本提供了一种去中心化的数据管理方法，它允许网络中的每个节点都保留数据的完整副本。这种结构确保了数据的透明性、安全性和不可篡改性，是区块链技术能够有效运行的基础。在这个去中心化的架构中，每个节点都有权参与交易的验证和记录，从而摆脱对中央权威的依赖。

P2P 网络是这个分布式系统能够高效运行的通信基础。在区块链中，P2P 网络允许节点直接相互通信，实现数据的共享和同步，无须中央服务器。这种网络结构不仅提高了系统的抗攻击能力，还增强了整个网络的弹性和可扩展性。

将分布式账本和 P2P 网络结合起来讨论，可以帮助我们更全面地理解区块链的整体工作机制。这两者相辅相成，分布式账本定义了数据存储和验证的方式，而 P2P 网络则提供了这些数据被传播和访问的途径。它们共同构成了区块链的基本框架，从而使区块链成为一种强大的、去中心化的技术解决方案。

2.2.1　分布式账本的原理与结构

1. 分布式账本的诞生与基本原理

在 20 世纪 70 年代，随着计算需求的增长和技术的进步，分布式计算的需求开始显现，这标志着分布式系统概念的诞生。在这一时期，Leslie Lamport 等计算机科学家对分布式系统理论的研究，如对事件顺序的理解和"拜占庭将军"问题的提出，为这一领域奠定了理论基础。进入 20 世纪 80 年代，互联网的兴起为分布式数据库的发展提供了技术平台，推动了分布式事务处理技术的进步，如两阶段提交机制的应用。到了 21 世纪，云计算和大数据的兴起进一步推动了分布式系统技术的发展，云服务平台和大数据处理框架，如 Hadoop，使分布式计算和存储技术得到了广泛应用，并为处理海量数据提供了可能。

分布式系统理论和技术的关键进展为 2008 年区块链技术的诞生奠定了坚实的基础。区块链作为一种新型的分布式账本技术，不仅继承了分布式系统的核心特性，如去中心化、数据冗余和高可用性，还引入了加密哈希和共识算法等新概念，为分布式账本技术的发展开辟了全新的应用前景。从分布式系统的早期探索到区块链技术的现代应用，这一发展过程不仅代表了技术革新的历程，也反映了数字时代发展的缩影。

经过多年的理论研究与实践探索，分布式账本技术作为分布式系统理论的实际应用，于 2008 年首次被提出，并在 2009 年通过比特币网络得到了实现。这一重要的技术革新由神秘人物"中本聪"在其发表的比特币白皮书中首次介绍。比特币的设计不仅提出了一种新型的去中心化数字货币，而且创建了一种全新的数据管理方式——分布式账本。其核心在于去中心化的特性，每个网络节点都保存着账本的完整副本。这种设计使得数据存储不再依赖单一中央服务器，而是在整个网络中分散，从而增强了整个系统的抗攻击能力和透明度。此外，分布式账本利用加密技术，如加密哈希函数和数字签名，保障数据的安全性和不可篡改性。

随着比特币的成功，分布式账本技术迅速问世并应用，引起了广泛关注，并在随后的几年中经历了快速的发展和演变，从最初的加密货币应用扩展到智能合约和 DApp 的开发。例如，以太坊的出现标志着分布式账本技术应用的深化，引入智能合约极大地扩展了分布式账本技术的应用范围。如今，分布式账本技术已经被广泛应用于多个领域，包括金融服务、供应链管理和数字身份验证等。分布式账本技术的应用不再局限于加密货币，而是在企业级解决方案和各种创新应用中发挥重要作用，如跨境支付、智能合约、供应链追踪等。这些应用表明，分布式账本技术已成为现代社会众多活动中的重要组成部分，其在保障数据完整性、提高系统透明度及实现去中心化管理方面的潜力正在逐渐被世界所认识和接受。

分布式账本技术的核心原理体现在其独特的数据管理方式上。一方面，它采用去中心化的数据存储，改为在每个网络节点存储账本的完整副本，因而确保了数据的透明性和持久性。这种去中心化的结构使得系统不再依赖单一的控制点或存储位置，极大地提高了系统的健壮性和抗攻击能力。另一方面，分布式账本技术通过加密哈希函数建立的链式数据结构保证数据的不可篡改性。这意味着一旦数据被记录在账本中，就无法被悄无声息地更改或删除，从而确保数据的可靠性和完整性。此外，为了在去中心化环境中维护数据的一致性，分布式账本技术采用共识机制，如 PoW 或 PoS，使得网络中的不同节点能够就账本的当前状态达成共识。这种机制不仅增强了网络的安全性，还提高了整个系统的透明度和可审计性。在一些分布式账本技术实现过程中，智能合约的集成为自动执行复杂的业务逻辑提供了可能，因而进一步扩展了这一技术的应用范围。以上原理共同构成了分布式账本技术的基础，使其成为现代技术环境中不可或缺的一部分，适合从交易记录到复杂商业逻辑处理的各种应用场景。

2．分布式账本技术的数据结构

在深入探索分布式账本技术的奥秘时，首先遇到的是其核心构成元素——链式数据模型。设想一条由无数珍贵珠宝串联而成的精致项链，每颗珠宝都是独一无二的，蕴含着特定时刻的故事。在分布式账本技术领域，这些珠宝就是称为"区块"的数据单元，而将它们串联起来的就是加密技术的力量。

每个区块，像是时间的容器，封存着一系列交易细节，包括发生时间、参与者，甚至每笔交易的微小脉动。当一个新的区块产生时，它不仅是简单地加入这一条长串链条中。首先新的区块必须经历一种加密仪式，向前一个区块表达尊敬，这种仪式称为"加密哈希连接"。

加密哈希连接并非普通的连接方式，它是一种复杂的数学函数，将前一区块的整体信息转化为一个独特的哈希值，这个值犹如区块的指纹，唯一且不可复制。当这个哈希值被嵌入到新区块中时，就形成了一种不可逆的历史纽带。这种纽带能确保整个链条的坚固性，任何试图篡改已记录交易的行为都会立即被揭露，因为这种行为将导致整个链条的哈希值发生变化，从而触发网络中其他节点并引起警觉。

每当新的区块被添加时，整个链条便延伸一小段。这不仅是数据的累积，更是信任的积淀。链式数据模型的巧妙之处在于，它将加密技术的复杂性转化为数据完整性和安全性的强大保障。正如每段链条都至关重要，每个区块也承载着分布式账本不可磨灭的记忆，共同维护着一个透明、可靠且高效的数字生态系统。

1）Merkle 树结构

在对分布式账本技术进行深入研究的过程中，Merkle 树凭借其独特且高效的数据验证方法，成为这一技术的核心。设想一个由交易数据构成的森林，其中每片树叶代表一个独立的交易记录，如图 2.2 中的 Merkle 树结构中的 Tx0 到 Tx7 所示，每片树叶经过哈希算法转化为一个独特的哈希值，如图 2.2 中的 H1-0 到 H1-7 所示。

这些叶子节点不仅记录了交易数据，而且是 Merkle 树的基础结构，它们是交易记录的直接映射。向上至第 1 层（1L）的节点（如 H1-2 和 H1-3），是由它们下方两个叶子节点的哈希值经过哈希算法处理后得到的。这种从下至上的哈希过程在 Merkle 树中层层叠加，每层的节点都是下一层节点哈希值的加密汇总。

观察图中的第 2 层（2L），可以看到节点（如 H2-0 和 H2-1）是由第 1 层相邻节点哈希值的组合再次经过哈希算法得到的。这个哈希过程继续上升至第 3 层（3L），直至达到 Merkle 树的顶层，可以看到 H3-0 和 H3-1 两个哈希值最终汇聚成根节点（root）。这个根节点代表整个 Merkle 树的哈希值，它包含树中所有交易的信息，是整个交易记录集合的唯一识别标志。验证者可以借助这个根哈希值，迅速检查和验证单个交易记录的真实性，而无须下载整个交易历史。例如，验证 Tx3 的有效性，只需沿着图示的哈希路径，通过 H1-3、H2-1、H3-0 一直向上移动，到达根节点。利用简化支付验证（SPV），用户可以仅通过核心哈希路径（Merkle 路径）来验证交易，无须下载所有数据，这极大地提高了验证效率，并因简化支付验证而提高了系统的整体性能。

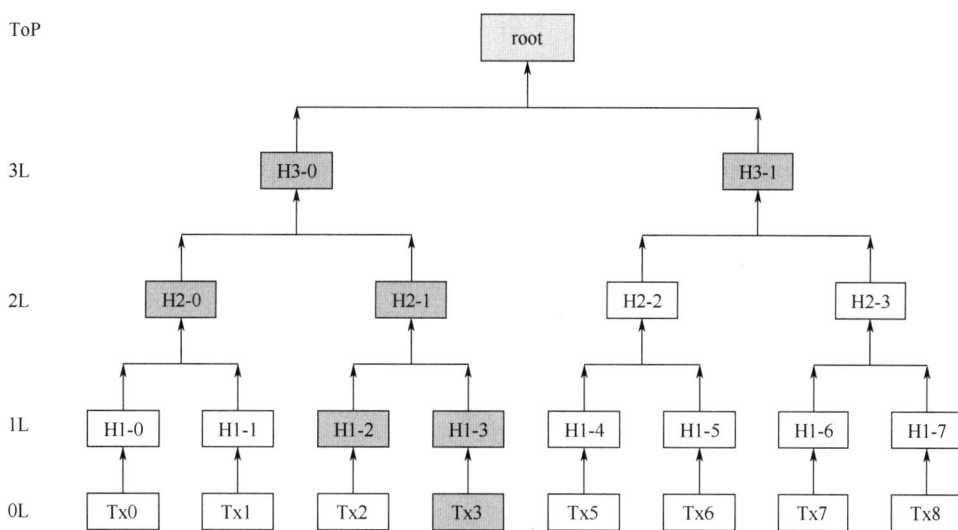

注：↑ 表示对数据取散列，—— 表示结合数据。

图 2.2　Merkle 树结构

Merkle 树的结构不仅提高了数据验证的效率，而且确保了整个分布式账本的安全性和完整性。区块链中的每个区块都包含一棵 Merkle 树，这使得数据的任何变动都能被迅速且准确地反映和验证。因此，Merkle 树不仅是分布式账本中的一串数据链接，而且它实际上还构成了一个高度复杂的相互关联的数据生态系统，其中的每个组成部分都是不可或缺的，共同保障了整个系统的健壮性和可靠性。

2）MPT 结构

Merkle 树的设计为数据快速验证和数据完整性提供了坚实的框架，在分布式账本（如区块链）中，其价值尤为显著。然而，随着区块链技术的发展和对更高效率的需求，Merkle Patricia Trie（MPT）应运而生。MPT 不仅继承了 Merkle 树的核心优点，如数据完整性和高效验证，还增加了键值映射的功能，使其更适合作为加密货币和以太坊等区块链平台的状态数据库。

MPT 是一种结合了前缀树（Trie）和 Merkle 树优势的复合数据结构，它允许存储和查找键值对，在 Merkle 树中这一功能并非固有支持。在以太坊等区块链平台中，MPT 的引入提升了状态存储和检索的效率，同时也增强了数据的抗篡改性。接下来，我们将深入探讨 MPT 的组成、结构、编码原理，以及如何在现代分布式账本中发挥关键作用。

MPT 是由 Trie 和 Merkle 树组成的，Merkle 树在前文中已经介绍，下面来介绍 Trie。Trie 通常用于高效存储和检索字符串数据集中的键值，这种数据结构非常适合解决自动完成、拼写检查、IP 路由查找等问题。Trie 的核心优点是能够快速查找数据集中具有相同前缀的数据项。

在如图 2.3 所示的 Trie 结构中，根节点（通常为空或代表树的起点）位于顶端，每个子节点都代表字符串中的一个字符，从根节点到任意一个叶子节点的路径都代表数据集中的一个键或单词，同一层级的节点可能代表不同单词中相同位置的相同字符。在给定的 Trie 示例中，树形结构存储了单词"blanket" "black" "block" "chain" "change" "extend"，可以通过遍历从根节点到特定叶子节点的路径检索这些单词。例如，为了找到单词"block"，我们从根节点出发，沿着包含字符"b" "l" "o" "c" "k"的路径进行遍历，最终到达代表单词"block"结束的子节点。

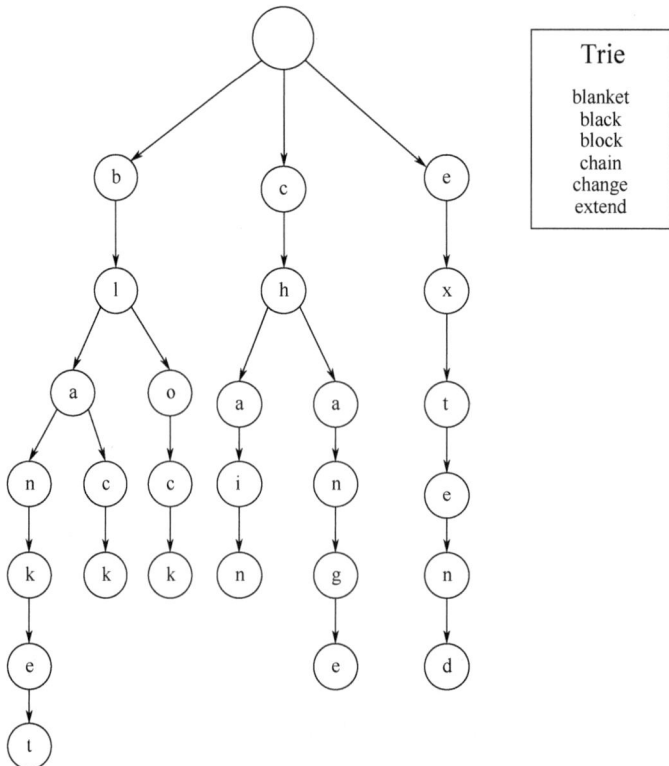

图 2.3　Trie 结构

Trie 结构虽然在特定情况下表现出极高的效率，但也存在一些缺点。其中，最显著的问题是，它可能导致存储空间浪费。这是因为每个字符都被存储为一个节点，即便是那些只有一个子节点的内部节点也不例外。因此，对于每个唯一的字符路径，都需要创建一条完整的节点链。例如，如果存在大量具有长公共前缀的单词，将形成一棵深度较大且形状细长的树结构，其中每个分叉只有一个子节点，这并不是对空间效率的最佳利用。

为了解决这些问题，研究者们提出了一种被称为路径压缩前缀树（Patricia Trie）的数据结构，这是 Trie 的一种优化形式。Patricia Trie 通过将一系列单一选择的节点压缩成单一节点，降低树的高度和减少节点的数量，从而提高空间效率。图 2.4 所示的 Patricia Trie 结构，每个节点现在可以包含一个字符串，而不是单个字符。一条路径可以快速跨越多个字符，直接到达下一个分叉点或叶子节点。

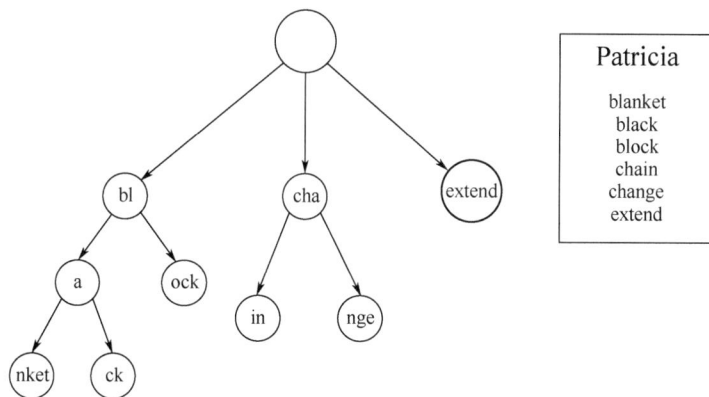

图 2.4　Patricia Trie 结构

在 Patricia Trie 结构中，单词"blanket"和"black"共享相同的前缀"bl"，在传统的 Trie 结构中，需要两个独立的节点存储字符"b"和"l"，但在 Patricia Trie 结构中，这个共享前缀只被存储一次，作为一个单一的节点，这种做法有效节省了存储空间并提高了查询效率。这种结构的好处就在于能够尽可能减少查找次数，尤其是在处理一些较长的钱包地址时，这种方法可显著压缩路径长度。

MPT 的基本结构可以分为 4 种节点类型：叶子节点（Leaf Node）、扩展节点（Extension Node）、分支节点（Branch Node）和空节点（Null Node）。每个节点都包含一个或多个键值对（Key-Value Pair），其中键代表数据的路径，而值则指向数据内容或指向其他节点的指针。

叶子节点包含一个键值对，其中键是数据的唯一标识符，值是数据本身。在 MPT 中，叶子节点代表路径的终点，是数据实际存储的位置。

扩展节点包含一个键和一个指针，键代表一系列共同的前缀，指针则指向下一个节点。扩展节点的作用是压缩路径，减少访问深度，提高效率。

分支节点是 MPT 中最复杂的节点类型，它包含 16 个指针和一个可选的值。每个指针对应十六进制单个字符（0~9、a~f）的一种，指向子节点。如果某个字符在该节点下没有对应的路径，则该指针为空。如果分支节点自身存储了值，则该值位于第 17 个节点的位置。

空节点是不包含任何信息的节点，它通常用于表示某个指针为空，即该路径在此终止，没有子节点。

在介绍 MPT 结构的同时，需要了解 MPT 中 key 值的 3 种编码方式，即 Raw 编码、Hex 编码和 Hex-Prefix（HP）编码，这 3 种编码方式分别为了满足不同的需求和适应不同的应用场景。Raw 编码是最直接的编码方式，它不对原始的 key 值进行任何修改或转换，它是 MPT 对外提供接口时采用的默认编码方式，用于直接处理外部提供的 key 值。Hex 编码是一种扩展的十六进制编码，它将 key 值的每个字符按照高低四位拆分成两个字节进行存储，以减少分支节点的子节点数量，它主要用于 MPT 内部节点 key 的编码，优化存储结构。HP 编码是一种专门用于数据库中的树节点 key 的编码方式，它通过在 Hex 编码的基础上添加前缀来区分节点类型，并对 key 值进行压缩，旨在区分节点类型并优化数据库存储。详细的编码规则在此不做详细讲述，MPT 结构如图 2.5 所示。

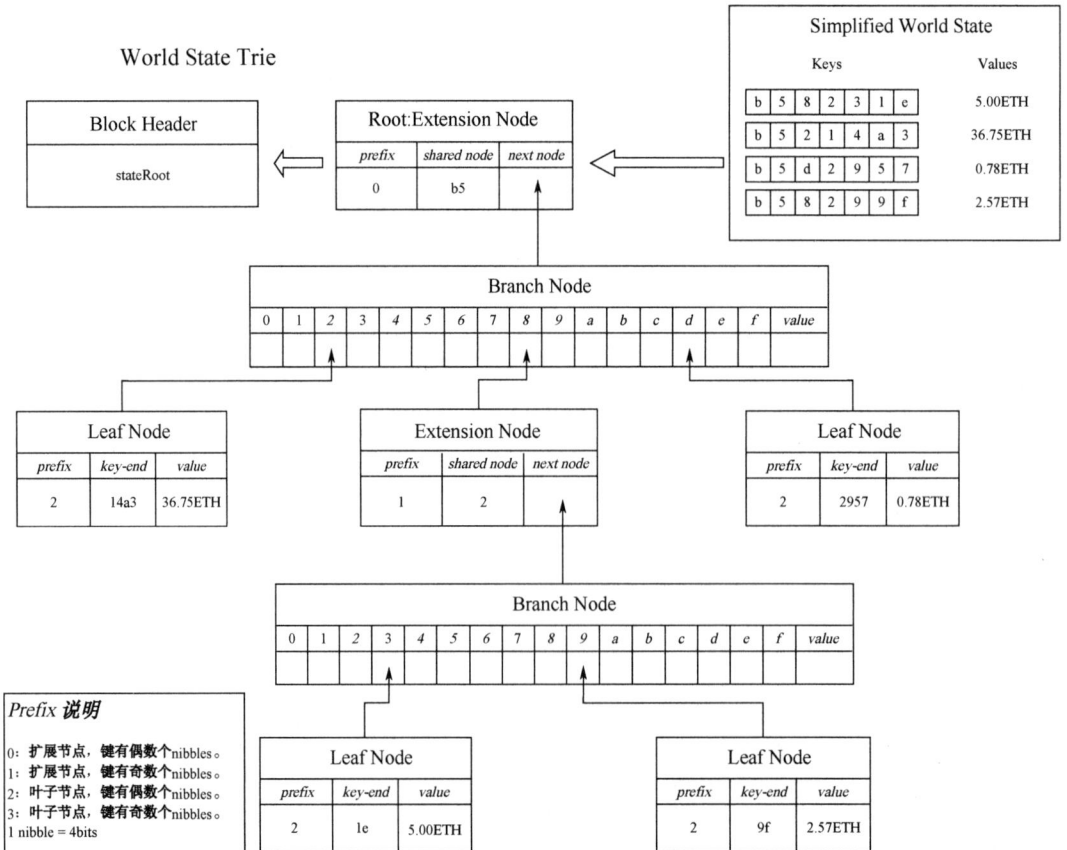

图 2.5 MPT 结构

（1）World State Trie（世界状态 Trie）。世界状态 Trie 是用来表示区块链中所有账户状态的一种数据结构。

（2）Block Header（区块头）。stateRoot 是指向世界状态根节点的哈希值。

（3）Root: Extension Node（根：扩展节点）。

① prefix 是指共享路径的前缀部分。

② shared node 是共享节点部分的路径。

③ next node 指向下一个节点。

（4）Branch Node（分支节点）。此节点包含 16 个槽位，每个槽位都对应一个十六进制数字（0～9、a～f），可以链接到另一个节点，或者存储一个值。

（5）Leaf Node（叶子节点）。

① prefix 是路径的前缀部分。

② key-end 是路径的剩余部分，用于标识特定的键。

③ value 是与键关联的值。

（6）Simplified World State（简化的世界状态）。

① 这是一个表格，显示了一些键和对应的值，及其在 Trie 中的存储方式。

② Keys 是存储在 Trie 中的键。

③ Values 是与键对应的值。

（7）Prefix 说明（前缀说明），此处解释了用于 Trie 路径的前缀编码（与 Hex 编码有关）。

① 0 表示这是一个扩展节点，后面接着偶数个 nibbles。

② 1 表示这是一个扩展节点，后面接着奇数个 nibbles。

③ 2 表示这是一个叶子节点，后面接着偶数个 nibbles。

④ 3 表示这是一个叶子节点，后面接着奇数个 nibbles。

⑤ nibble 是一个 4 位的数（半字节）。

以 5.00ETH 为例，它对应的键是 b58231e。下面我们将遵循这个键的路径来理解它在 Trie 中的存储方式。从图 2.5 中可以看到以下步骤：

第 1 步，起点-根扩展节点。Trie 的根是一个扩展节点，其前缀为 0，共享节点部分为 b5，这意味着所有键都共享这个前缀。

第 2 步，第 1 次分支。b5 指向一个分支节点，这个分支节点包含 16 个可能的分支，对应十六进制的 0 到 f。键 b58231e 中的下一个字符是 8，因此跟随分支节点中的第 8 个槽位，指向另一个扩展节点。

第 3 步，第 2 个扩展节点。在这个扩展节点中，存在一个值为 2 的共享节点部分，表示所有后续路径都会包含这个部分，此节点指向另一个分支节点。

第 4 步，第 2 次分支。在这个分支节点中，根据键中的下一个字符 3 选择对应的槽位，但因为 5.00ETH 对应的键是 b58231e，实际上需要查找与字符 1 对应的槽位，因为 b5823

部分已经处理完毕。

第 5 步，最终的叶子节点。分支节点中与字符 1 对应的槽位指向 5.00ETH 的叶子节点。在叶子节点中，prefix 值为 2，表示这是一个叶子节点，并且后面是偶数个 nibbles；key-end 是 1e，表示这是键的最终部分；value 是 5.00ETH，表示是与键 b58231e 关联的值。

通过这个路径，我们能够找到存储 5.00ETH 的具体位置，在 Trie 结构中以一个叶子节点的形式存储。MPT 通过这些节点的组合，构建出一种 Trie 结构，每个节点都通过哈希函数链接到其子节点。这种结构使 MPT 具有高效的数据验证和查询能力。当需要验证某个数据项时，只需沿着树的路径从根节点遍历到叶子节点，通过比对哈希值即可验证数据的完整性。同样，当更新数据时，只需更新叶子节点及路径上节点的哈希值，而不需要重新计算整个树的哈希值，MPT 的这种设计，使它在处理大量数据时，既能保证数据的安全性，又能提供较高的操作效率。

3. 时间戳和哈希算法

在由链式数据结构和 Merkle 树构成的精巧分布式账本中，时间戳和哈希算法发挥着至关重要的作用。它们如同时空的编织者，将每个瞬间的动态变化和数据的完整性巧妙地融入这个复杂的数字生态中。

1）时间戳

每个区块的诞生都伴随着一个时间戳，它记录了区块的生成时间。这不仅是对历史的一种记录，更是对整个区块链时间序列的塑造。时间戳能确保区块的连续性和顺序性，使整个链条不仅是数据的串联，还是时间的记忆。在 Merkle 树的叶子节点中，每笔交易都有其特定的时间戳，为交易提供了一个确切的时空定位。这些时间戳在验证交易时提供了额外的层次，增强了整个系统的透明度和可信度。

在链式数据模型中，时间戳不仅锚定了每个区块的创建瞬间，而且确立了一个不可逆转的时间线，为区块链技术提供了一个坚实的时间框架。这一点尤为重要，因为在这个模型中，过去的每个瞬间都是未来不变性的基石。时间戳作为不可篡改的证据，确保了数据链中每个环节的真实性和连续性，每个新区块的添加都是对整个账本时间线的延伸。哈希算法在这个过程中起到了封印的作用。通过对每个区块内容的全面哈希处理，包括其中的 Merkle 树结构，哈希算法生成了一个独一无二的区块指纹。这个指纹不仅是对单个区块的认证，而且将每个区块的存在牢固地锁定在整个区块链的链条中，任何对区块数据的篡改都会在验证过程中被立刻识破。

2）哈希算法

哈希算法是区块链技术的核心，它将数据（无论大小）转化为一个固定长度的唯一哈希值。这种转化不仅是信息的压缩，更是一种安全的保障。任何微小的数据变化都会产生完全不同的哈希结果，这为区块链的不可篡改性提供了强有力的支撑。在 Merkle 树中，哈希算法的应用使验证变得高效且可靠。从叶子节点到根节点，每一步的哈希算法都是对交易和数据完整性的进一步确认。在验证一个交易时，通过从叶子节点到根节点的路径，可以有效确认交易的有效性，而无须遍历整棵树。

在 Merkle 树的构建过程中，哈希算法发挥了独特的魅力。它使得从任意交易到 Merkle 根的路径都可以被高效地验证，而无须处理整个交易集。这在保持数据完整性的同时，大幅提升了验证效率。每笔交易，无论是在区块的底层还是在 Merkle 根的顶端，都通过其哈希值被精确地定义，从而在整个分布式账本的构建中确保了数据的完整性和安全性。

这两种技术的结合，不仅使区块链的数据结构在保持数据完整性和安全性方面表现卓越，还为整个分布式账本提供了时间上和逻辑上的一致性。它们共同构成了区块链技术的核心，使其成为一个强大且不可篡改的数字账本，为保护数据的真实性和连续性提供了坚实的基础。

4．分布式存储机制

这是一种不同寻常的记录方法，它使得信息不再局限于单一存储点，而是被复制和存储在遍布全球的无数节点上。这不仅是一项技术上的创新，更是一个关于协作、共享和弹性的重要篇章。

在传统的存储系统中，数据通常存储在中心化的数据库中，类似图书馆中的珍贵手稿，既易于管理也便于控制。但这种中心化的方法也有其脆弱之处，就像图书馆可能遭遇火灾一样，一旦中心点受损，所有信息都可能永远丧失。分布式存储机制的出现，就像是将这些手稿的副本分散到世界各地，即使一两处受损，其他地方的副本仍然完好无损。

在区块链的世界里，这种分布式存储机制更体现了其巧妙之处。每个节点都持有账本的完整副本，这些副本经过严格的加密哈希处理，就像是被施加了魔法的复制，保证了信息的一致性和真实性，分布式账本结构如图 2.6 所示。当新的区块生成并加入到区块链中时，这一变化会被迅速传播至整个网络，每个节点的账本都会更新这一新的记录。这就如同古老的传信方式一样，只不过速度更快、更安全，也更不易出错。

分布式存储机制不仅提供了数据冗余和高可用性，还增强了系统的抗攻击能力。试图更改区块链中的数据就像是要在全世界的图书馆中同时更改所有手稿的每一页，这几乎是一项不可能完成的任务，这也使得分布式账本在安全性方面远超传统的存储系统。

分布式存储机制让每个参与者都成为这个庞大系统的一部分，每个节点都是这个故事的主角之一。它们相互验证，共同维护一个统一且持续扩展的数据链。在这个过程中，每个节点均对提升整个网络的安全性和稳定性发挥着作用，并共同记录着分布式账本的历史。账本相当于资产数据库，分布式账本中分散的各个节点可以共享这些数据。分布式账本的网络不存在中心，而是通过某种机制生成一个唯一的真实账本，各节点拥有这个账本的副本，副本与账本始终保持一致。当网络中发生交易时，会被这个唯一的真实账本记录下来，所有副本也会在很短时间内完成记录。唯一的真实账本是如何产生的？当一笔交易发生时，网络会将交易信息传播至所有的节点，然后各节点进行全民记账，各自生成一个小账目，通过共识机制选出此次记账最佳的一个节点，这个节点获得本次记账权，其记录的交易会被加入到唯一的真实账本中。然后新增的这条记录会被传播至全网所有的节点，网络中的各节点相当于获取了账本的副本。账本中的每条记录都存储在区块中。一个区块中可以存储多条交易记录，交易记录在区块中的存储形式包括 Merkle 树结构、MPT 结构、Bucket 树结构等。以 Merkle 树结构为例，每条交易记录通过散列算法生成一个独特的散列值，一个父节点再对两个子节点的散列值进行散列运算，自下而上，最终得到 Merkle 根的散列值，Merkle 根的散列值存储在区块头中。区块头还包含时间戳，用以标记区块生成的时间。区块之间通过加密技术连接，散列算法对区块的内容进行全面散列，前一区块的散列值存储在后一区块的区块头中，形成环环相扣的链式数据结构。

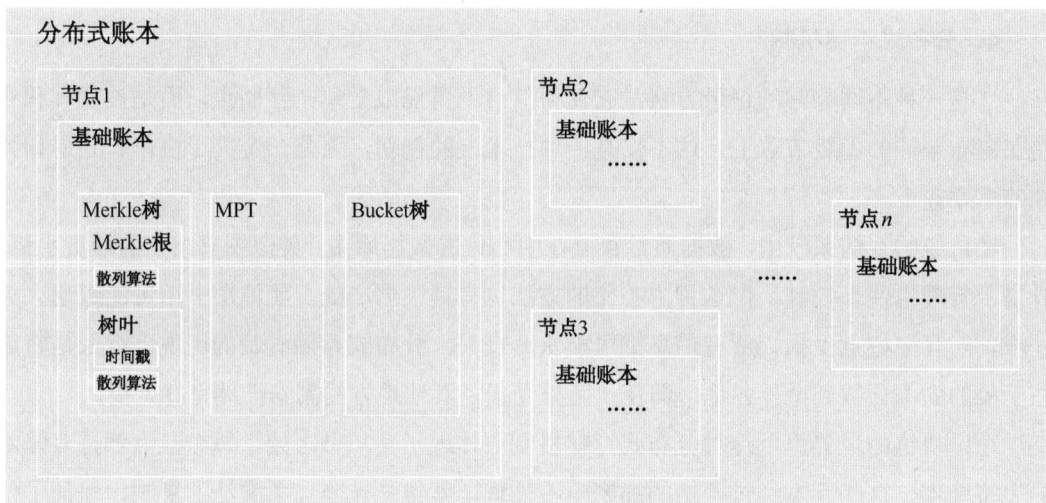

图 2.6　分布式账本结构

本小节深入探讨了分布式账本技术的基本原理和结构。分布式账本不仅是数字交易记录的简单集合，而且是一个由链式数据模型构成的复杂系统。这个模型利用加密哈希连接，确保了数据的完整性和不可篡改性，每个区块都是整个系统信任和安全的基石。Merkle 树结构作为这一体系的关键部分，提供了一种高效验证大量交易的方法。本小节介绍了如何通过一个简单的 Merkle 根就能验证单个交易的有效性，这显著提升了验证工作的效率，同时确保了系统的安全性。本小节还探讨了 P2P 网络如何为分布式账本的功能提供支持，该网络不仅是技术的基础，更是维护去中心化和数据一致性的关键。通过该网络，每个节点都能够参与账本的维护，无须依赖中央权威机构。

2.2.2　点对点网络的原理与应用

1．点对点网络的诞生与发展

点对点（P2P）网络技术起源于 20 世纪下半叶，当时计算机科学正处于迅猛发展时期。P2P 网络最初的概念简单直接——在网络中的每个节点（对等体）能够直接与其他节点交换数据，无须中央服务器的介入。这一概念的提出，标志着网络通信方式的重大转变，从中心化模式转向了更为灵活和分散的模式。

P2P 网络的早期应用相对简单，主要集中在文件共享和基本的通信服务上。然而，随着互联网的兴起和数字技术的进步，P2P 网络的潜力开始逐渐显现。1990 年年末，Napster 音乐共享服务推出，P2P 网络首次受到了公众的广泛关注。Napster 音乐共享服务的成功在于它利用了 P2P 网络的去中心化特性来高效地共享音乐文件，尽管最终因版权问题而停止服务，但 Napster 音乐共享服务无疑为 P2P 网络技术的实际应用开辟了道路。

进入 21 世纪，P2P 网络迎来了新的发展机遇。2001 年，BitTorrent 协议的出现成为 P2P 网络发展史上的一个里程碑。BitTorrent 协议通过一种创新的方式优化了文件传输的效率，它将大文件分割成小块，允许用户在下载时同时从多个节点获取数据，然后在本地组装这些数据块。这种方法不仅加快了下载速度，也减轻了单个服务器的负担。BitTorrent 协议的推出彻底改变了人们对 P2P 网络能力的看法，将其从一个简单的文件共享工具转变为支撑大规模数据分发的强大网络架构。

P2P 网络发展的另一个转折点出现在 2009 年。2009 年，第一个成功的加密货币——比特币诞生，比特币的背后是一种全新的 P2P 网络——区块链。比特币网络通过去中心化的方式记录和验证所有交易，每个参与节点都持有完整的交易历史记录。这种设计不仅使比特币网络免受单点故障的影响，还提高了整个系统的透明度和安全性。比特币的成功不仅引领了数字货币时代，更重要的是，它证明了 P2P 网络在构建复杂、可靠的金融系统方面的潜力。

从 Napster 音乐共享服务到 BitTorrent 协议，再到比特币，P2P 网络的发展历程反映了数字技术的演变趋势。每个重要的事件都不仅推动了 P2P 网络的进步，也促进了人们对网络架构和数字交互方式的重新思考。在 Napster 音乐共享服务时代，P2P 网络被视为一种便捷的资源共享方式；到了 BitTorrent 协议时期，它转变为一种高效的数据分发机制；而在比特币时代，P2P 网络则成为构建复杂、去中心化金融系统的基石。P2P 网络技术已经渗透到多个领域，而不仅限于文件共享或数字货币，它正在被用于构建 DApp、提升网络安全、优化内容分发网络（CDN）等工作。

2．网络的拓扑结构

在区块链网络中，拓扑结构是网络中各节点相互连接的形式。这种拓扑结构并不关注节点的大小、形状等物理属性，而是使用点或线来表示多个节点之间的实际位置与关系。

具体来说，可以把网络中的计算机和通信设备视为一个点，把传输介质视为一条线，由点和线构成的几何图形就是计算机网络的拓扑结构。下面介绍 3 种拓扑结构，对比如图 2.7 所示。

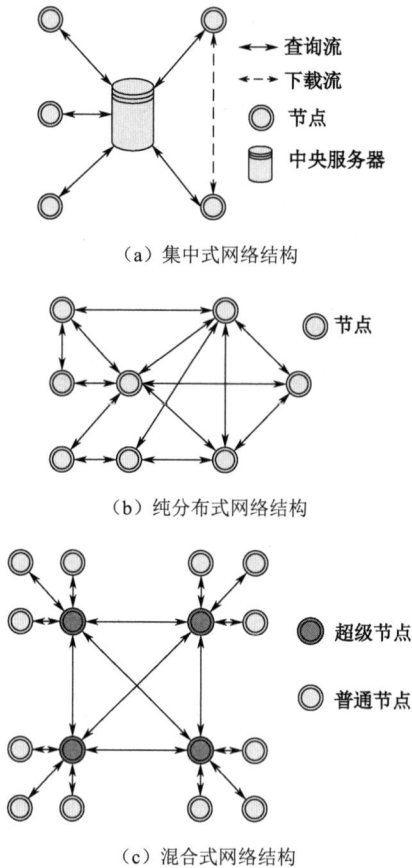

（a）集中式网络结构

（b）纯分布式网络结构

（c）混合式网络结构

图 2.7　网络结构对比

1）集中式网络结构

集中式网络结构，也称为客户端-服务器模型，是一种网络架构，其中一个或多个客户端与一个中央服务器相连。在这种结构中，服务器承担了数据处理和资源共享的主要任务，而客户端则主要负责向服务器发送请求并接收服务器的响应。这种模式的优点包括管理集中、维护简便和资源控制高效。然而，它也存在一些明显的缺点，如存在单点故障风险、可扩展性受限和潜在的性能瓶颈。集中式网络结构适合对中心节点高度信任的场景，如金融领域中的一些应用，银行和支付平台往往采用这种结构保证交易的安全性和可靠性。

图 2.7（a）展示的是一个典型的集中式网络结构。在这个结构中，一个中央服务器位于核心位置，与其他多个客户端或节点直接连接。每个节点都通过网络向中央服务器发送请求，并从中央服务器接收数据和服务。中央服务器处理所有的数据存储、处理和响应任务，而节点则通常依赖服务器进行资源访问。图 2.7（a）中标注了不同的箭头，分别表示不同的数据流向。

实线箭头表示数据的实际流动方向。在这里，所有节点与中央服务器之间存在双向的数据交换，节点可以向中央服务器发送请求，并从中央服务器接收响应。

虚线箭头表示与外部网络或其他系统的连接，这里指的是"直流进"和"直流出"，意味着数据可以直接从外部流入中央服务器，或者从中央服务器流向外部。

中央服务器是网络的核心，负责处理来自所有节点的请求，并管理数据存储。

节点表示客户端或末端用户，它们与服务器进行交互，但不直接与彼此交互。

此外，在实际应用中，一些客户端可以充当中间件的角色，处理来自其他更简单客户端的请求，并将它们转发至中央服务器。图 2.7 有效描绘了集中式网络结构的层次结构和通信模式，这种架构简化了数据管理，但提升了中央服务器的重要性和负载，也增加了系统的脆弱性，因为如果中央服务器遭受攻击或出现故障，整个网络的运行可能会受到影响。

2）纯分布式网络结构

纯分布式网络结构，又称为对等网络（P2P），它不存在中央服务器或管理节点，网络中的每个节点既是客户端又是服务器，可以直接与其他节点进行通信。这种结构的网络通过节点之间的直接交互来分享文件、数据和资源。纯分布式网络结构的优点包括高度的去中心化、增强的容错能力、良好的可扩展性和抗审查性。然而这种网络也面临着管理和安全挑战，如数据的一致性、网络的安全性和节点的信任问题。纯分布式网络结构适合去中心化、不依赖任何中心节点的场景，如比特币网络和以太坊场景等。这些网络通过纯分布式网络结构的方式实现了去中心化管理和共识机制，确保了数据的安全性和可信度。

图 2.7（b）展示了一个纯分布式网络结构。在这种网络结构中，每个节点都与其他多个节点直接连接，不存在中央控制点或服务器。节点之间的连接形成一个网状结构，每个节点既是数据的提供者也是数据的接收者。

在图 2.7（b）中，每个圆圈代表网络中的一个节点。箭头表示数据可以在节点之间直接传输的路径，揭示了数据传输的双向性。这种网络结构非常适合需要高度去中心化的应用，如加密货币网络和某些文件分享系统。每个节点通过算法达成共识、验证和记录交易，这是区块链技术发展的基础。然而，这种网络也可能面临一些挑战，如网络的同步问题，以及如何有效搜索和路由到特定的节点。

3）混合式网络结构

混合式网络结构，它融合了集中式网络结构和纯分布式网络结构的特点，旨在发挥两种结构的优势，同时减少它们的缺点。在混合式网络结构中，一些操作可能由中央服务器处理，以提高管理和协调的效率，而其他操作则通过纯分布式网络结构的方式执行，以增强网络的去中心化和可扩展性。混合式网络结构在多个领域都有应用，如在内容分发网络（CDN）和某些区块链技术实现过程中，它们通过结合中心化的管理和去中心化的数据处理，旨在提供更高效、更可靠的服务。

图 2.7（c）描绘的是混合式网络结构。在这个网络结构中，某些节点具有中心化特征，表现为更多的连接（图 2.7 中较大的灰色节点），而其他节点（图 2.7 中较小的白色节点）则可能以分布式的形式连接这些中心节点或相互连接。

混合式网络结构通常由中心化节点和普通节点组成。

（1）中心化节点。这些节点在图 2.7 中显示为较大的圆圈，它们可能扮演特殊的角色，如协调通信、处理更多的数据或提供重要的服务。它们与其他多个节点直接连接，有时这些节点也称为超级节点或锚点节点。

（2）普通节点。这些节点在图 2.7 显示为较小的圆圈，它们可能直接连接中心化节点，或者在某些情况下与其他普通节点连接。普通节点依赖中心化节点获取网络资源或与网络中的其他部分进行通信。

在区块链领域，混合式网络结构可能被用于特定的区块链（EOS）得以实现，其中某些节点（区块链的全节点）承担更多的数据验证和传输任务，而轻节点（钱包应用）则依赖全节点获取信息。这种结构有助于在去中心化和提高网络效率之间找到一个平衡点。

通过以上的介绍，可以总结出 3 种网络结构的特征，如表 2.1 所示，选择哪种网络结构取决于特定应用的需求、目标及面临的技术挑战。集中式网络结构因其简单的管理和高效的资源控制而适合需要强大管理能力的环境。纯分布式网络结构适合需要高度去中心化和保持网络弹性的场景。混合式网络结构旨在平衡集中式网络结构和纯分布式网络结构的优势，适合既需要一定程度中心化管理又希望保持网络弹性和去中心化特性的应用场景。

表 2.1　不同网络结构对比

特征	集中式网络结构	纯分布式网络结构	混合式网络结构
去中心化程度	低（有中央服务器）	高（无中央服务器）	中等（结合中心化与去中心化）
效率	高（中央服务器处理所有请求）	低至中等（取决于网络和协议）	中等至高（优化特定操作）
扩展性	有限（受中央服务器的能力限制）	高（节点可以随意增加）	中等（取决于中心节点的扩展能力）
共识机制	无（中央服务器决策）	PoW、PoS、DPoS 等	取决于具体实现
容错能力	低（单点故障风险）	高（无单点故障）	中等（部分中心节点提供容错）
主要应用	传统企业应用、Web 服务	加密货币、文件共享	某些区块链平台、内容分发网络

3. 点对点网络结构的基本原理

点对点（P2P）网络结构中，每个参与者既是资源的提供者也是资源的消费者。这种网络结构特别适合实现大规模的数据共享、分布式计算及去中心化应用，原因在于它具备的高度弹性和可扩展性，使资源共享过程变得更加高效和广泛。

与传统的集中式客户端-服务器模型相比，P2P 网络结构因其去中心化的特性，在面对高负载或遭受攻击时显示出更强的稳定性。在集中式客户端-服务器模型中，一旦服务器出现故障，整个服务可能会因此中断；而 P2P 网络结构依赖网络中每个节点的分布式协作，使它在面对故障或攻击时具有更强的韧性。

在某些情况下，P2P 网络结构会采用混合模型，即中央服务器负责管理索引或提供初始连接服务，但数据的传输主要通过 P2P 网络结构完成。这种模式在文件共享系统中特别常见，它有效结合了中心化管理和去中心化传输的优势。

P2P 网络结构的关键特性包括以下几点：去中心化，网络中不存在中央服务器，网络的运行依赖所有节点的对等参与；自组织，网络能够自动适应节点的动态加入和离开，无须中心管理者介入；可扩展性，随着节点数量的增加，网络的资源和服务能力也相应扩展；负载均衡，数据的存储和传输在各节点间分散，从而有效分散负载；容错性与抗攻击性，网络能够抵御节点故障或恶意攻击，确保服务的持续性；资源共享，每个节点贡献并访问网络中的资源，实现资源利用最大化；动态性，网络结构和资源分配能够自动调整以适应环境变化。

点对点（P2P）网络结构凭借其去中心化、自组织、可扩展性、负载均衡、容错性与抗攻击性、资源共享及动态性的特点，在大规模数据共享、分布式计算和去中心化应用中发挥着至关重要的作用。这种网络不仅能够在节点动态变化时自我调整和维持运行，而且还能通过去中心化架构提高整个系统的稳定性和效率。然而，为了实现这些优势，P2P 网络结构需要依赖高效且可靠的信息传播机制。Gossip 协议正是在此背景下发挥作用的。

1）Gossip 协议基本原理

Gossip 意为流言蜚语，Gossip 协议，顾名思义，是模仿人类社会中流言蜚语的传播方式。在这个协议中，网络中的每个节点（可以想象成每个人）定期与其他几个随机选择的节点进行信息交换。这种信息交换机制确保信息可以迅速有效地在全网范围内传播，类似社交圈中的小道消息通过相互交换的方式迅速扩散。

在 Gossip 协议中，每个节点就像是聚会中的一位参与者，而信息（或者"八卦"）就是需要在网络中传播的数据。通过这种方式，Gossip 协议能够在分布式系统中高效、可靠地同步状态和信息，即使在面对节点故障或网络问题时也能保持良好的性能。Gossip 基本原理包括以下几点。

（1）信息传播机制。在 Gossip 协议中，节点间的信息传播是通过周期性地与随机选择的邻居节点交换信息来实现的。这种方法不仅能够快速地将信息传播至网络的每个角落，而且由于其具有随机性，因此它还能够有效应对网络拓扑的变化，如节点的加入和离开。

关键步骤包括：

① 选择邻居。每个节点根据特定策略（通常是随机的）选择一组邻居节点。

② 信息交换。节点将自身信息（状态、数据副本）发送给选定的邻居，并从这些邻居处接收信息。

③ 数据更新。接收到新信息的节点将根据某种规则（时间戳比较）更新自己的信息。

（2）随机化和交换策略。Gossip 协议的核心是随机化策略，它确保了信息交换的公平性和系统的可扩展性。随机选择邻居节点和信息内容可以减少网络中的热点，避免某些节点成为信息传播的瓶颈。

策略特点包括：

① 负载均衡。通过随机性选择，负载在网络中得到均衡分布，提高了系统的整体性能。

② 健壮性。信息可以通过多条路径传播，即使部分节点失效，信息仍能传播至网络的其他部分。

（3）自适应性和容错性。Gossip 协议能够根据网络状态和节点性能自适应地调整信息传播策略。这种自适应性提高了协议在动态变化环境下的效率和可靠性。

自适应措施包括：

① 动态调整。根据网络条件和节点响应，动态调整信息传播的频率和范围。

② 错误恢复。识别和纠正错误信息，增强系统在面对节点故障时的恢复能力。

2）Gossip 协议的工作流程

Gossip 协议规定，每个节点都定期与其他节点进行通信。每次通信过程中，它们都会交换部分信息，节点随机选择或根据某种策略选择一个或多个其他节点，并且在选择的节点之间交换信息，这些信息可能包括数据更新、状态信息或者是需要传播的消息，每个节点在接收新信息后更新自己的信息，随着时间的推移，节点继续进行选择和交换步骤，信息逐渐在网络中扩散。这种机制的具体工作流程包括以下几点。

（1）节点发现和加入网络。

① 新节点的发现与加入。新节点首先需要发现网络中的其他节点，这通常通过连接预先知晓的种子节点完成，并通过种子节点获取网络中其他节点的信息，如 IP 地址和端口。

② 维护节点列表。加入网络后，每个节点都需要维护一个列表，用来记录网络中其他节点的信息，节点会定期更新这个列表，以便添加新的节点和移除不再活跃的节点。

（2）信息传播和交换。

① 随机选择邻居节点。节点会随机选择几个其他节点作为信息传播的目标，这有助于防止信息在网络中的集中和传播的不均衡。

② 选择要传播的信息。在每次传播前，节点会选择特定的信息进行发送，如状态更新、数据副本等。

③ 向邻居节点发送信息。节点会将选定的信息发送给它的邻居节点，可能通过发送直接消息、数据包或广播等方式进行发送。

④ 接收和更新信息。接收信息的节点将根据收到的信息更新自身状态，并可能将信息进一步传播。

⑤ 重复传播过程。节点会定期重复信息传播过程，确保信息在网络中的持续更新和传播。

（3）节点状态更新和维护。

① 节点状态更新。节点会周期性地更新状态信息，这可能基于内部事件或定时机制。

② 随机选择邻居节点进行状态传播。与信息传播类似，节点状态更新也会被发送至随机选择的邻居节点处。

③ 接收和更新邻居节点的状态。节点将接收来自邻居的状态更新，并将它合并到自身的状态信息中。

④ 状态更新的传播和扩散。状态信息将在网络中传播和扩散，最终使所有节点的状态趋于一致。

⑤ 定期重复更新和维护。为确保网络的一致性，节点会定期进行状态更新和维护。

整个 Gossip 协议的工作流程旨在确保分布式系统中的信息能够有效传播，并且网络中的每个节点能够及时更新其状态信息以反映全网的最新状态。

3）Gossip 协议的执行过程

Gossip 协议是以周期循环的方式执行的，能够在有限的时间内让系统中所有节点同步更新至最新数据。Gossip 过程由种子节点发起，种子节点携带最新的信息，通过随机选择一组其他节点进行信息共享，每个节点接收到信息后将在下一个周期向新的一组节点执行相同的操作。这种随机的"fanout"选择可以根据网络拓扑和节点间的互动历史进行优化。信息以这种方式逐渐扩散，经过多个周期后，整个网络中的大多数节点都能获得信息更新，尽管 Gossip 协议的异步特性意味着节点在发送信息后不会立即等待确认。Gossip 协议还可以通过动态调整传播频率来适应网络负载变化，并可能包含策略来减少向已有最新信息的节点发送数据。通常，协议中包含一个停止条件，如当节点感知到大部分网络已经更新时，或当它接收到的信息是旧版本时，就会停止传播。从图 2.8 所示的 Gossip 传播过程中，可以具体了解 Gossip 协议的传播过程。为了简化说明，以一个包含 12 个节点的系统为例，其中 1 号节点作为种子节点开始传播信息。假设每个节点每次最多向 2 个其他节点传达信息（fanout 为 2）。在图 2.8（a）所示的第一周期中，种子节点 1 选择节点 2 和节点 6 传播信息。进入图 2.8（b）所示的第二周期中，节点 1、节点 2 和节点 6 都参与传播，节点 1 选择节点 5，节点 2 选择节点 3 和节点 4，而节点 6 选择节点 8 和节点 10。这样，到第二周期结束时，共有 7 个节点接收到了信息。在图 2.8（c）所示的第三周期中，这 7 个节点各自向未接收到信息的节点传播，假设节点 3 选择节点 7，节点 10 选择节点 11 和节点 12，节点 6 选择节点 9。这样，在第三周期结束时，12 个节点都接收到了信息，实现了系统的信息同步。这个过程呈指数级增长，使得信息能够在短时间内快速传播到整个网络中的每个节点。

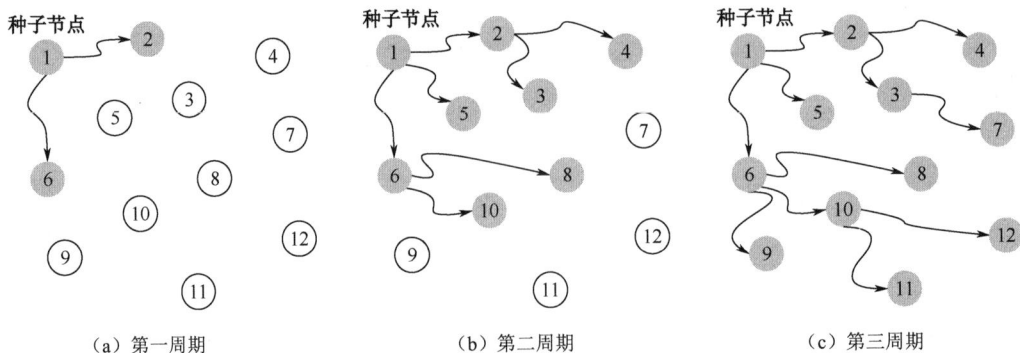

图 2.8　Gossip 传播过程

推测 Gossip 协议把信息传播至每个节点需要多少次循环动作的公式如下。

$$循环次数=\log(节点总数)(\text{base}N)$$

然而，通过公式计算得出的循环次数只是近似值，在实际的信息传递过程中，可能需要更多的循环次数才能将消息传递给网络中的所有节点，因为每个节点在传播消息时是随机选择 N 个节点的，同一节点可能会被多次选中。

4）Gossip 协议的优点和面临的挑战

（1）优点。

① 去中心化。Gossip 协议是去中心化的，不依赖中央节点，这增强了它在节点出现故障时的健壮性，也降低了单点故障的风险。

② 抗故障能力。Gossip 协议的随机性确保了即使部分节点失效，信息也可以通过其他路径传播，提供了高度的容错性。

③ 高效的数据同步。在 Gossip 协议中，信息通过节点间不断的交互逐渐传播，这可以在没有集中协调的情况下实现快速的数据同步。

④ 可扩展性。因为每个节点只需要与少数其他节点进行通信，而不是与所有节点进行通信，Gossip 协议可以很好地扩展到大规模网络，通信成本随网络规模线性增长，而不是成指数增长。

（2）面临的挑战。

① 性能与延迟。Gossip 协议可能导致信息通过多个中间节点传播，增加了信息传播的延迟。这对于实时性要求高的系统来说可能是一个问题。

② 网络拓扑管理。节点的动态性（频繁加入和离开）确实增加了对网络拓扑管理的难度，需要设计有效的机制来维护邻居关系的最新状态。

③ 安全性和隐私保护。Gossip 协议的开放性可能会带来安全隐患，需要额外的安全措施防止恶意攻击和数据泄露，同时也要保护节点间通信的隐私。

④ 参数配置和调优。协议的效率很大程度上取决于参数的选择，如消息传播速率和邻居选择策略，这些参数需要根据网络的具体情况进行调整。

Gossip 协议适合动态变化和规模庞大的网络环境，它提供了一种可靠且灵活的信息同步和传播方式。然而，确实需要对性能、安全性、网络管理和配置参数等方面进行周密的考虑和设计，以征服其挑战，优化其性能。在实际的分布式系统设计中，通常需要在 Gossip 协议的简便性与系统要求之间找到一个平衡点。

在区块链技术中，分布式账本技术与 P2P 网络结构的结合是区块链技术的核心。分布式账本技术以其去中心化、透明和安全的数据管理方式著称，每个网络节点保存着账本的完整副本，通过密码学散列和共识机制来维护数据的不可篡改性和网络的一致性。P2P 网络结构则突出了其去中心化的数据交换方式，允许节点直接进行通信，无须中央节点介入，从而提高了数据共享和分布式计算的效率，这两种技术的结合为区块链提供了强大的去中心化解决方案。

2.3　密码学技术

下面继续讲述菠萝村的故事：在菠萝村，交易日益频繁和交易过程更加复杂，村民们发现仅靠记账先生记录和传播交易已经无法满足实际需求，村民们需要一种更加安全和可靠的方式来确保交易的真实性和保密性。

有一天，村民小王注意到了一个问题：如果有人试图篡改过去的交易记录，村民们如何能迅速发现并阻止这种行为呢？同时，随着外来商人的加入，如何验证每个人的身份，确保信息不被外人窃取，也成为一个挑战。

小王提出了一个看似简单但极其有效的方法。他建议，每次交易完成后，不仅要记录交易的内容，还要记录一种特殊的"印记"。这种"印记"是根据交易内容生成的，即使交易内容发生一点微小的变动，这个"印记"也会变得完全不同。

他还建议，每个人都应该拥有一种特殊的"标识符"，用于加密交易信息。这个"标识符"包括两部分：一部分是公开的，任何人都可以使用它加密信息并发送给其他人；另一部分是私密的，只有拥有者才知道，用于解密信息。

例如，老李想要将一篮子菠萝卖给老张，他们的交易就会被记录下来，同时附上一个由交易内容生成的"印记"。这个"印记"像是交易的指纹，唯一且不可复制。

当老张使用老李的公开"标识符"加密支付信息后发送给老李时，只有老李能用自己的私密"标识符"解密这条信息。这样，就算有人截获了这条信息，也无法解读信息内容，确保了交易的安全性。随着这种方法的实施，菠萝村的交易变得更加安全可靠。村民们不再担心交易记录被篡改，因为任何试图篡改过去记录的行为都会立刻被发现，因为"印记"将不再匹配。同时，外来商人的加入也不再构成问题，因为他们的身份和交易信息都得到了保护。

得益于小王的智慧，菠萝村不仅解决了交易记录安全的问题，还增强了交易的隐私保护。村民们对这种新方法赞不绝口，菠萝村因此成为一个交易活跃且安全的模范村庄。

故事中的"印记"可以看作哈希值的一个类比。在区块链技术中，哈希算法用于创建每个区块的唯一标识（哈希值）。就像故事中的"印记"一样，哈希值对输入数据极其敏感，任何输入变化都会导致产生完全不同的哈希值，这确保了数据的完整性和交易记录的不可篡改性。

故事中的"标识符"体现了公钥密码学的原理，其中公开的部分用于加密信息，私密的部分用于解密信息，这与公钥和私钥的工作方式完全相同。公钥用于加密发送给特定人的信息，而只有持有对应私钥的接收者才能解密该信息，保证了交易信息的机密性和身份验证的安全性。

本节将深入探讨密码学技术在区块链技术中的多重角色和应用，分别从哈希函数、公钥密码学和其他密码学技术 3 个关键领域进行详细解析。读者将了解这些技术如何共同构建一个既安全又可靠的去中心化数字生态系统，为区块链技术的广泛应用奠定坚实的基础。

2.3.1 哈希函数

1. 哈希函数的定义和关键特性

想象一下，你有一本神奇的厨师手册，无论你记录什么食谱，它都能立刻生成一个独一无二的"食谱摘要"。无论食谱多复杂，摘要总是保持固定的长度，且每个摘要都是独特的。如果稍微改动食谱，如增加一勺糖，菜肴的味道就会大不一样，哈希函数也是如此。

哈希函数在区块链技术中扮演着类似的角色。它能够接收任意长度的输入（交易数据），并产生一个固定长度的输出（哈希值）。这个哈希值像是数据的独特"指纹"，即使输入数据发生微小的变化，也会产生完全不同的哈希值。这种特性使得哈希函数在区块链技术中非常重要，它用于确保数据的完整性和不可篡改性，如"BLOCKCHAIN"经过 SHA-256 加密后得到的哈希值为"dffdca1f7dd5c94afea2936253a2463a26aad06fa9b5f36b5affc8851e8c8d42"。

自从哈希函数诞生以来，已发展出众多算法，形成了一个包含多样化方法和技术的复杂领域。在这个所谓的"哈希江湖"中，MD 家族和 SHA 家族无疑是最具影响力和声望的两大派系。

国际上，MD（Message Digest）系列包括 MD4、MD5 等，由美国密码学家罗纳德·李维斯特（R. L. Rivest）设计。这些算法最初被设计用于提高算法复杂度和不可逆性，其中，MD5 因其稳定性和快速性而广泛应用于数据的加密保护领域。然而，随着技术的进步，MD 系列的一些弱点被揭露，如 MD5 已被证实无法防止碰撞攻击，这意味着可以在较短时间内找到两个不同的输入，它们能产生相同的哈希值，从而降低了其在安全性认证中的应用价值。

SHA（Secure Hash Algorithm）家族包括 SHA-1、SHA-2 和 SHA-3 等，由美国国家安全局（NSA）提出。SHA-1 在 MD5 的基础上增加了输出长度和单向操作的复杂性，但随着时间的推移，它的安全性也受到质疑。SHA-3 是这个家族中较新的成员，它采用了与 MD 系列不同的海绵结构，提供了更高的安全性。

在国内，国产自主研发的商用密码哈希算法 SM3，于 2010 年由国家密码管理局发布。SM3 主要应用于数字签名、消息认证及随机数生成等领域，其安全性和效率与国际上的 SHA-256 相当。

这些算法的生命周期证明了哈希函数是一个不断发展的领域。随着计算能力的增强和新攻击方法的发现，原来被认为安全的算法可能变得脆弱。例如，MD5 被中国科学院院士、清华大学王小云教授成功破解，她提出的 MD5 碰撞实例证明了该算法无法抵御碰撞攻击，引起了密码学界的广泛关注。王小云教授的研究表明，可以在较短时间内找到两个不同的消息，它们能够产生相同的哈希值，从而使 MD5 的抗碰撞性不再满足实际需要。

因此，在选择和应用哈希算法时，需要根据安全性、效率和实际需求做出合理决策。随着技术的发展，为了持续保障数据安全，可能需要从一个算法迁移到另一个算法。尽管这个过程可能是漫长和复杂的，但它是确保信息安全必不可少的环节。

哈希函数作为密码学和数据安全领域的核心元素，展现了近乎神奇的魔力。它将复杂的数据转化为简洁的哈希值，同时具备一系列独特的特性，这些特性使其成为构建现代数字世界不可或缺的一部分。哈希函数这些特性不仅赋予哈希函数强大的力量，而且开启了广泛的应用可能性。接下来，将深入探索哈希函数这些关键特性及对数字世界的影响。

（1）不可逆性（Irreversibility）。数据一旦经过哈希函数处理，就无法还原为原始形态。这种单向转换过程，像是把数据的本质锁在了一个神秘的盒子里，只留下一个无法解读的符号。

（2）唯一性（Uniqueness）。理想状态下，不同的数据输入应产生不同的哈希值。这意味着即使是微小的数据变化，也会导致截然不同的输出结果，如同两个完全不同的个体。

（3）抗碰撞性（Collision Resistance）。在哈希函数的体系中，找到两个不同输入但产生相同哈希值的情况极为罕见。这种抗碰撞性确保了哈希函数在保护数据方面的强大能力，让恶意攻击者难以通过制造不同的数据片段获取相同的哈希值。

（4）快速计算（Efficiency）。哈希函数能够迅速处理大量数据，输出结果近乎实时。即便是对于庞大的数据集，哈希函数也能高效地生成哈希值，使哈希函数在实际应用中极为便捷。

（5）确定性（Deterministic）。每次对同一数据输入进行哈希处理，都会得到相同的输出结果。这种确定性使哈希函数成为验证数据完整性的理想选择。

（6）应用广泛性（Versatility）。哈希函数的应用范围极为广泛，从简单的数据检索到复杂的密码学应用，再到现代的区块链技术，它的足迹遍布整个数字世界。

哈希函数凭借上述特性，在数字世界中占据不可替代的地位。就像是数字世界的守护者，它在保障数据安全和确保信息完整性方面发挥着至关重要的作用。随着技术的不断发展，哈希函数的应用场景将持续扩展，为数字时代的安全和高效运行提供坚实的基础，下面我们以应用较为广泛的 SHA-256 算法为例详细说明哈希函数的加密原理，供大家参考学习。

2．SHA-256 算法详细讲解

SHA-256 算法（Secure Hash Algorithm 256 位）是 SHA-2 算法家族中的成员，在加密和信息安全领域应用极为广泛。它将输入的数据转换为一个固定长度（256 位）的散列值（哈希值），该转化过程是单向的，这意味着想要从哈希值反推出原始数据，几乎是不可能实现的。以下是 SHA-256 的实现步骤的简化描述。

1）预处理

（1）填充。首先将原始消息填充到长度恰好是 512 位（64 字节）的整数倍。填充开始于一个"1"位，随后是"0"位，直到消息长度距离 512 的倍数还差 64 位。

（2）添加长度值。在填充的消息末尾附加一个 64 位的长度字段，可以表示原始消息的长度（以位为单位）。

2）初始化哈希值

SHA-256 算法定义了一个 32 位的初始哈希值，这个值是由 8 个 32 位的长度字段组成的（这些值是固定的，基于平方根小数部分的前 32 位）。

3）处理消息块

（1）算法对整个消息的每个 512 位块进行处理。

（2）每个块被分成 16 个 32 位的长度字段，然后扩展为 64 个 32 位的长度字段。

（3）这些字段被用于更新哈希值。

4）创建消息调度（Message Schedule）

（1）对于每个消息块，创建一个含 64 个条目的消息调度数组。

（2）前 16 个条目来自当前的消息块，其余条目则通过一系列操作从前面的条目中导出。

5）主循环

（1）对于每个消息块，执行 64 次迭代。

（2）在每次迭代中，结合当前的哈希值、消息调度中的一个条目及预定义的常量，进行一系列位运算和模加操作。

（3）每次迭代后更新哈希值。

6）产生最终的哈希值

完成所有消息块的处理后，最后的哈希值由最后一次迭代的哈希值组成。

7）输出

最终的哈希值是一个 256 位的字符串，通常以十六进制形式表示。

SHA-256 算法因其难以逆向运算的特性被广泛用于安全领域，如在数字签名、证书认证及区块链技术中。SHA-256 算法的实现需要精确高效的位级操作，通常借助专用的软件库来实现。下面展示了两种分别用源码和调用库函数来实现 SHA-256 的计算方法。

源码实现：

```
# Encoding: UTF-8
import binascii

def right_rotate(value, amount):
# 执行右旋转操作：将32位整数'value'向右旋转'amount'位
    return ((value >> amount) | (value << (32 - amount))) & 0xFFFFFFFF


def SHA-256(message):
# 初始化哈希值（H）和常数（K），这些值是SHA-256算法的标准部分
    H = [
# 这些初始哈希值由简化版的平方根的小数部分获得
        0x6a09e667, 0xbb67ae85, 0x3c6ef372, 0xa54ff53a,
        0x510e527f, 0x9b05688c, 0x1f83d9ab, 0x5be0cd19
    ]

    K = [
# 这些常数由简化版的立方根的小数部分获得
        0x428a2f98, 0x71374491, 0xb5c0fbcf, 0xe9b5dba5,
        0x3956c25b, 0x59f111f1, 0x923f82a4, 0xab1c5ed5,
        0xd807aa98, 0x12835b01, 0x243185be, 0x550c7dc3,
        0x72be5d74, 0x80deb1fe, 0x9bdc06a7, 0xc19bf174,
        0xe49b69c1, 0xefbe4786, 0x0fc19dc6, 0x240ca1cc,
        0x2de92c6f, 0x4a7484aa, 0x5cb0a9dc, 0x76f988da,
        0x983e5152, 0xa831c66d, 0xb00327c8, 0xbf597fc7,
        0xc6e00bf3, 0xd5a79147, 0x06ca6351, 0x14292967,
        0x27b70a85, 0x2e1b2138, 0x4d2c6dfc, 0x53380d13,
        0x650a7354, 0x766a0abb, 0x81c2c92e, 0x92722c85,
        0xa2bfe8a1, 0xa81a664b, 0xc24b8b70, 0xc76c51a3,
        0xd192e819, 0xd6990624, 0xf40e3585, 0x106aa070,
        0x19a4c116, 0x1e376c08, 0x2748774c, 0x34b0bcb5,
        0x391c0cb3, 0x4ed8aa4a, 0x5b9cca4f, 0x682e6ff3,
        0x748f82ee, 0x78a5636f, 0x84c87814, 0x8cc70208,
        0x90befffa, 0xa4506ceb, 0xbef9a3f7, 0xc67178f2
    ]

# 预处理：对消息进行填充，使其长度满足特定要求
    message = bytearray(message, 'ascii')
# 将消息转换为字节
    orig_len_in_bits = (8 * len(message)) & 0xffffffffffffffff
```

```
# 计算消息的位长度
    message.append(0x80)
# 添加填充的第一个字节

# 继续填充0字节，直到消息长度为448模512（长度模64为56）
    while len(message) % 64 != 56:
        message.append(0)

# 附加原始消息长度（64位）到消息末尾
    message += orig_len_in_bits.to_bytes(8, byteorder='big')

# 分块处理：处理每个512位块
    for i in range(0, len(message), 64):
        block = message[i:i+64]
# 获取当前512位块
# 扩展块：将512位块扩展到64个32位字
        W = [0] * 64
# 将每个块的前16个字直接从块中读取
        for j in range(16):
            W[j] = int.from_bytes(block[j*4:j*4 + 4], byteorder='big')
# 扩展剩下的48个字
        for j in range(16, 64):
            s0 = right_rotate(W[j-15], 7) ^ right_rotate(W[j-15], 18) ^ (W[j-15] >> 3)
            s1 = right_rotate(W[j-2], 17) ^ right_rotate(W[j-2], 19) ^ (W[j-2] >> 10)
            W[j] = (W[j-16] + s0 + W[j-7] + s1) & 0xFFFFFFFF

# 初始化哈希值的工作变量
        a, b, c, d, e, f, g, h = H

# 主循环：对每个扩展后的块进行64次迭代压缩
        for j in range(64):
            S1 = right_rotate(e, 6) ^ right_rotate(e, 11) ^ right_rotate(e, 25)
            ch = (e & f) ^ (~e & g)
            temp1 = (h + S1 + ch + K[j] + W[j]) & 0xFFFFFFFF
            S0 = right_rotate(a, 2) ^ right_rotate(a, 13) ^ right_rotate(a, 22)
            maj = (a & b) ^ (a & c) ^ (b & c)
            temp2 = (S0 + maj) & 0xFFFFFFFF

            h = g
            g = f
            f = e
            e = (d + temp1) & 0xFFFFFFFF
            d = c
            c = b
            b = a
            a = (temp1 + temp2) & 0xFFFFFFFF

# 将每轮处理后的工作变量加回到初始哈希值中
```

```
H = [(x + y) & 0xFFFFFFFF for x, y in zip(H, [a, b, c, d, e, f, g, h])]

# 将最终的哈希值转换为16进制字符串并返回
    return ''.join(format(x, '08x') for x in H)

print(SHA-256("Hello World!"))
```

right_rotate 函数执行右旋转操作，它接受两个参数：一个参数是要旋转的值；另一个参数是旋转的位数。该操作属于位操作范畴，它将指定的位数从数值的末端移动至起始位置。

SHA-256 函数的执行过程以初始化 8 个初始哈希值（存储在 H 列表中）和 64 个常数（存储在 K 列表中）为起点，H（初始哈希值）和 K（常数）是固定的，并且它们的数值是预定义的。这些数值是算法的一部分，定义在相关的加密标准中，这些固定的初始哈希值和常数的设定是为了确保算法的一致性和安全性。这些数值不是随机选取的，而是基于特定的数学方法计算得出的，以确保算法能够产生高度随机且不可预测的输出结果。改变这些数值将会导致算法输出不同的结果，从而与标准的 SHA-256 算法不兼容。

库函数实现：

```
import hashlib

def SHA-256_demo(input_string):
    # 将输入的字符串转换成字节串
    encoded_string = input_string.encode()

    # 使用hashlib库的SHA-256函数计算哈希值
    SHA-256_hash = hashlib.SHA-256(encoded_string)

    # 将生成的哈希值转换为十六进制格式的字符串
    return SHA-256_hash.hexdigest()

print(SHA-256_demo("Hello World!"))
```

对于学习而言，手动实现 SHA-256 算法可以作为一种深入理解其内部工作原理的有效方法。然而，需要注意的是，手动实现 SHA-256 算法通常不适合处理敏感数据或在对安全性要求高的场景中。在这些情况下，应该优先选择使用经过充分测试和审查的标准库来实现。对于大多数实际应用场景，特别是在生产环境中，强烈推荐使用 hashlib 库。因为它提供了一个简便、高效且安全的方法生成 SHA-256 哈希值。使用 hashlib 库可以避免与自行实现加密算法相关的风险和实现过程的复杂性。

3．哈希函数在区块链中的作用

在区块链的精密工程框架中，哈希函数就如同维系着庞大网络安全与稳定的隐形纽带，每个瞬间、每个节点，它们都在默默地发挥着至关重要的作用。

（1）数据完整性的保障。哈希函数的独特之处在于，它们能够将任意长度的数据转换成一个固定长度的哈希值。在区块链中，每个区块的数据经过哈希函数处理后，生成一个几乎不可能被复制的唯一指纹。这意味着，即便是微小的数据变化也会导致哈希值发生巨大的变化。因此，哈希函数在区块链中作为防止数据被篡改的关键机制，为整个系统的安全性和完整性提供了强有力的保障。

（2）构建区块链结构。在区块链的设计理念中，每个区块不仅包含交易数据，还包含前一个区块的哈希值。这种设计使区块之间形成了一种时间和逻辑上的链条。当新区块被添加到链条上时，它的哈希值反映了前一区块的信息，从而形成了一种无法轻易打破的连续性。这种通过哈希值连接的结构，为区块链提供了核心特性：数据的不可篡改性和持久性。

（3）实现分布式共识。在以 PoW 为基础的区块链系统中，如比特币，哈希函数是实现分布式共识的关键工具。矿工需要通过调整区块中的某些数据（通常是一个被称为"nonce"的数值），使得区块的哈希值满足特定条件，如以特定数量的连续零作为开头。这个过程需要大量的计算资源，从而确保网络安全并防止欺诈行为。矿工成功找到符合条件的哈希值后便可以将新区块添加到区块链中，并获得相应的奖励。

（4）增强交易的安全性。在区块链中进行的每笔交易都会经过哈希函数处理，从而确保交易的安全性。哈希值的不可逆性意味着无法从哈希值反推出原始数据，这对于保护交易细节的隐私至关重要。同时，每笔交易的唯一哈希值也确保了其真实性，使得伪造或重复的交易容易被识别和拒绝。

（5）推动去中心化操作。哈希函数在去中心化的区块链网络中起到了枢纽作用。它们使网络中的每个节点能够独立验证每个区块和交易的有效性，而无须依赖中央权威。这种基于哈希的验证机制极大地提升了整个网络的透明度和信任度，使得去中心化不仅成为可能，而且成为高效和安全的运作方式。

哈希函数在区块链的构建和维护中发挥着多重且关键的作用。从确保数据的完整性到维护整个网络的安全性和去中心化，哈希函数是区块链技术中不可或缺的一部分，是网络安全、高效运行的基础。

4．哈希函数的局限性和挑战

我们已经见证了哈希函数如同数字世界中的守望者，以其独有的方式维系着区块链的秩序与安全。然而，即使是这样的守望者，也并非无懈可击，它们在辉煌背后同样面临着考验与复杂的问题。

（1）密文后的双重影像。想象一下，在一个充满无尽数据的宇宙中，哈希函数创造了一系列独一无二的密文。但在这宏伟的加密长廊中，潜伏着一种奇异现象——碰撞。碰撞指的是当两条完全不同的信息路径意外相遇时，却产生了相同的密文终点。随着计算能力的增强，这种碰撞的可能性成为哈希函数的一个隐忧。

（2）量子时代的挑战者。在技术的天空中，量子计算如同一颗冉冉升起的新星，它的光芒有可能照亮新的知识领域，但同时也可能为哈希函数的世界带来新的挑战。量子计算机以其非凡的力量，能够在短时间内破解哈希函数的谜团，这对哈希函数来说，是一个迫切需要应对的问题。

（3）寻找平衡的艺术。在数据的海洋中，哈希函数需要在安全和效率之间找到一个精妙的平衡点。一方面，它们要构建一道坚不可摧的安全壁垒；另一方面，又不能让这道壁垒阻碍数据流动。在这个平衡的艺术中，哈希函数在不断调整、优化，以适应不断变化的需求。

（4）适应性的挑战。在技术演进的长河中，哈希函数需要具备适应变化的能力，以应对新的挑战和环境。这就像是一场不断升级的游戏，哈希函数必须时刻保持警觉，更新自己的技能，以抵御新出现的威胁。

（5）误解与误用的迷雾。在哈希函数的世界里，还有一个不容忽视的挑战，就是那些被误解和误用的情况。由于哈希函数的复杂性，它们有时会被错误地理解或应用，这就像是一层迷雾，遮蔽了哈希函数真正的面貌。

在这些挑战和局限之中，哈希函数的故事仍在继续。它们不断进化和成长，以应对这些挑战，继续在数字世界中扮演着关键的角色。正如在每个英雄传说中，挑战和困难只会使英雄变得更加坚强和充满智慧。哈希函数的旅程，充满了未知和可能，而这正是故事的魅力所在。

本节深入剖析了作为区块链核心的哈希函数。这段探索之旅不仅揭示了哈希函数在数字世界中扮演的关键守护者角色，而且还展示了哈希函数在维持区块链的安全和秩序中独特和不可替代的作用。本节详细介绍了哈希函数如何将复杂的数据转化为独特的指纹，从而保障信息的真实性和不变性。此外，本节也深入探讨了哈希函数面临的挑战和局限，为读者提供了一个全方位、深层次的视角来理解这一关键技术的多面性。

2.3.2　公钥密码学

公钥密码学与哈希函数相同，是构成区块链安全基础的重要元素。它在确保区块链网络中数据传输的安全性和用户身份的保密性方面发挥着不可替代的作用。本节将深入探讨公钥密码学的工作原理和关键算法，特别是 RSA 算法与 ECC 算法，以及它们在区块链应用中的具体作用，旨在为读者提供一个全面的视角，理解区块链技术背后的复杂安全机制。

1. 公钥密码学发展史及基本原理

在一座繁忙的金融都市里，有一位名叫小王的银行经理。他负责管理一个庞大的保险库，保险库中的每个保险箱都配备了一把独特的锁。起初，为了便于管理，每个保险箱都配有两把相同的钥匙，一把由客户保管，一把由小王保管。随着客户数量的增加，小王发现自己管理如此众多的钥匙变得越来越困难，每次找到对应的钥匙都是一个耗时且易出错的过程。

为了解决这个问题，小王决定引入一项革命性的创新——一种特殊的锁。这种锁允许采用不同的配置，但所有的锁都可以由一把单一的"万能钥匙"打开。小王将这些新锁分发给客户，客户们用这些锁保护他们的贵重物品，而小王只需要保管那把能打开所有锁的"万能钥匙"即可。

这个新系统的巧妙之处在于，尽管每个客户的锁都是公开的（每个人都知道如何使用这些锁），但只有小王掌握的那把"万能钥匙"能够解开它们。这就类似公钥密码学的原理，每位客户的锁可类比为公钥，用于加密（或锁定）信息；而小王的"万能钥匙"则类似私钥，唯一能解密（或解锁）信息的工具。

这个故事不仅展示了如何通过创新来简化密钥管理，还巧妙地引入了公钥密码学的概念。在这个比喻中，公钥作为可安全分享的加密工具，私钥是其唯一的解密工具，需保持私密性。这种加密技术保证了即使在公开的通信渠道上，信息的安全传输和存储也能得到保障，只有持有对应私钥的人才能访问加密内容。通过这个故事，可以深入理解公钥密码学的核心原理和它在现实世界中的应用，观察它如何在确保数字信息安全的同时，极大地提高管理效率和应用便捷性。

公钥密码学始于 20 世纪 70 年代，当时密码学界正面临着一个巨大的挑战：如何在不安全的网络中安全地交换密钥。1976 年，这一难题得到了突破性的解决，Whitfield Diffie 和 Martin Hellman 首次提出了公钥密码学的概念。这一革命性的想法不仅改变了加密通信的方式，还开启了数字安全领域的一个新纪元。

在 Diffie 和 Hellman 的研究成果之后，1977 年，Ron Rivest、Adi Shamir 和 Leonard Adleman 发明了 RSA 算法，这是首个实用的公钥加密和数字签名系统。RSA 算法的诞生标志着公钥密码学从理论到实践的重大跨越，该原理基于一个数学上的事实：大质数的乘积很难被分解。自那时起，RSA 算法成为公钥加密技术中应用最广泛的算法之一。

随后，公钥密码学领域继续发展，出现了更多高效且安全的算法，如椭圆曲线加密算法（ECC）。20 世纪 90 年代，ECC 开始受到关注，原因在于它在保持与传统公钥算法相同安全级别的同时，使用了更短的密钥长度，这使得 ECC 在资源受限的环境中显得尤为适用。

公钥密码学作为现代加密技术的核心，代表了一种独特且高效的信息保护方法。它基于一个重要概念：使用两个密钥——公钥和私钥，以实现安全的信息交换。公钥是公开可获取的，用于信息的加密过程；私钥则是保密的，仅为信息接收者持有，用于信息的解密过程。这种方法的革命性在于它解决了传统对称加密技术中密钥分发的难题，提供了一种即便在不安全的通信渠道上也能保证信息安全的方法。

在公钥密码学中，加密和解密是两个分离的过程，且密钥的生成和管理是确保其安全性的关键。这一机制能够确保即便公钥被公开，没有相应的私钥，信息也无法被解密。这样的设计不仅确保了信息传输的安全性，还极大地提高了通信的便捷性。

公钥密码学的原理涉及复杂的数学问题，如大数分解、离散对数等，这些问题的计算难度构成了其安全性的基础。例如，RSA 算法就是基于大数分解的难度，而 ECC 则利用了椭圆曲线数学的特性。

在区块链技术的背景下，公钥密码学的应用变得尤为重要。它不仅在保护交易信息方面发挥着关键作用，还在用户身份验证、数字签名等方面扮演着重要角色。正是这些原理和应用，构成了本书对区块链安全机制探讨的基础。

2．RSA 算法详细讲解

RSA 算法是公钥密码学领域中著名的算法，其应用广泛。它是以其发明者 Ron Rivest、Adi Shamir 和 Leonard Adleman 的首字母命名的。它不仅在理论上具有重要意义，而且在实践中广泛用于数据加密和数字签名。

RSA 算法的核心原理建立在一个简单而又深刻的数学事实基础上：对于两个大质数（一般数百位到数千位二进制位），它们的乘积易于计算，但要将这个乘积分解回原来的两个质数却异常困难。在 RSA 算法中，这种分解的难度构成了其安全性的基础。在介绍 RSA 算法之前需要了解几个数学概念。

（1）素数。素数又称质数，是大于 1 的自然数，它除了 1 和它本身没有其他的正因数。换句话说，素数只能被 1 和它本身整除。

（2）模运算。模运算即求余运算。"模"是"mod"的音译。

（3）同余。当两个整数除以同一个正整数时，若得到相同的余数，则两整数被称为同余。若两个整数 a、b，它们除以正整数 m 所得的余数相等，则称 a、b 对于模 m 同余，记作：$a \equiv b (\mathrm{mod}\, m)$。

（4）互质关系。如果两个正整数，除了 1，没有其他公因子，就称这两个数是互质关系。例如，15 和 32 没有公因子，所以它们是互质关系。注意：不是质数也可以构成互质关系。

（5）欧拉 φ 函数。欧拉 φ 函数通常表示为 $\varphi(n)$，是数论中的一个重要函数。对于任何正整数 n，欧拉 φ 函数 $\varphi(n)$ 表示小于或等于 n 的正整数中与 n 互质的数的数量。特别地，如果 n 是质数，那么小于 n 的每个正整数都与 n 互质，所以 $\varphi(n) = n-1$。欧拉 φ 函数的一个关键性质是其具有乘积性：如果两个正整数 p 和 q 互质，即 $\gcd(a,b)=1$，那么 $\varphi(ab) = \varphi(a)\varphi(b)$。

（6）欧拉定理。如果两个正整数 a 和 n 互质，则 $a^{\varphi(n)} \equiv 1 (\mathrm{mod}\, n)$ 成立，也就是说，a 的 $\varphi(n)$ 次方被 n 除的余数为 1。或者说，a 的 $\varphi(n)$ 次方减去 1，可以被 n 整除。

（7）模反元素。如果两个正整数 a 和 m 互质，且存在另一个整数 b，使得 ab 在模 m

下的余数为 1（$ab \equiv 1 \bmod m$），那么 b 就被称为 a 的模反元素。

① 下面生成 RSA 密钥：

ⅰ 选择两个大的质数，设为 p 和 q。

ⅱ 计算它们的乘积 $n = pq$，n 将用作公钥和私钥的一部分。

ⅲ 计算欧拉 φ 函数 $\varphi(n)$，$\varphi(n) = (p-1)(q-1)$。

ⅳ 选择一个整数 e，e 与 $\varphi(n)$ 互质。

ⅴ 计算 e 的模反元素 d，d 是满足 $ed \equiv 1 \bmod \varphi(n)$ 的整数。

最后得到的公钥为(e,n)，私钥为(d,n)，公钥和私钥生成完毕，可以通过公私钥对明文进行加密处理，如明文为 m，加密后的内容为 c，则加密过程和解密过程可以表示如下：

加密过程：$c \equiv m^e \bmod n$

解密过程：$m \equiv c^d \bmod n$

② 密钥生成示例：

ⅰ 选择两个大的质数：设为 $p=17$ 和 $q=23$，在此选用较小的素数作为示例，实际应用中 p 和 q 的选取很大。

ⅱ 计算它们的乘积：$n = pq = 391$。

ⅲ 计算欧拉 φ 函数 $\varphi(n)$：$\varphi(n) = (p-1)(q-1) = (17-1)(23-1) = 352$。

ⅳ 选择一个整数 $e = 7$：7 与 352 互质。

ⅴ 计算 e 的模反元素 d：可以用扩展欧几里得算法或费马小定理来求解 d，求得 d 为 151。

求解 d 的代码如下：

```
"""
    扩展欧几里得算法，求解最大公约数和一组整数 x, y，满足 ax + by = gcd(a, b)。
    Parameters:
    - a: 整数
    - b: 整数
    Returns:
    - tuple: 包含最大公约数和整数 x, y 的元组
"""
def extended_gcd(a, b):
    if a == 0:
        return (b, 0, 1)
    else:
        gcd, x, y = extended_gcd(b % a, a)
        return (gcd, y - (b // a) * x, x)


"""
    计算模逆元，即找到整数 x，使得 (a * x) % m = 1。
    Parameters:
    - a: 需要求逆的整数
    - m: 模数
```

```
    Returns:
    - int: 模逆元
"""
def mod_inverse(a, m):
    gcd, x, y = extended_gcd(a, m)
    if gcd != 1:
        raise Exception("Inverse does not exist")
    else:
        # 确保逆元是非负整数
        return (x % m + m) % m
        # 示例用法
a = 7
m = 352
inverse = mod_inverse(a, m)
print(f"The inverse of {a} modulo {m} is {inverse}")
```

vi 通过执行以上步骤，可以得到公钥(7,391)和私钥(151,391)，实际应用中 RSA 公钥和私钥通常不会以明文形式呈现，而是采用特定的格式进行编码和存储。两种常见的格式是 PEM（Privacy Enhanced Mail）和 PKCS#8（Public-Key Cryptography Standards #8），这两种格式的主要目的是提供一种可移植的、与编程语言无关的方式来表示和交换密钥。

加解密示例：

如对字母 a 进行加密，a 对应的 ASCII 码为 97，在此只需要对 97 进行加密处理。

① 加密：$c \equiv 97^7 \bmod 391 = 109$，109 的 ASCII 对应的字符为 m，则密文为 m。

② 解密：$m \equiv 109^{151} \bmod 391 = 97$，97 为原来的明文 a。

3．ECC 算法详细讲解

ECC 是一种基于椭圆曲线数学特性构建的公钥加密机制，由 Neal Koblitz 和 Victor Miller 在 1985 年独立提出。他们展示了如何将椭圆曲线上的有理点形成的 Abel 加法群，以及基于此群的椭圆曲线离散对数难题，作为加密处理的基础。

ECC 的核心是椭圆曲线离散对数难题，这是一个著名的数学挑战。具体而言，对于椭圆曲线上的一个基点 G 和一个整数 k，计算点 K=kG（K 同样位于椭圆曲线上）相对简单；但是，若已知点 K 和点 G，反推整数 k 则极其困难，ECC 正是基于这一数学难题构建其安全性的。

与依赖大质数分解难题的传统加密算法相比，基于离散对数难题的 ECC 在相同密钥长度条件下能够提供更高的安全性。ECC 的显著优势还包括较低的计算需求、更快的处理速度，以及对存储空间和传输带宽的较小需求。尽管如此，ECC 也面临挑战，特别是在椭圆曲线的选择上，不同的参数设定会产生不同的曲线和相应的 ECC 标准，进而影响加密和解密的效果和安全性。

在 ECC 中，椭圆曲线通常定义为在给定的有限字段上满足以下方程的点的集合：

$y^2 = x^3 + ax + b$，其中 a 和 b 是该曲线方程的系数。这个方程确保了在选定的有限字段上，曲线是平滑的，没有尖点或自相交的地方。为了保证椭圆曲线的平滑性和加密算法的安全性，必须满足一个重要条件：$4a^3 + 27b^2 \neq 0$，这个条件确保椭圆曲线不存在奇点（Singular Points），即曲线上没有尖点或自相交的地方。这是因为奇点会导致曲线上的加法运算无法定义，进而影响椭圆曲线加密算法的安全性和有效性。

如果一个椭圆曲线存在奇点，那么在奇点处，曲线的局部结构会与一般情况不同，可能会存在某种形式的"分裂"或"碰撞"，这在加密上下文中可能被利用，用来攻击系统。因此，确保 $4a^3 + 27b^2 \neq 0$ 是选择合适椭圆曲线用于加密处理的重要安全准则之一。

这里利用椭圆曲线 $y^2 = x^3 - 2x + 4$ 进行讲解，如图 2.9 所示。

在图 2.9 中，x 轴上方和 x 轴下方的图形是对称的。所以如果在 x 轴上方选取一个点，那么在 x 轴下方可以得到一个关于 x 轴对称的点，如图 2.10 所示。

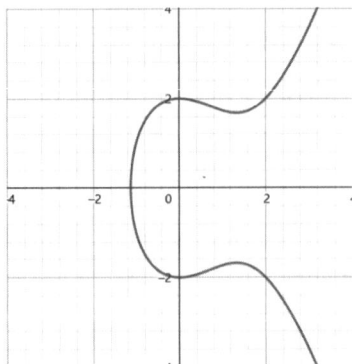

图 2.9　$y^2 = x^3 - 2x + 4$ 椭圆曲线

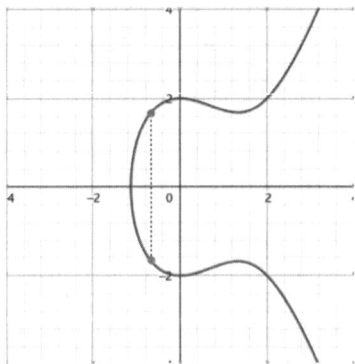

图 2.10　关于 x 轴对称的两个点

这个图像还有一个特点，椭圆曲线上任意两点的连线必定与曲线相交于第三点，若两点关于 x 轴对称，则第三个交点定义为无穷远点，如图 2.11 所示。

假设这两个点分别为 A 和 B。它们的延长线在该曲线上相交的点关于 x 轴对称的点为 C，如图 2.12 所示。

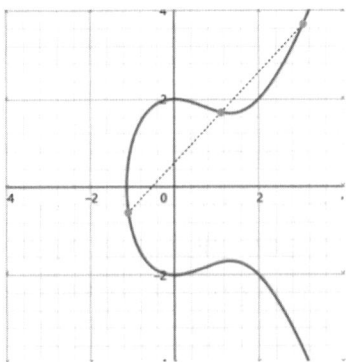

图 2.11　任意两点的连线必定与曲线相交于第三点

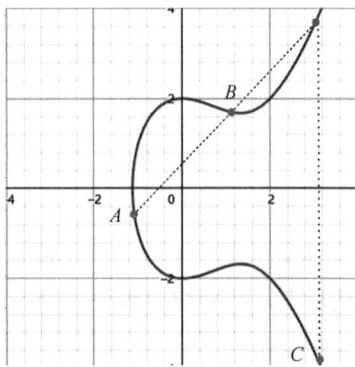

图 2.12　椭圆曲线上交点关于 x 轴对称的点为 C

这里将根据 A 点和 B 点得出 C 点的过程称为 "点运算"，即 A 点和 B 点等同于 C 点。点运算的本质是椭圆曲线上的加法运算，为了防止大家与普通加法混淆，这里采用点运算的说法。现在连接 A 点和 C 点，同样与椭圆曲线相交于一个点，取这个点关于 x 轴的对称点 D（通过 A 点与 C 点得到 D 点），如图 2.13 所示。

在这里引入一个问题：如果只知道 A 点和 D 点，思考一下，A 点经过多少次点运算可以得到 D 点，如图 2.14 所示。

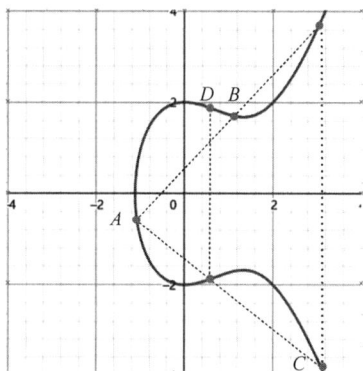

图 2.13　在椭圆曲线上获取对称点 D

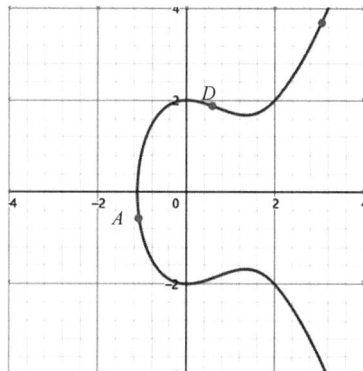

图 2.14　椭圆曲线上的 A 点和 D 点

我们会发现，很难确定具体进行了多少次点运算，这里就体现了公钥加密算法的特征——正向容易，逆向困难。

椭圆曲线点运算示例：

假设 P 点位于椭圆曲线的切线上，通过 P 点自身进行点运算得到 Q 点，也就是 2 个 P 点结合得到 Q，把 2P 称为 Q，如图 2.15 所示。

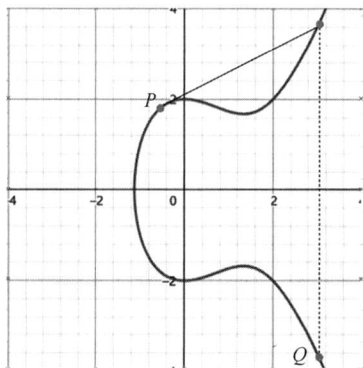

图 2.15　椭圆曲线上的 2P 点与 Q 点

现在连接 2P 和 P，取交点关于 x 轴的对称点得到 3P，在此基础上得出 6P。

对所得的 6P 进行分析，可以得到两种情况：第一种就是 3P 点 3P，即 (3P)×2=6P；第二种就是 2P 点 3 次，即 (2P)×3=6P。

密钥交换过程如下：

假如有小红和小明两位同学，小红拥有私钥 a，小明拥有私钥 b，公钥为 G，如图 2.16 所示。小红将公钥 G 点运算 a 次后可以得到 A 点。同样小明将公钥 G 点运算 b 次后可以得到 B 点。小红和小明彼此交换自己生成的公钥（A 点和 B 点），再分别生成新的密钥。最终新生成的两个密钥相等，如图 2.17 所示。

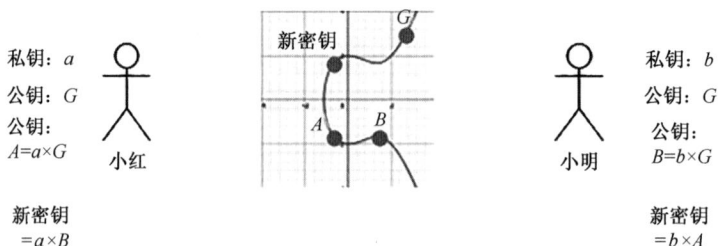

图 2.16　小红拥有私钥 a，小明拥有私钥 b，公钥为 G

椭圆曲线加密解密的具体过程如下：

假设小红想向小明发送一个加密消息，采用椭圆曲线加密算法。

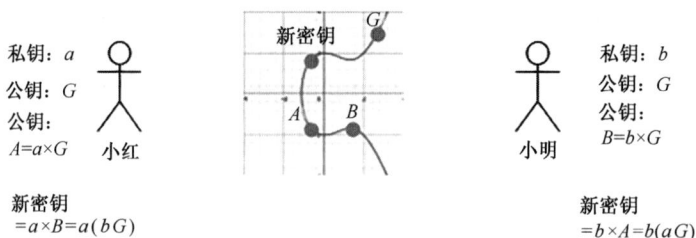

图 2.17　小红和小明彼此交换自己生成的公钥

（1）选择椭圆曲线和基点 G。小明选择一条椭圆曲线 E，其方程为 $y^2 = x^3 + ax + b$，并选取一个基点 G 作为计算的起点。

（2）小明选择一个私钥 k，k 是一个小于基点 G 的阶数为 n 的整数。小明计算公钥 K，即 $K = kG$。这里的计算使用椭圆曲线上的点乘操作，而非简单的数字乘法，因此 K 的具体坐标是通过椭圆曲线上的点进行点乘运算得出的。

（3）小红的加密过程。小红希望发送加密的消息。首先，她将明文编码成曲线上的一点 M。然后，小红选择一个随机整数 r，满足 $r < n$，并计算两个点：$C_1 = rG$ 和 $C_2 = M + rK$。在此过程中，C_1 是通过 r 乘以基点 G 计算得出的，而 C_2 是通过点 M 加上 r 乘以小明的公钥 K 得出的。这些计算涉及椭圆曲线上的点加运算和点乘运算。

（4）小红向小明发送加密信息。小红将 C_1 和 C_2 发送给小明。

（5）小明的解密过程。小明接收到 C_1 和 C_2 后，可以使用自己的私钥 k 来解密并恢复出原始消息 M。小明首先计算 kC_1，但在 ECC 中，实际的解密步骤是计算 $C_2 - kC_1$，即 $M + rK - k(rG) = M$，通过这个操作，小明可以准确恢复出原始的明文信息。

4．公钥密码学在区块链中的作用

公钥密码学不仅是保护信息安全的重要工具，而且在区块链技术的核心机制中扮演着至关重要的角色。以下是公钥密码学在区块链中的几个主要作用。

（1）身份验证和数字签名。公钥密码学是实现区块链用户身份验证的基础。在区块链中，每个用户都配备一对唯一的密钥——一个公钥和一个私钥。公钥作为用户在网络中的标识，可以共享；私钥是用户进行数字签名的工具，必须严格保密。当用户发起交易时，他们会使用私钥对交易信息进行签名。经过签名的信息可以使用相应的公钥进行验证，以确保信息的完整性和验证交易发起者身份的真实性。

（2）保障交易的不可篡改性。公钥密码学通过数字签名确保交易记录的不可篡改性。一旦交易经过签名并被加入区块链，任何对交易内容的更改都会导致签名失效。这意味着，没有相应的私钥，任何人都无法更改已经记录在区块链上的交易数据，从而保障了数据的完整性和安全性。

（3）加密和隐私保护。尽管区块链的许多应用强调透明度和公开性，但公钥密码学也可以用于保护特定信息的隐私，如加密交易的细节。在某些私有或联盟区块链应用中，公钥密码学有助于保护敏感数据，确保只有授权的个体才能解密并访问这些信息。

（4）促进去中心化的信任。在不存在中央权威机构的区块链网络中，公钥密码学提供了一种机制，使网络参与者可以相互信任。通过公钥和私钥的机制，用户可以安全地进行交易和通信，无须依赖第三方机构来验证身份或保护他们的交易。

5．公钥密码学的挑战与局限性

公钥密码学的强大之处在于它为数字通信提供了前所未有的安全性和便利性，使得在缺乏中央权威机构的环境下建立信任成为可能。然而，这种加密体系并非无懈可击。它的安全性和效率问题面临着新兴技术（如量子计算）带来的威胁，以及用户交互复杂性、密钥管理难度等挑战。

接下来将深入探讨这些挑战，并提出可能的解决方案。下面将分析如何通过技术创新和策略调整来克服这些困难，以确保公钥密码学能够在区块链和其他数字技术中继续发挥核心作用。下文通过这种全面的分析，旨在为读者提供一个清晰的视角，理解公钥密码学在不断进化的数字世界中的既定地位和未来潜力。

（1）密钥管理的挑战。在区块链的世界中，每个用户的数字身份和资产安全都依赖私钥的保护，私钥的丢失或泄露可能导致不可挽回的损失。这一挑战要求我们设计出更为高效和安全的密钥管理机制。解决这一问题的方法之一是实施先进的密钥恢复机制和采用硬件钱包进行物理隔离和保护私钥。此外，教授用户如何安全地管理自己的密钥也同样重要。

（2）量子计算的挑战。随着量子计算技术的不断进步，传统的公钥密码体系可能面临被破解的风险。对此，必须提前做好准备，通过研究和采纳量子安全的密码算法来增强区块链的安全性。例如，基于晶格的密码算法就是一种前景广阔的解决方案，它能够抵御量

子计算机的攻击。

（3）性能和可扩展性的挑战。公钥密码学操作相对密集，可能影响区块链系统的性能。为了解决这个问题，可以优化加密算法和协议，减少不必要的加密操作。此外，探索新的区块链架构，如分片技术，也可以提高系统的可扩展性和整体性能。

（4）交互复杂性的解决。公钥密码学的复杂性可能会影响普通用户的使用体验。为了降低这种复杂性，可以开发更加友好的用户界面，简化密钥的管理和使用过程。利用智能合约既可以使某些操作自动化，也可以减轻用户负担。

（5）长期安全性的策略。面对计算能力的快速发展，我们必须时刻保持警惕，确保采用的公钥密码算法能够抵抗未来的安全威胁。这意味着需要定期更新和升级加密算法，并实施可适应新挑战的区块链架构。

上文全面探讨了公钥密码学在区块链技术中的关键作用及面临的挑战。通过深入分析公钥密码学的基本原理，特别是 RSA 算法与 ECC 算法的工作机制，可以了解公钥密码学在区块链中如何确保交易的安全性和身份验证无误。同时，还讨论了公钥密码学在区块链应用中遇到的挑战，包括密钥管理的复杂性、量子计算的威胁，以及性能和用户体验方面的考量。

2.3.3　其他密码学技术

本节将介绍在区块链安全性中扮演着重要角色，但相对较少被讨论的其他密码学技术。从对称加密到零知识证明，从多方计算到同态加密，这些技术各具特色，为区块链的发展提供了更为丰富的安全解决方案。通过对这些不同技术展开深入分析，可以更深入地理解区块链安全架构呈现出的多维度和多层次特性，以及如何综合利用这些技术来应对日益增长的安全挑战和隐私保护需求。

1. 对称加密技术

在区块链领域，对称加密技术提供了一种高效的加密方式，尤其适合处理大规模数据的场景。与公钥密码学相比，对称加密技术在加密和解密过程中使用同一个密钥，大幅降低了计算复杂性。这种技术在私有区块链中尤为重要，因为它可以在节点之间安全地传输数据，同时确保只有拥有正确密钥的参与者才能够访问信息。此外，对称加密技术还可以用于保护存储在区块链中的敏感数据，如个人信息和商业秘密。在私有区块链和企业级区块链中，对称加密技术通常被用于保护敏感交易数据和通信。例如，Hyperledger Fabric，这是一款企业级区块链平台，使用对称加密技术确保交易数据的保密性和完整性。此外，对称加密技术还常用于创建安全的通信通道，如应用在物联网（IoT）设备和区块链之间。

2. 零知识证明

零知识证明是一种革命性的加密方法，它允许在不泄露任何具体信息的情况下验证信息的正确性。在区块链应用中，尤其是在保护交易隐私的加密货币领域，零知识证明使得交易双方能够验证交易的合法性，而无须透露交易的具体内容。这种技术不仅提升了隐私性，也为构建更加安全和私密的区块链应用开辟了新的可能性。在加密货币领域，Zcash 是使用零知识证明的著名例子。Zcash 利用这一技术保护交易双方的隐私，使得交易的内容对外部观察者保持未知。此外，零知识证明也被用于身份验证和凭证系统中，确保用户在不泄露个人信息的情况下验证其身份或权限。

3. 多方计算（MPC）

多方计算可以使多个参与方在保持各自数据隐私的前提下共同完成复杂的计算任务。在区块链中，这意味着多个参与方可以在不泄露各自秘密信息的情况下，共同处理交易或协同执行智能合约。MPC 在提高数据使用效率的同时，保持了信息的机密性和安全性，这对于金融服务、供应链管理及其他需要高度隐私保护的区块链应用至关重要，如保密的数据聚合和数据分析。Enigma 是一个基于以太坊的去中心化应用平台，它使用 MPC 保护用户数据的隐私，同时允许在数据上运行智能合约，Enigma 平台可以在不泄露原始数据的情况下进行复杂的数据处理。

4. 同态加密

同态加密允许对加密数据进行计算，而计算结果可在解密后保持有效和一致。这对于区块链技术来说是一项具有突破性的创新，因为它允许在不暴露原始数据的情况下进行复杂的数据处理和数据分析。目前，同态加密技术还处于研究和发展阶段，但它对于实现保护数据隐私的同时处理复杂业务逻辑的区块链应用具有深远的影响。尽管同态加密还处于发展初期，但它在医疗保健和金融数据分析等领域显示出巨大的潜力。例如，Microsoft Research 开发了一种名为 SEAL（Simple Encrypted Arithmetic Library）的同态加密库，该库允许在加密数据上执行复杂的计算，为区块链应用的未来发展提供了一个可能的方向。

本节全面探索了区块链技术的基石——密码学，不仅深入分析了密码学在区块链中的多种应用，还揭示了它对维护区块链网络安全性和隐私性的重要性；在介绍哈希函数这一节中，探讨了它在区块链中的核心作用，包括确保数据的完整性和支撑区块链的不可篡改性；通过对哈希函数的深入讨论，揭示了哈希函数在构建区块链结构和验证交易方面的关键作用；在公钥密码学部分，分析了公钥和私钥的概念，以及如何通过这种加密方法实现安全的通信和身份验证；详细探讨了 RSA 算法与 ECC 算法，展示了它们在实现数字签名和加密交易中的应用；探索了其他重要的密码学技术，如对称加密、零知识证明、多方计算（MPC）和同态加密，这些技术在保护交易隐私、数据安全和提高区块链应用效率方面发挥着至关重要的作用，每种技术都有其独特的应用场景，为区块链技术提供了更全面的安全解决方案。

2.4　共识机制

随着时间的推移，在菠萝村的分布式账本系统中，一个新的问题出现了：记账先生负责汇总和记录所有交易，但他们的劳动如何得到合理的补偿？毕竟，没有收入，就没有人愿意承担这项持续性的工作。

经过讨论后，村民们达成了一项解决方案：为了补偿记账先生，每完成一笔交易，交易双方需要支付一定的手续费作为报酬给记账先生。这种方案既是对其工作的奖励，也是保证整个分布式账本系统运行的必要开支。这种做法确保了记账先生的劳动得到了公正的回报，并激励更多的人参与到记账工作中来。

大家发现记账工作可以轻松赚取报酬，记账工作的吸引力逐渐增加，更多村民希望成为记账先生。为了公平地选择记账先生，村民们采用了抛硬币的方式来决定。每个希望参与记账的村民都需要抛硬币若干次，根据抛出正面的次数来决定谁有资格成为当天的记账先生。这种方法既简单又公平，确保了每个人都有机会参与，并且大家对这个方法普遍认可。

通过抛硬币的方式选择记账先生，有助于深入理解共识机制的基本概念及在区块链技术中的重要性。这个故事的精髓在于，通过抛硬币的共识机制，菠萝村不仅解决了记账先生的选择问题，还确保了整个交易记录系统的公平性和透明度。这与区块链技术中使用的共识机制有相似性。在区块链网络中，共识机制，如 PoW 或 PoS 等，确保了网络中的所有参与者都能够就数据有效性和新区块添加达成一致，从而确保了区块链技术的安全性和一致性。菠萝村的故事阐释了如何通过共同认同来选择负责人，以及如何通过支付手续费来激励和维持系统的运行，这些都与区块链技术中共识机制的核心原理和目的紧密相连。这个故事不仅让我们理解了共识机制在区块链中的实际应用，也揭示了区块链技术如何通过创新的共识机制来解决现实问题，从而提高系统的效率和安全性。下文将详细介绍共识机制及相关内容。

2.4.1　共识机制的概念及其重要性

1. 共识机制的基本概念

共识机制是区块链技术中的核心组成部分，它允许网络中的所有参与者（或称为节点）在不依赖中央权威机构的情况下就某一数据的真实性和一致性达成共识。这不仅是实现去中心化的关键，也是确保区块链网络安全、透明和不可篡改的基础。共识机制期望在分布式计算环境中解决可靠性问题，即如何确保一个分布式系统能够在部分节点可能出现故障或存在恶意行为的情况下，仍然能够达到整体的一致状态。在区块链中，这通常涉及以下几个方面。

（1）数据一致性：确保网络中的每个节点都能同意，并保持对已验证交易记录的一致性。

（2）网络同步：确保整个网络能够同步更新，当新的交易或区块被创建时，所有节点都能及时接收和验证这些信息。

（3）不可篡改性：一旦数据（交易记录或区块）被网络验证并加入区块链，就无法被更改或删除，保障了区块链的不可篡改性。

（4）去中心化：不依赖单一的中央权威或第三方来验证或存储数据，从而增强了网络的抗审查能力和抗攻击能力。

2．共识机制的发展

自区块链技术问世以来，共识机制就面临着如何在去中心化环境中有效验证交易并维护数据一致性的挑战。比特币的发明者中本聪引入的 PoW 共识机制，通过要求节点完成复杂计算来保障网络安全，有效建立了可信共识模型，但 PoW 机制对计算资源的巨大需求引发了对能源消耗的关注。

为了解决 PoW 共识机制带来的效率与能源消耗问题，研究者提出了更高效的共识机制，包括 2012 年由 Sunny King 和 Scott Nadal 提出的 PoS 共识机制。PoS 共识机制通过考虑节点的货币持有量和持有时间来分配新区块的创建权，显著降低了对计算资源的依赖。随后，包括延迟证明（Proof of Elapsed Time）和拜占庭容错（BFT）在内的新型共识机制的出现，不仅在提升处理速度和网络安全性上取得进展，也在去中心化与效率之间寻求更优的平衡。

3．共识机制的核心作用

共识机制在区块链技术中通过一系列算法和规则确保了所有网络参与者在不依赖中央权威的情况下，能够就网络的当前状态达成一致。这一机制涵盖了以下几个方面。

1）确保网络同步

在区块链中，网络同步是指网络中的所有节点都持有相同版本的区块链数据。共识机制通过规定所有节点必须遵循同一套规则创建和验证新区块，以此实现网络同步。当一个节点成功创建一个新区块并被网络中大多数节点验证通过后，这个区块就会被添加到区块链上，并且所有的节点都会更新自己的区块链副本。这个过程确保了即使在分布式和去中心化的环境中，网络中的每个节点也能保持数据同步。

2）维护数据一致性

数据一致性是指网络中的所有节点对区块链数据具有准确的、一致的视图。共识机制通过定义一个明确的过程添加新的交易和区块到区块链上，确保了数据的一致性。每笔新的交易都需要经过网络中的节点验证，只有当交易符合网络规则时，它才会被纳入一个新的区块中。然后，这个新区块需要被网络中的大多数节点验证并接受，最终才能被添加到区块链上。这种严格的验证和接受过程确保了所有节点在任何给定时间点始终同意区块链的状态，从而维护了数据的一致性。

3）促进系统去中心化

去中心化是区块链最核心的特性之一，它意味着没有任何单一实体能够控制整个网络。共识机制让网络中的每个节点都参与区块的验证和创建过程，促进了系统的去中心化。在传统的中央权威模型中，一个中央服务器负责处理和验证所有交易。相比之下，区块链利用共识机制分散了这种权力，允许所有节点平等地参与决策过程。这不仅提高了网络的透明度和安全性，也保护了网络免受单点故障和中心化权力滥用的影响。

4. 共识机制的重要性

缺乏有效共识机制的区块链网络会面临多方面的问题，这些问题可能会严重影响网络的安全性、可靠性和性能。以下是一些可能的影响。

1）安全性

（1）双重支付风险：缺乏有效的共识机制，网络无法有效防止同一笔资金被多次花费的问题，这将破坏加密货币的信任基础。

（2）51%攻击：若共识机制不足以保障网络的安全，攻击者可能只需要掌握网络一部分的计算能力（在某些情况下低于51%），就能够控制整个区块链，包括篡改交易或阻止新交易的确认。

（3）Sybil攻击：在缺少有效共识机制的情况下，恶意节点可以伪造多个身份，试图干扰网络的正常运行。例如，广播错误的信息或阻断正常的交易。

2）可靠性

（1）数据一致性问题：缺乏共识机制确保网络中每个节点的数据同步，区块链网络将无法保证数据的一致性。这意味着不同的节点可能会有不同版本的区块链，导致交易确认变得复杂且不可靠。

（2）网络分裂（Forking）：缺乏共识机制可能导致网络出现分叉，不同的节点群体可能会在不同的区块链上继续增加区块，这将削弱整个网络的信任度和安全性。

3）性能

（1）交易处理速度：有效的共识机制可以帮助区块链网络高效地处理交易。缺乏共识机制，网络可能会在交易验证和区块创建上遇到瓶颈，导致交易延迟，降低整个系统的吞吐量。

（2）网络拥塞：在缺乏有效的共识机制来优化交易处理流程的情况下，网络可能会因为处理速度慢而发生拥塞，尤其是在交易量激增时。

共识机制使得分布式网络中的所有参与节点能够在不依赖中央权威机构的情况下就网络中的数据状态达成一致意见。这一机制不仅是实现区块链去中心化的基础，而且对于保障网络的安全性、可靠性和性能发挥着至关重要的作用。通过共识机制，区块链网络能够有效防止双重支付、确保数据一致性、避免网络分叉，同时提高交易处理的速度和效率。

5. 广泛使用的共识机制

鉴于共识机制在区块链网络中的核心地位，多种共识算法被设计和实现，以满足不同网络的特定需求。这些主流共识机制各具特色，它们的设计考虑了安全性、效率、能耗及网络规模等因素。以下是几种广泛使用的共识机制，它们构成了区块链技术发展的基石。

（1）PoW 共识机制：通过解决复杂计算问题达成共识，保证了比特币等网络的安全性和去中心化。

（2）PoS 共识机制：根据节点持有的货币数量和持有时间来分配创建新区块的机会，旨在解决 PoW 共识机制高能耗的问题。

（3）委托权益证明（DPoS）共识机制：通过投票选举出少数代理人来负责验证和创建新区块，提高了网络的效率和可扩展性。

（4）实用拜占庭容错（PBFT）共识机制：这是一种解决分布式系统中"拜占庭将军"问题的共识机制，特别是在不依赖中心权威的情况下，如何在存在恶意节点的网络中达成一致。

理解这些共识机制的工作原理、优缺点，以及它们在实际网络中的应用，对于深入掌握区块链技术至关重要。下文将详细探讨这些主流共识机制，以及它们如何使区块链网络实现去中心化、保持数据一致性和提高安全性。

2.4.2 主流共识机制

1. PoW 共识机制

1）工作原理

PoW 机制的核心在于"证明"一个参与节点（通常称为矿工）已经投入一定量的计算工作来解决一个数学难题。PoW 的具体原理在不同的区块链网络中有不同的概念，但其基本概念和目的在于要求参与节点（矿工）解决一个计算上困难的问题来验证交易和创建新的区块，PoW 具体的实现将在 2.6 小节中进行讲解。这个难题是计算密集型的，意味着在当前计算能力下没有快捷方式可以直接解决这个难题，矿工必须尝试大量的计算找到解决方案。一旦找到一个有效的解决方案，它就可以被网络中的其他节点迅速验证。计算的过程通常包括以下几个关键步骤。

（1）难题的设计：在 PoW 机制中，面临的难题设计为一个计算密集型问题，通常涉及寻找一个符合特定条件的值。这个值（通常称为"nonce"）与区块中的其他数据一起经过哈希函数处理，产生一个哈希值。这个哈希值需要满足一定的条件，如以特定数量的连续零开头。这种难题的设计可以找到有效解决方案的过程既困难（计算成本高）又易于验证（其他参与节点可以迅速验证解决方案的正确性）。

（2）挖矿过程：矿工或参与节点通过不断尝试不同的 nonce 值，并对每种尝试计算相应的哈希值，找到满足上述条件的解。这个过程通常称为"挖矿"，需要大量的计算资源和电力消耗。挖矿的过程实质上是一个全网参与的竞赛，旨在通过计算力证明参与节点的工作量。

（3）区块创建和奖励：当一个矿工找到满足条件的解后，他们将新的区块（包含了一系列待确认的交易及该交易的解决方案）提交给网络。作为对其计算工作的奖励，矿工会收到新生成的加密货币和该区块中包含的交易费用。这种奖励机制不仅激励了矿工参与挖矿的积极性，也确保了网络的持续运作和安全。

（4）网络验证和共识达成：新区块提交后，网络中的其他节点会验证该区块的有效性，包括检查提供的解决方案是否满足解决难题的条件，以及区块中的所有交易是否合法。一旦新区块被验证并接受，它就被添加到区块链上，从而实现了网络的共识。这个过程不仅确保了数据的一致性和不可篡改性，也进一步加强了整个网络的安全性。

虽然 PoW 的基本框架在多个区块链项目中保持一致，但是具体实现过程可能会因为目标不同而有所差异，如难题的具体设计、哈希算法的选择、难度调整机制，以及区块奖励的细节等。这些差异反映了不同项目在安全性、效率、去中心化程度及环境影响等方面的权衡和选择。

PoW 共识机制的通用流程（见图 2.18）如下：

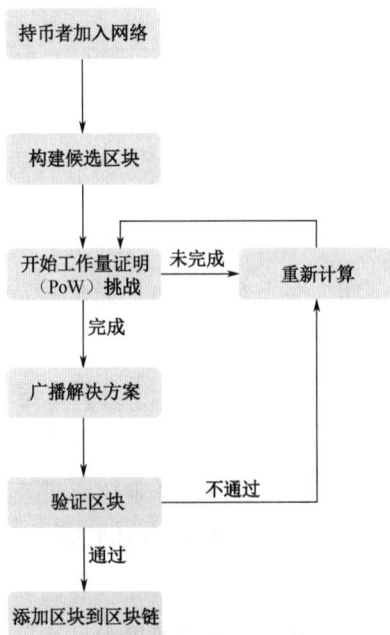

图 2.18　PoW 共识机制的通用流程

交易汇集：网络节点负责收集广播中的交易信息，并将它们汇集到交易池中。

构建候选区块：矿工（或参与节点）从交易池中选择交易，并构建一个新的候选区块。这个区块包含了选定的交易和其他必要信息，如前一个区块的哈希值。

开始 PoW 挑战：矿工开始对候选区块进行哈希值运算，尝试找到一个符合网络难度要求的特定哈希值。

解决 PoW 挑战：一旦矿工找到了符合条件的哈希值，就意味着他们成功克服了开始 PoW 挑战。这个过程需要大量的计算资源和时间。

广播解决方案：成功完成开始 PoW 挑战的矿工将含有解决方案的区块向网络上的其他节点广播。

验证区块：其他节点接收到新的区块后，会验证该区块的广播解决方案和所有包含的交易。若验证无误，其他节点会将这个区块添加到自己的区块链副本中。

继续下一个区块：一旦区块被网络接受，矿工和参与节点将着手下一个区块的挖掘工作，重复以上流程。

总的来说，PoW 共识机制通过将区块链网络的安全性和稳定性建立在参与者的计算工作量之上，为实现去中心化共识提供了一种有效的方法。尽管面临能源消耗和可扩展性的挑战，PoW 共识机制仍然是许多主要加密货币和区块链项目发展的基础。

2）PoW 共识机制的优缺点

（1）优点。

安全性和抵抗攻击能力：PoW 共识机制提供了极高的网络安全性。通过要求解决复杂的数学难题，它使得任何试图攻击网络或进行双重支付的行为变得极其困难和成本高昂。为了成功实施攻击，恶意方需要控制超过网络 50% 的计算能力，这在大规模、分散的网络中几乎是不可能实现的。

去中心化：PoW 共识机制促进了网络的去中心化。在理想状态下，任何个人都可以通过运行挖矿软件并贡献计算能力来参与网络的维护，这降低了对单一中心化实体的依赖程度。

网络共识：PoW 共识机制为达成网络共识提供了一种有效的机制。通过竞争解决数学难题，矿工们共同维护着区块链的更新和安全，确保了所有交易和区块的一致性和不可篡改性。

（2）缺点。

能源消耗：PoW 共识机制的最大缺点之一是其巨大的能源消耗。挖矿过程需要大量的电力来运行高功率的计算设备，这导致了环境方面的担忧，特别是当绝大多数能源仍然来自化石燃料时。

中心化趋势：尽管 PoW 共识机制本质上支持去中心化，但实际操作中出现了中心化趋势。这是因为拥有更高计算能力的矿工或矿池在挖矿过程中拥有更大的优势，这可能导致少数几个矿池控制大部分矿工的挖矿能力。

可扩展性问题：由于 PoW 共识机制下区块的创建和确认时间相对较长，这限制了网络的交易处理速度和吞吐量。例如，比特币网络在最佳情况下每秒只能处理 7 笔交易左右，这与需要处理大量交易的系统相比存在明显的可扩展性问题。

资源浪费：PoW 共识机制被批评为浪费资源。大量的计算能力被用于解决数学难题，这些难题本身除了维护网络共识没有其他实际用途。这意味着巨大的计算资源并没有被用于更有生产性的计算任务。

3）PoW 共识机制的典型应用案例

（1）比特币（Bitcoin）。

比特币是 PoW 共识机制最著名的应用案例，也是首个实现这一机制的加密货币。在比特币网络中，矿工通过解决复杂的计算问题来竞争新区块的创建权，这个过程被称为挖矿。成功的矿工会获得新生成的比特币作为奖励，以及包含在该区块中的所有交易费用。比特币使用 SHA-256 哈希算法作为其 PoW 难题的基础，旨在确保网络安全和去中心化，同时通过调整挖矿难度来控制新比特币的生成速率和保持交易验证的效率。

（2）以太坊（Ethereum）。

以太坊在其初期版本中采用了 PoW 共识机制（利用 Ethash 算法），虽然其目标是过渡到 PoS 共识机制。与比特币相比，以太坊的 PoW 共识机制旨在实现更加抵抗中心化的挖矿，Ethash 算法特别设计来要求更多的内存和计算能力，这使得使用通用硬件（GPU）进行挖矿成为可能。以太坊的 PoW 共识机制通过快速的区块确认时间（平均 12~15 秒）提高了网络的交易吞吐量和响应性。

（3）莱特币（Litecoin）。

莱特币是另一种采用 PoW 共识机制的流行加密货币，其设计目的是成为"银币"，与比特币的"金币"定位形成对比。莱特币采用 Scrypt 作为其 PoW 算法，这与比特币使用的 SHA-256 算法不同。Scrypt 算法的目的是增加基于 ASIC 的挖矿难度，从而让更多的个人参与者能够使用 CPU 或 GPU 进行挖矿。这样的设计初衷旨在促进更广泛的参与度，并减少挖矿的中心化趋势。

PoW 共识机制的设计包括难题的设定、挖矿过程、区块创建与奖励分配，以及网络验证和共识达成，确保了数据的一致性和不可篡改性。尽管 PoW 共识机制在多个著名区块链项目（如比特币、以太坊和莱特币）中已经成功应用，展现出高度的安全性和网络共识能力，但它也面临着能源消耗巨大、可能导致中心化趋势、可扩展性限制和资源浪费等挑战。这些挑战促使区块链社区探索更高效和环保的共识机制，如 PoS 共识机制，以在安全、效率和去中心化之间取得新的平衡。

2．权益证明（PoS）

1）工作原理

PoS 共识机制是一种旨在解决 PoW 共识机制中高能源消耗问题的共识机制，同时保持网络的去中心化和安全性。在 PoS 共识机制中，区块链网络的安全和共识不是通过竞争计算解决难题来实现的，而是依赖用户持有的加密货币数量和时间长度，即"权益"。以下是 PoS 共识机制的关键组成部分。

（1）权益的定义。在 PoS 共识机制系统中，权益代表用户对网络的贡献，通常以持有的加密货币数量来衡量。在某些实现中，持币时间和其他因素（权益年龄、随机性、网络参与度和行为惩罚等）也可能对权益的计算产生影响。

（2）选择验证者。PoS 共识机制通过一系列算法从持有权益的用户中选择出下一个区块的验证者。这一过程可能是完全随机的，或者是基于用户的权益大小、持币时间或其他标准来进行加权随机选择的。

① 随机选择：许多 PoS 共识机制系统采用某种形式的随机选择过程来决定哪个节点有权创建下一个区块。这种随机性有助于确保网络的去中心化和安全性。

② 权益大小和持币时间：在一些 PoS 共识机制系统中，持有更多货币或持有更多时间的节点有更高的概率被选为验证者。

（3）创建和验证区块。一旦选定验证者，他们就有责任验证待处理的交易，将它们打包成一个新的区块，并将该区块添加到区块链上。这一过程需要验证者遵循网络的规则，确保所有交易都是有效和合法的。

（4）奖励与惩罚。为了激励验证者诚实行事，PoS 共识机制通常会为创建新区块的验证者提供奖励，这些奖励来自网络的交易费用。与此同时，为了防止恶意行为，许多 PoS 共识机制系统引入了惩罚机制，如削减或销毁被发现行为不端验证者的一部分或全部权益。

例如，在 PeerCoin 系统中 PoS 共识机制实现的币龄计算和奖励机制需要如下步骤。

① 算法公式。Peercoin 系统使用的基本公式 hash(block_header) <= target×coinage 描述了如何通过币龄（coinage）作为一种权重来增加用户被选为下一区块验证者的概率。这里：

hash(block_header) 是对区块头部信息进行哈希值计算的结果；

target 是一个系统设定的值，决定了找到有效哈希值计算的难度；

coinage 代表币龄，计算方式为用户持有的币的数量乘以这些币的持有时间（在某些系统中，可能有最小持有时间的要求，如 Peercoin 的 30 天）。

② 币龄的计算和应用。在 Peercoin 系统中这样的 PoS 共识机制系统中，币龄是核心概念，计算公式为：coinage = 币的数量×持币时间。在竞争成为区块验证者的过程中，用户可以利用其累积的币龄来增加被选中的机会。一旦用户被选中并成功创建了一个区块，其消耗的币龄将被清零。

③ 奖励机制。在 Peercoin 系统中，当用户的币龄被清零时，他们将根据消耗的币龄获得奖励。具体来说，Peercoin 系统中规定每消耗 365 币龄，用户将获得 0.05 个币作为利息。因此，如果一个用户消耗了 4 000 币龄，他将获得的利息约为 4 000×5% / 365 = 0.55 个币。

PoS 共识机制的工作流程（见图 2.19）如下：

持币者加入网络：用户通过购买和持有网络的代币成为持币者。

表达验证意愿：持币者将自己的代币用作"权益"（stake），表达他们成为验证者（有时称为"锻造者"或"矿工"）的意愿。在一些 PoS 共识机制系统中，这可能需要锁定一定数量的代币作为权益证明。

选择验证者：网络根据各种标准（持币数量、持币时间和随机选择等）从表达验证意愿的持币者中选择验证者。这个过程可能在每个区块生成时或在特定的时间间隔内执行一次。

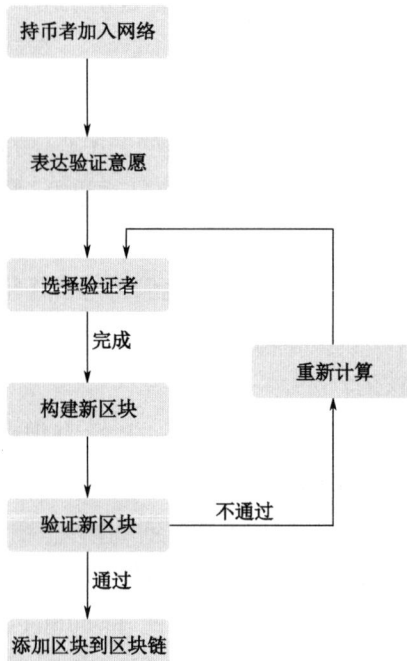

图 2.19　PoS 共识机制的工作流程

构建新区块：被选中的验证者负责收集网络中的交易，验证这些交易的合法性，然后将它们整合至一个新的区块中。

验证新区块：在某些 PoS 共识机制版本中，其他验证者或持币者可能会对新构建的区块进行额外的验证过程，以确保其准确无误。

添加区块到区块链：一旦新区块得到足够的验证（这个过程根据具体的 PoS 共识机制协议而异），它就会被添加到区块链中，所有相关的交易即被视为确认。

奖励分配：创建和验证新区块的验证者会根据协议规则获得奖励，这通常包括新生成的代币和交易费用。

2）PoS 的优缺点

（1）优点。

降低能源消耗：相较于 PoW 共识机制，PoS 共识机制的一个显著优势在于其对能源的需求大幅减少。由于不需要通过解决复杂的计算问题来竞争新区块的创建权，因此大幅度降低了整个网络的能源消耗，使得区块链运作更加环保。

安全性提高：在 PoS 共识机制中，攻击网络需要拥有大量的网络货币，这意味着攻击者在攻击网络的同时，也会损害自己的经济利益。从这一角度来看，与 PoW 共识机制相比，PoS 共识机制增加了执行攻击的成本，从而提高了网络的安全性。

更高的可扩展性：由于验证过程更为高效，PoS 共识机制能够提高网络的交易处理速度和可扩展性。这对于希望实现更快确认交易时间和更高吞吐量的区块链项目尤为重要。

促进去中心化：理论上，PoS 共识机制使得任何持有网络货币的用户都有可能成为验证者，而不像 PoW 机制那样对计算能力有高要求。这有助于降低参与门槛，从而促进网络的去中心化过程。

（2）缺点。

"富者更富"问题：在 PoS 共识机制中，拥有更多货币的用户有更大的机会被选为验证者，从而获得更多的奖励。这可能导致财富和权力在少数用户手中集中，因此增加网络的中心化风险。

长期持有可能减少流动性：由于 PoS 共识机制鼓励用户长期持有货币以增加被选为验证者的机会，这可能会降低货币在市场上的流动性，影响货币价格的稳定性和交易活动。

安全性挑战：虽然 PoS 共识机制提高了攻击成本，但它也面临着自身独特的安全挑战，如"无成本"攻击和长距离攻击等。这些攻击类型在 PoW 共识机制系统中不存在或难以实施。

实现复杂性：构建一个公平、安全且高效的 PoS 共识机制系统可能比 PoW 共识机制系统更加复杂。确保系统能够抵御各种攻击并公平地分配奖励，需要经过精心设计和持续调整。

3）PoS 共识机制的典型应用案例

PoS 共识机制因其能源效率和安全性而被许多区块链项目采用。以下是一些采用 PoS 共识机制或其变体的典型应用案例。

（1）以太坊 2.0（Ethereum 2.0）。

以太坊已经从 PoW 共识机制过渡到 PoS 共识机制，这个新的版本被称为以太坊 2.0。以太坊 2.0 的 PoS 共识机制名为 Casper，它旨在提高网络的安全性、可扩展性和能源效率。以太坊 2.0 引入了"碎片链"（Sharding）技术，能够进一步提高其处理能力和效率。

（2）Cardano（ADA）。

Cardano 是一个由 Input Output Hong Kong（IOHK）开发的区块链平台，旨在提供更安全和可持续的区块链应用。它被设计为"第三代"区块链，旨在解决现有技术的可扩展性、

63

互操作性和可持续性问题。Cardano 是一个采用了名为 Ouroboros 的 PoS 共识机制算法的区块链平台。Ouroboros 是首个被同行评审的 PoS 共识机制协议，它通过数学证明其安全性，旨在平衡安全、可扩展性和去中心化。Cardano 区块链平台致力于提供高效且可持续的区块链解决方案，支持智能合约和 DApp。

（3）Polkadot（DOT）。

Polkadot 是一个多链互操作平台，旨在连接不同的区块链，允许数据和价值在它们之间自由转移，从而促进网络之间的互操作性。Polkadot 支持跨链传输任何类型的数据或资产，而不仅是代币。Polkadot 使用了一种名为 Nominated Proof of Stake（NPoS）的共识机制，旨在优化网络的安全性和效率。在 NPoS 共识机制中，持币者可以提名信任的验证者来代表他们参与共识过程。Polkadot 多链互操作平台的设计允许不同的区块链相互连接，形成一个统一的多链网络，从而实现跨链互操作的过程。

PoS 共识机制通过依赖用户持有的加密货币数量和持币时间来保障网络的安全性和共识，旨在解决 PoW 共识机制中的高能源消耗问题，同时促进去中心化和提高网络安全性。PoS 共识机制系统中的关键环节包括权益的定义、验证者的选举、区块的创建与验证，以及奖励与惩罚机制，确保网络的正常运作和安全。尽管 PoS 共识机制在降低能源消耗、提高安全性和可扩展性方面具有显著优势，但它也面临着"富者更富"的问题、潜在的流动性减少、安全性，以及实现复杂性等挑战。以太坊 2.0、Cardano 和 Polkadot 等著名区块链项目的应用，展示了 PoS 共识机制及其变体在提供更高效、环保共识机制方面的潜力和创新，标志着区块链技术向更加可持续和高效的方向发展。

3. 委托权益证明（DPoS）

1）工作原理

DPoS（Delegated Proof of Stake，委托权益证明）是一种区块链网络共识的机制。它是对传统的 PoS 共识机制的优化，通过引入代表选举的方式提高网络的效率和可扩展性。以下是 DPoS 共识机制工作原理的详细介绍：

（1）投票和代表选举。

持币者投票：在 DPoS 共识机制系统中，所有持有网络代币的用户均享有参与投票的权利。他们可以将自己的代币作为投票权，投给他们信任的代表候选人。用户的投票权重通常与其持有的代币数量成正比。

代表的选举：通过投票程序，网络选举出一定数量的代表（也称为见证人或验证者）。这些代表负责网络中的主要决策，包括交易验证和区块生成。代表的数量是固定的，由网络规则预先设定。

（2）区块的生成和验证。

轮流出块：被选举出的代表轮流生成新的区块。每个代表在其轮次到来时负责处理网络交易，将这些交易打包生成一个新的区块，并将其添加到区块链上。

快速确认：由于代表的数量相对较少，且被网络选举出来，因此可以迅速地达成共识并确认交易。这种机制显著提升了网络的处理速度和效率。

（3）奖励和激励机制。

奖励分配：代表通过生成区块和网络安全维护获得奖励。这些奖励通常以网络代币的形式发放。代表可能会根据自己的政策，将一部分奖励分配给投票支持他们的持币者，以激励更多用户参与投票。

激励对齐：这种奖励机制旨在确保代表和其支持者的利益与网络整体利益保持一致。通过激励代表高效和诚实地工作，DPoS 共识机制系统努力维护网络的安全和稳定。

（4）安全性和治理。

监督和更换：如果代表表现不佳（未能及时生成区块）或行为不当（双重签名），持币者可以通过投票将其更换。这种机制增加了网络安全性，因为代表有持续表现良好的动力，以免被更换。

网络治理：DPoS 共识机制还允许持币者对网络的重要决策进行投票，如协议的更新或改变。这样的治理结构使得网络能够灵活适应变化，并通过社区共识做出决策。

DPoS 共识机制的工作流程（见图 2.20）如下：

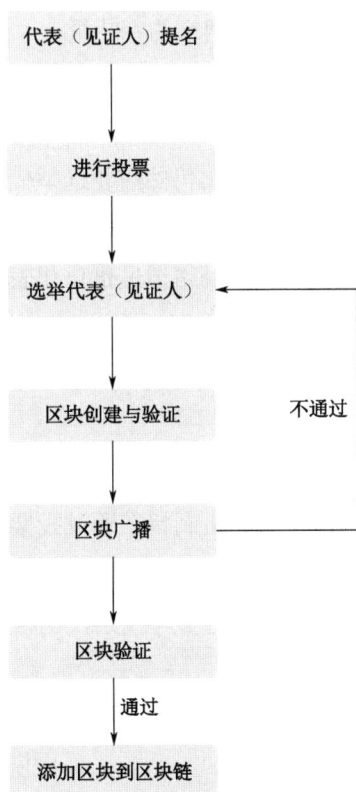

图 2.20　DPoS 共识机制的工作流程

持币者加入网络：用户通过购买并持有网络代币成为持币者。每位持币者根据其持有的代币数量获得相应的投票权。

代表（见证人）提名：用户有权提名自己或其他持币者作为代表（也称为见证人或验证者）。

进行投票：持币者运用其投票权支持他们信任的代表候选人。投票过程可以是持续的，允许持币者随时更改他们的投票选择。

选举代表：系统根据投票结果定期选举出一定数量的代表。这些代表负责验证交易和创建新区块。

区块创建与验证：被选举的代表按顺序轮流创建新的区块。每位代表在其轮次到来时收集网络中的交易信息，验证这些交易信息的合法性，然后将它们整合至一个新的区块中。

区块广播：创建完成的区块被广播到网络中，供其他节点进行验证和接受。

接受区块：网络中的其他节点（包括未被选为代表的持币者）验证新区块的有效性。如果验证成功，新区块将被添加到区块链中。

2）DPoS 机制的优缺点

（1）优点。

更高的交易处理速度：通过限制负责处理交易和创建区块的节点数量，DPoS 共识机制可以实现更快的交易确认时间，提高整个网络的吞吐量。

节能：与 PoW 共识机制相比，DPoS 共识机制不依赖大量的计算工作来确保网络安全，从而大幅度减少了能源消耗。

减少中心化风险：虽然 DPoS 共识机制仍然需要选举代表，但是通过社区投票机制，理论上可以防止权力高度集中。持币者有权通过投票替换表现不佳的代表。

更强的可扩展性：DPoS 共识机制允许网络通过优化代表的数量和工作机制来轻松进行调整和优化，从而更好地处理更大的交易量。

激励对齐：代表获得网络交易费用作为奖励，激励他们诚实地行事并维护网络的稳定性和安全性。

（2）缺点。

潜在的中心化问题：尽管 DPoS 共识机制旨在通过投票机制减少中心化风险，但实际上，大持币者对选举结果有较大影响，可能导致权力集中在少数持币者手中。

投票参与度问题：如果只有少数持币者参与投票，网络代表选举可能缺乏代表性，影响网络的去中心化和安全性。

安全性考虑：DPoS 共识机制系统的安全性高度依赖选举出的代表的行为。如果代表相互勾结或不诚实行事，可能危及网络的安全。

复杂的治理结构：DPoS 共识机制引入了更复杂的治理机制，需要持币者积极参与投票和监督代表。这种治理机制的成功实施需要高度的社区参与度和透明度。

可能的操纵风险：选举和投票过程可能受到操纵，特别是在大持币者或代表之间存在幕后协议的情况下。

DPoS 共识机制试图通过代表选举和社区投票来解决传统共识机制的一些问题，如 PoW 共识机制的能源消耗和 PoS 共识机制的潜在中心化问题。然而，它也引入了新的挑战，特别是关于网络治理和安全性的问题。

3）DPoS 共识机制的典型应用案例

（1）EOS。EOS 是采用 DPoS 共识机制的著名区块链之一，它的目标是提供 DApp 的开发平台，支持大规模的商业应用。EOS 通过选举出的 21 个生产者（Block Producers, BP）来处理交易和创建区块问题。这种机制旨在实现每秒数千次的交易处理速度，同时保持较低的交易费用。EOS 社区通过投票决定哪些节点成为生产者，强调社区治理和参与。

（2）Tron。Tron 是一个旨在构建去中心化互联网的区块链平台，同样采用 DPoS 共识机制。Tron 网络通过 27 个超级代表（Super Representatives, SR）来验证交易和产生区块。超级代表的选举由 TRX 代币持有者通过投票决定，每个 TRX 代币相当于一票。Tron 的 DPoS 共识机制系统旨在实现高吞吐量的交易处理，以支持其大规模的去中心化应用生态系统。

（3）Steem。Steem 是一个基于区块链的社交媒体和内容分享平台，采用 DPoS 共识机制。在 Steem 网络中，见证人负责创建区块和维护网络的安全。用户通过影响力指标（Steem Power, SP）来投票选举见证人，以此参与网络治理。Steem 的 DPoS 共识机制设计旨在奖励内容创作者和参与者，同时确保交易的快速和免费。

DPoS 共识机制允许持币者投票选举代表（见证人）验证交易和创建区块，从而实现更高的交易处理速度和网络效率。这种机制不仅减少了能源消耗，提高了网络的可扩展性，而且增强了用户参与度和网络治理灵活性。然而，DPoS 共识机制也面临着潜在的中心化风险、安全性挑战和复杂治理结构的问题。尽管存在这些挑战，DPoS 共识机制已被多个知名项目，如 EOS、Tron 和 Steem 采用，展现了它在支持大规模商业应用和增强社区治理方面的潜力。

4．PBFT 算法

1）工作原理

实用拜占庭容错（PBFT）是一种在分布式计算系统中达成共识的算法，特别是在参与节点可能存在恶意行为或故障的情况下。该算法由 Miguel Castro 和 Barbara Liskov 于 1999 年提出，旨在解决所谓的"拜占庭将军"问题，即如何在一些节点可能会提供错误信息或者故意进行破坏的情况下，保证系统的一致性和正确性。PBFT 共识机制在该系统中存在一定比例的恶意节点（最多 1/3）的情况下，系统仍能正确处理请求。其基本工作流程包括以下几个阶段。

（1）请求阶段（Request）。客户端向主节点（称为领导者或 Leader）发送一个请求（执行某种操作）。主节点为请求分配一个唯一的序列号，并将请求连同序列号一起广播给所有副本节点。

（2）预准备阶段（Pre-Prepare）。主节点广播一个预准备消息给所有副本节点，该消息包含请求的信息和序列号。副本节点在接收到预准备消息后，如果认为消息有效且尚未处理过类似请求，则进入准备阶段。

（3）准备阶段（Prepare）。副本节点广播准备消息，表示它已准备好处理该请求。每个副本节点需要收集包括自己在内的超过 2/3 副本节点的准备消息，以确保系统中的大多数节点已准备好处理该请求。

（4）提交阶段（Commit）。一旦副本节点收集到足够的准备消息，它会广播一个提交消息，表示它已经提交该请求以供执行。副本节点在收集到超过 2/3 副本节点的提交消息后，执行请求，并将结果发送给客户端。

（5）回复阶段（Reply）。客户端在收到来自不同副本节点的相同执行结果后，认为操作成功完成。

这一过程确保了系统即使在面对恶意节点的情况下也能达成共识，同时避免了单点故障，增强了系统的容错能力。PBFT 共识机制通过这种方式，在分布式系统中实现了高效且安全的共识机制。PBFT 共识机制工作原理如图 2.21 所示。详细流程可以参照如下共识案例。

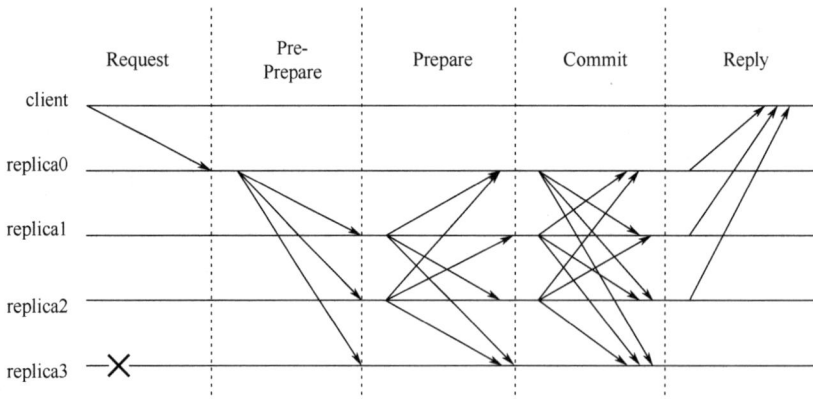

图 2.21　PBFT 共识机制工作原理

图 2.21 中展示了一个由四个节点（replica0, replica1, replica2, replica3）和一个客户端（client）组成的系统。每个节点在图中都是一条水平线，而客户端位于最顶部。流程分为五个阶段：Request、Pre-Prepare、Prepare、Commit 和 Reply。replica3 用叉号标记，表示它为故障节点或恶意节点。

① 请求阶段（Request）。客户端向主节点（replica0）发送请求。这个请求可以是执

行一项操作或者进行一笔交易。

② 预准备阶段（Pre-Prepare）。replica0 接收到客户端的请求后，为它分配一个序列号，并创建一个预准备消息。然后，replica0 将此消息广播给其他所有节点。

③ 准备阶段（Prepare）。当 replica 1 和 replica 2 接收到预准备消息后，如果同意处理该请求，则分别广播准备消息。这表明它们准备好接受主副本的请求顺序，并为之后的提交阶段做准备。

④ 提交阶段（Commit）。节点在收集到足够数量的准备消息后，进入提交阶段，并各自广播提交消息。这表明它们认可了请求的处理，并且请求的结果将被记录到系统中。

⑤ 回复阶段（Reply）。一旦请求被执行，每个节点将执行结果直接回复给客户端。客户端收集到多个相同的回复后，认为操作成功完成。

在这个过程中，即使 replica3 出现了故障节点，其他非故障节点通过相互协作仍能够达成共识，完成请求的处理。这表明了 PBFT 共识机制协议具备容忍系统中至多 1/3 恶意节点的能力。

2）PBFT 优缺点

PBFT 共识机制是一种分布式计算中的共识算法，它能够在存在恶意节点的网络中保障系统的一致性和可靠性。下面概述 PBFT 共识机制的主要优缺点。

（1）优点。

容错性：PBFT 共识机制能够容忍总节点数少于三分之一的恶意节点，确保系统能够在部分节点遭到攻击或出现故障时仍能正常工作，非常适合联盟链和私有链环境。

高效率：相较于早期的拜占庭容错算法，PBFT 共识机制具有更高的性能，它通过优化减少了消息交换的次数和大小。

适用于异步环境：PBFT 共识机制能够在异步网络中运行，如互联网，这使得它更适合现实世界的应用场景。

无须挖矿：与 PoW 共识机制不同，PBFT 共识机制不需要大量的计算工作，这使得它更加环保和节能。

（2）缺点。

通信开销：尽管经过优化，PBFT 共识机制仍需要在所有副本间进行大量的消息传递，这可能会对网络带宽造成压力。

扩展性限制：随着网络节点数量的增加，PBFT 共识机制的性能可能会下降，因为每个节点都需要与其他所有节点进行通信，这限制了系统的扩展性。

资源使用：每个副本都需要维护状态信息，这在大规模部署时可能导致资源使用效率降低。

主副本依赖：系统对主副本的依赖可能导致单点故障，虽然可以通过视图更换机制解

69

决，但这增加了算法的复杂性。

PBFT 共识机制算法在理论和实践中都取得了成功，特别是在那些需要容错性和高效率的分布式系统中。然而，它在大规模和高动态性网络中的应用仍然面临挑战。

3）PBFT 典型的应用案例

基于 PBFT 共识机制的特性，PBFT 共识机制算法主要适合联盟链和私有链环境，因为它能够在分布式系统中实现高效的一致性协议，尤其是在参与者数量相对较少且可信度较高的环境中。Hyperledger Fabric 是应用最广泛的一个例子，它是一个开源的企业级区块链平台，为构建和运行联盟链环境提供了一个高度模块化和可配置的架构。Fabric 采用了一种叫做"排序服务"的架构，其中一个可选实现就是基于 PBFT 共识机制。它允许 Fabric 网络在保持高吞吐量和低延迟的同时，确保网络中的交易能够得到可靠的处理和验证。

每种共识机制都有其优势和局限性，适合不同的区块链应用场景。选择合适的共识机制需要根据具体的应用需求和网络特征决定，包括交易处理速度、安全性、去中心化程度，以及能源效率等因素，不同共识机制的特点对比如表 2.2 所示。

表 2.2 不同共识机制的特点对比

种类	工作量证明（PoW）共识机制	权益证明（PoS）共识机制	委托权益证明（DPoS）共识机制	PBFT 算法共识机制
主要原理	基于节点进行复杂计算的机制	基于加密货币的持有量	基于选举的机制	基于投票的一致性算法的机制
节点选择方式	能力竞争，通常需要大量计算资源	基于加密货币的持有量	选举代表节点	预选定的节点负责共识
节点数量	大量矿工节点	少量验证节点	有限数量的代表共识	较少的副本节点
安全性	高，需要较强的计算能力	高，基于加密货币的持有量	高，选举机制增加了安全性	高，基于大多数决策达成一致
能源效率	低，高能耗	高，低能耗	较高，低能耗	中等，相对节能
扩展性	低，速度慢	高，快速确认交易	高，快速确认交易	中等，适用于小规模网络
参与程度	开放，任何人都可以参与	需要拥有一定数量的加密货币	需要选举为代表共识	有限，节点预选定
崩溃容忍性	高，分布式计算难以瘫痪	高，攻击成本高	高，选举机制增加了稳定性	中等，需要少数节点一致
适用领域	比特币	以太坊 2.0，Tezos 等区块链	EOS 等区块链	联邦区块链、企业区块链等

2.4.3 共识机制的选择和影响

1. 安全性与攻击抵抗力

在区块链的共识机制选择中，安全性是一个至关重要的考虑因素，因为它直接影响到网络的可靠性和抗攻击能力。最初且最广为人知的共识机制是 PoW 共识机制。在 PoW 共识机制中，网络的安全性建立在大量的计算工作的基础上，这使得对网络的操纵或攻击在计算上变得不切实际，因为这需要超过网络一半的计算能力。然而，这种方法的一个主要缺点在于它倾向于导致计算力的集中，特别是在大型矿池中。如果一个矿池掌握了超过 50% 的计算能力，它就可以实施双花攻击或其他恶意行为。PoS 共识机制通过经济激励来保证网络的安全。在 PoS 共识机制中，验证者是根据他们所持有的货币数量和持币时间选出的，这降低了攻击网络的动机，因为攻击者可能会因此遭受巨大的财产损失。PoS 共识机制也减少了对能源的需求，使网络运营更加经济和环保。但是，它也可能导致"富者更富"的现象，即那些拥有大量代币的人拥有更多的决策权力。

此外，其他共识机制，如 BFT 共识机制和 DPoS 共识机制也在安全性方面进行了考量。BFT 共识机制能有效处理恶意节点，尤其适合需要高度可靠性的系统，但在大型、分布式的网络中可能面临挑战。DPoS 共识机制则通过代表选举机制来提高决策效率，但可能会降低网络的去中心化程度。

因此，在选择共识机制时，需要仔细考虑它对网络安全的影响，包括潜在的攻击类型和网络抵抗攻击的能力。

2. 能源效率和成本效率

随着全球对环境可持续性的关注日益增加，共识机制的能源效率和成本效率变得越来越重要。由于 PoW 共识机制需要大量的计算资源，因此需要消耗大量的电力，这在环境和经济层面都引起了关注。例如，比特币网络的能源消耗已经与某些小型国家相当。这种高能耗的特性使得 PoW 共识机制面临着可持续性的挑战，同时也增加了矿工的运营成本。PoS 共识机制在能源消耗方面比 PoW 共识机制表现更好。在 PoS 共识机制中，区块的产生不依赖能源密集型的计算过程，而是基于验证者的持币量和持币时间。这种方法大幅降低了能源消耗，使网络的运行更加环保和经济。此外，由于 PoS 共识机制不需要昂贵的挖矿硬件，网络参与者需要投入的初始成本和维护成本也相对较低。

还有一些其他共识机制，如权威证明（Proof of Authority, PoA）共识机制和 DPoS 共识机制，它们同样致力于减少能源消耗并提高经济效率。例如，DPoS 共识机制通过让持币者选举出少数代表进行区块验证，可以减少整个网络的能源和计算需求。

在考虑共识机制时，能源效率和成本效率是关键的选择标准，特别是对于大规模和长期运营的区块链网络而言。选择更节能的共识机制不仅有助于降低网络的整体运营成本，还有助于减少对环境的影响。

3. 交易速度和扩展性

交易速度和网络扩展性是评估共识机制效能的另外两个重要指标。这些因素直接影响用户体验和区块链应用的实用性。在 PoW 共识机制中，如比特币采用的每个区块的产生和

71

验证，需要相对较长的时间，这限制了网络处理交易的速度和容量。随着网络交易量的增长，这种限制可能导致交易拥堵和费用增加。PoS 共识机制通常能提供更快的交易处理速度和更好的网络扩展性。由于 PoS 共识机制中的区块验证过程不依赖密集的计算工作，这使得交易能够更快地得到确认，网络也能处理更多的交易。这对于需要处理大量交易的应用，如支付系统和去中心化交易所，尤其重要。

其他共识机制，如 DPoS 共识机制和 BFT 共识机制，也在提高交易速度和网络扩展性方面有所贡献。DPoS 共识机制通过减少参与区块验证的节点数量来提高决策效率，而 BFT 类共识机制则通过特定的算法优化来提高网络的处理能力。

根据区块链项目的具体需求，选择合适的共识机制至关重要。对于那些需要快速处理大量交易的应用，PoS 共识机制及变体可能是更好的选择。对于那些更重视网络安全和去中心化的应用，则可能更倾向于选择 PoW 共识机制或者具有更高容错能力的 BFT 类共识机制。

4. 网络的去中心化程度

去中心化是区块链技术的基石，它能够提高网络的透明度、安全性，并减少对单一控制点的依赖。在对不同的共识机制进行评估时，必须考虑它们对网络权力的分布和管理结构的影响。

PoW 共识机制，尽管在实践中呈现出一定程度的集中心化趋势（大型挖矿池可能掌握大部分算力），但理论上它支持高度去中心化。PoW 共识机制的设计允许任何具备必要计算能力的个人或实体参与网络维护，从而保障了权力的分散。然而，这种模式也导致了资源的集中，因为只有那些能够负担昂贵硬件和高额电费的矿工才能有效参与网络维护。PoS 共识机制和其变种，如 DPoS 共识机制则提供了不同的去中心化视角。在 PoS 共识机制中，区块验证者是基于他们持有的代币数量选出的，这意味着权力在一定程度上集中于那些拥有更多代币的持有者。尽管这可能降低了参与门槛（与 PoW 共识机制相比不需要昂贵的挖矿设备），但它也可能导致"富者更富"的现象，即较大持币者在网络决策中拥有更多权力。

类似地，DPoS 共识机制通过让持币者选举特定的代表来进行区块的验证，这在一定程度上可以提高交易处理的效率，但同时也可能加剧网络权力的集中。DPoS 共识机制可能导致只有少数受欢迎的代表控制大部分网络决策，这与传统的去中心化理念相去甚远。

其他共识机制，如 BFT 共识机制和 PoA 共识机制，它们通常在规模较小或私有网络中能够实现较高的效率和安全性，但它们在去中心化方面的表现各有千秋。例如，BFT 共识机制能够有效处理恶意节点，但在较大规模或公共的区块链网络中的应用可能会面临挑战。PoA 共识机制则通常在受信任的节点之间达成共识，这在一定程度上提高了效率和控制，但可能牺牲了网络的去中心化特性。

综上所述，选择合适的共识机制需要对多种因素进行综合权衡，包括网络的具体目标、安全需求、效率和成本限制，以及去中心化的程度等。每种机制都有其独特的优势和局限性，选择合适的共识机制取决于特定网络的目标和需求。随着区块链技术的不断进步和多样化应用的出现，未来可能会发展出更多新型共识机制，以适应不断变化的需求和挑战。

2.5　智能合约

随着菠萝村经济的快速发展，村民们的交易变得越来越复杂。有时，一些交易需要在满足特定条件时才能执行。例如，老张从老李那里预购了一批未来收获的菠萝，但这笔交易的完成需要等到菠萝成熟时。随着类似的交易越来越多，单纯依靠村民们的口头约定和记账先生的记录，已经难以保证每一笔交易的执行都准确无误。

小王是一个富有创新精神的村民，他提出了一个解决方案。他建议创建一套能够自动监控和执行交易条件的程序。这套程序能够确保，一旦交易双方就某些交易条款达成一致并记录在案，只要条件得到满足，交易就会自动完成，无须任何人工干预。

老张和老李成为了这套新系统的首批尝试者。在小王的帮助下，他们设定了一系列交易条件，包括菠萝的价格、数量，以及收货条件，并将这些信息记录在村庄的共享账本中。这样，每个村民都可以看到交易的详情，但无人具备修改它的能力。

当收获季节到来，菠萝成熟时，这套系统自动检测到条件已经满足，并立即执行了交易：老张的账户自动扣除相应的金额，而老李的账户则相应增加。整个过程既迅速又精确，彻底消除了人为失误的可能。

这种自动化的交易方式迅速在菠萝村流行开来。村民们开始利用这套系统来处理各种复杂的交易，从而大幅提高了交易效率并增强了彼此的信任。这种方式不仅保证了交易的透明度，还确保了交易的执行完全依据事先设定的条件进行。

通过小王的创新，菠萝村成功地克服了交易复杂性带来的挑战，为村民提供了一个更加安全、可靠的交易环境。

这个故事的核心——自动执行交易的程序，实际上是一个智能合约概念的类比。智能合约是存储在区块链上的代码，能够在满足预设条件时自动执行合同条款。正如故事中所展示的，这种程序化智能合约为交易双方提供了一种透明、安全和无须再由信任第三方介入的方式确保交易的顺利进行。

智能合约，这一区块链技术领域的创新，本质上是一种自动执行合同条款的计算机程序。它最初由密码学家 Nick Szabo 于 1995 年提出，目的是通过数字化手段减少合同执行过程中的信任需求。智能合约的运作机制使它在满足预设条件时自动执行相应的操作，如支付款项、转移资产等，无须任何中介机构介入。这种自动化的执行不仅大幅提高了合同的执行效率，减少了人为错误，还提高了交易的安全性和透明度。

本小节旨在深入探讨智能合约的基本概念、开发与部署流程、自动化执行的原理及在现实世界中的应用案例。

首先，我们将介绍智能合约的基本概念，阐释它是如何在区块链技术的支持下自动化执行合同条款的，并讨论它相对于传统智能合约的优势。其次，我们将探索智能合约的开发与部署过程，包括选择合适的编程语言、编写智能合约代码、进行编译，以及最终在区块链网络上的部署。此外，我们还将深入了解智能合约的自动化执行与可信计算机制，包括其运行环境、状态管理，以及如何通过预言机与外部世界交互。最后，我们将通过一系列实际应用案例，展示智能合约如何在不同领域内发挥潜力，从改变金融交易的方式到促进供应链的透明度，再到提高公共服务的效率等。这些案例将帮助我们更好地理解智能合约技术的实用性和灵活性，以及它如何为现代社会带来创新和效率。

2.5.1 智能合约的基本概念

在探讨智能合约之前，我们首先需要理解传统合约的概念和局限性。传统合约是基于纸质文档或电子文档的法律协议，需由涉及各方签署，用于确保交易或行为的合法性。传统合约通常需要法律机构或中介机构的介入来确保合同的执行和解决可能出现的争议，这不仅延长了执行时间和增加了成本，还可能引入人为错误和欺诈的风险。

智能合约，作为一种计算机程序，旨在自动执行和强制执行合同条款，是区块链技术领域的一项革命性创新。其核心理念在于通过自动化和数字化手段减少合同执行过程中的信任需求，从而为在线交易提供一种无须信任中介的自动化解决方案。智能合约的概念最初由密码学家 Nick Szabo 于 1995 年提出。他的愿景是通过数字化方式在合同执行中减少信任的需求，预见了一种可以在没有第三方介入的情况下自行执行和强制执行合同条款的机制。智能合约的基本思想是，将合同条款编写成计算机程序，并将程序部署到区块链网络中。当满足预设条件时，程序会自动执行相应的操作，这些操作包括支付款项、转移资产和执行交易等。由于智能合约是在区块链上运行的，因此它们具有不可篡改性和透明性的特点，可以在无须信任中介的情况下保证合同的自动执行。

智能合约的优点包括自动执行、透明性、不可篡改性和安全性。它可以在满足预设条件的情况下自动执行合同条款，无须人工干预，大幅提高了合同的执行效率，并减少了因人为错误或恶意行为而引发的纠纷。智能合约的代码是公开的，所有人都可以查看和验证，这使得合同条款更加透明和公正，减少了欺诈和误解的可能性。智能合约具有不可篡改性，一旦合同被部署到区块链上，就无法被更改或撤销，为合同的执行提供了强大的保障。此外，智能合约使用加密技术保护合同条款和交易信息，使它们免受黑客攻击和欺诈行为的威胁。

在探讨智能合约的应用之前，理解智能合约的工作原理是非常重要的。智能合约本质上是一组存储在区块链上的指令和数据。这些指令被编写成程序代码，并被部署到区块链网络上。当某个预设的条件被触发时，智能合约会自动执行相关操作。由于这些操作是在区块链网络上执行的，因此它们具有不可篡改性和永久记录性的特性。这意味着智能合约一旦被执行，它的操作就无法被逆转或更改，从而保证了合同执行的可靠性和透明性。

智能合约作为区块链 2.0 时代的技术核心，标志着区块链技术的演进不再局限于虚拟货币或金融交易协议，它已经演变成一种具有广泛应用潜力的通用工具。这种演变并非偶然，而是区块链技术自身发展规律的必然产物。在这个发展过程中，智能合约充当了一个转换节点，它将传统的合同执行机制转化为全自动、高效且透明的数字化操作过程，从而开启了新的应用领域。众多区块链技术公司已经认识到智能合约的重要性，并在他们的产品中纷纷引入智能合约的支持。这些支持智能合约的平台不仅展现了区块链技术的多样性，而且进一步证明智能合约在各个领域应用的可能性和灵活性。例如，以太坊智能合约平台，基于虚拟机技术，为开发者提供一个强大且灵活的环境，使开发者能够创建复杂且多功能的去中心化应用。另一个例子是基于比特币区块链的 RSK 平台，它通过引入智能合约功能，为比特币网络增加新的维度。此外，IBM 公司提出的企业级 Hyperledger Fabric 平台，专注于为企业提供定制化的区块链解决方案，其内置的智能合约功能特别适合处理复杂的商业逻辑和流程。

智能合约在这些平台的应用不仅是技术革新的体现，更是对现有商业模式和交易机制的挑战。借助这些平台，智能合约被赋予了更多的实用性和适应性，能够根据特定行业或特定业务需求进行定制。无论是金融、法律、供应链管理，还是身份验证、资产登记等领域，智能合约都能提供一个更高效、更可靠的解决方案。

智能合约的自动化特性使其在处理标准化流程和交易时表现出极高的效率。例如，在金融领域，智能合约可以自动执行股票交易、债券发行、保险理赔等操作，从而减少了手工处理的时间和成本；在供应链管理领域，智能合约可以用于追踪商品的生产、运输和交付过程，确保交易的透明度和可验证性；在法律领域，智能合约可以自动执行合同条款，如租赁协议、版权协议等，减少了合同纠纷，降低了合同执行成本。

然而，尽管智能合约的潜力巨大，但它们仍然面临着一些挑战。首先，智能合约的编写需要精确无误，因为一旦被部署到区块链上，它们就无法被更改。这意味着任何代码中的错误或漏洞都可能导致意想不到的后果。其次，智能合约的安全性是一个重要的考虑因素。由于智能合约具有公开性，因此任何潜在的安全漏洞都可能被恶意攻击者利用。最后，智能合约在不同的司法管辖区的法律地位和监管框架尚未完全明确，这可能对其应用带来一定的不确定性。

作为区块链技术的一项重要应用，智能合约展现了区块链技术在现代社会中的广泛应用潜力。随着技术的发展和成熟，我们可以期待智能合约在更多领域发挥其革命性作用，为我们的生活和工作带来更多的便利和更高的效率。然而，要实现这一目标，我们还需要克服一些技术和法律方面的挑战，以确保智能合约的安全性、有效性和合规性。在未来，智能合约有望成为推动数字化和自动化进程的关键力量，为区块链技术的发展和应用开辟新的道路。

2.5.2　智能合约的开发与部署

智能合约的开发与部署是区块链技术实践中的关键环节，涉及多个阶段，智能合约开发流程如图 2.22 所示，从选择合适的编程语言开始，到最终在区块链网络上的部署和交互。

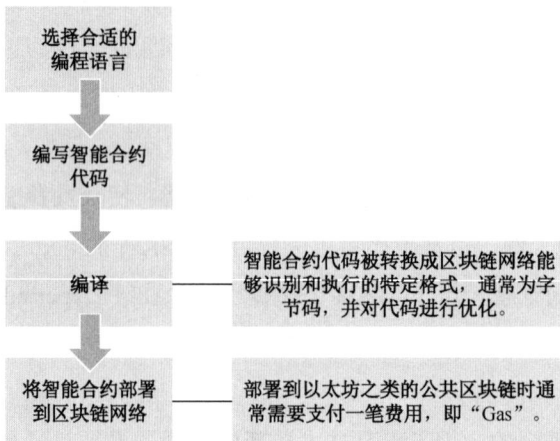

图 2.22　智能合约开发流程

首先，智能合约的开发阶段需要从选择合适的编程语言着手。虽然 Solidity 作为官方智能合约语言被广泛应用，但开发者也可以选择其他多种编程语言，包括 JavaScript、Rust、Go 和 Yul 等，这为智能合约的开发赋予了灵活性和多样性。每种语言都有其独特的特点和适用场景，因此选择恰当的语言对于智能合约的功能实现和性能优化至关重要。

其次，是编写智能合约代码的阶段。这一阶段要求开发者具备扎实的编程技能和对业务逻辑的深刻理解。智能合约的代码需要精确地表述合同条款，并且考虑到各种潜在的执行场景和边界条件。此外，考虑到智能合约一旦部署便无法进行修改，代码的可靠性和安全性显得尤为重要。因此，智能合约的编写不仅是技术层面的挑战，更是对开发者的逻辑思维和创新能力的考验。

再次，是编译阶段。编译是将智能合约代码转换成区块链网络能够识别和执行的特定格式，通常为字节码，并对代码进行优化。这一阶段对于智能合约的部署至关重要，因为只有经过编译后的字节码才能在区块链上运行。编译过程还包括了对代码的优化，确保智能合约在执行时既高效又节约资源。针对不同的智能合约编程语言，如 Solidity，存在专门的编译器，如 Solc。这些编译器能够处理源代码，并生成相应的字节码，以及智能合约的接口定义（ABI），ABI 定义了智能合约的接口和其他外部调用智能合约需要的信息。

最后，是将智能合约部署到区块链网络。部署智能合约实际上是创建一个区块链交易，该交易包含了智能合约的字节码和可能的初始化参数。这个交易被发送到区块链网络，并由网络中的节点进行验证和执行。一旦交易通过验证并被网络接受，智能合约便被部署到区块链上，并拥有了一个独特的地址。从这个时刻起，智能合约便成为区块链网络的一部分，可以被外部账户或其他智能合约调用和交互。智能合约的部署过程在不同类型的区块链网络中存在差异，特别是在费用结构和资源消耗方面。一般而言，智能合约的部署可以被划分为两个关键阶段：准备阶段和实际部署阶段。

在准备阶段，开发者首先编写智能合约代码，然后进行一系列的测试以确保其逻辑的正确性和性能的优化。然后是编译过程，此时代码被转换成区块链网络能够识别和执行的特定格式，通常是字节码。这个阶段是确保智能合约能够顺利运行和与区块链网络交互的基础。

进入实际部署阶段，情况开始出现差异。在某些区块链网络中，智能合约的部署可能不需要支付任何费用，特别是在私有链或联盟链中，其中网络资源由特定的参与者控制和资助。然而，部署到以太坊之类的公共区块链时通常需要支付一笔费用，即 Gas（燃气）费用。在以太坊等公共区块链中，Gas 费用是必不可少的，它与智能合约的复杂度和执行所需要的计算资源密切相关。这笔费用实际上是对那些参与验证和执行智能合约的网络节点所付出努力的一种补偿。因此，在编写智能合约时，优化代码以减少 Gas 消耗不仅能节省成本，还能提高智能合约的运行效率。总体而言，智能合约的部署流程及相关成本结构对于区块链开发者来说非常重要。这不仅有助于预算管理，还有助于优化智能合约设计，确保它在不同类型的区块链网络中都能高效运行。

值得注意的是，智能合约一旦部署到区块链网络后，就无法进行更改或删除。这种不可变性是区块链的核心特性之一，但也意味着智能合约的编写、编译和部署需要非常谨慎，避免出现错误或漏洞。智能合约的生命周期从编写代码开始，经过编译转换，最终在区块链上部署并运行。每个步骤都需要精确和专业的处理，确保智能合约能够安全、有效地在区块链网络中运行，为用户提供所需的服务。

2.5.3　自动化执行与可信计算

1. 智能合约架构

智能合约架构在不同的区块链平台上呈现出多样化的特征，从编程环境、编程语言、编译部署环境，到运行环境，每个环节都有其独特性。

在以太坊平台上，智能合约的开发通常在集成开发环境，如 Remix 或 Truffle 中进行，使用 Solidity 或 Vyper 编程语言。编译这些智能合约通常通过 Solc（Solidity 编译器）来完成，随后通过 Web3.js 或 Ethers.js 等库部署到以太坊网络上，运行在以太坊虚拟机（EVM）中。

Hyperledger Fabric 提供了一个独特的智能合约生态系统，支持多种编程语言，包括 Go、Java 和 Node.js。Fabric 的链码（Chaincode，即 Fabric 中的智能合约）通过 Fabric SDK 进行编译和部署，运行在一个高度模块化和可配置的环境中，适合企业级应用，尤其是在需要高度隐私和安全性的场景中。

每个区块链平台都根据其特定的设计目标和使用场景，提供了不同的智能合约开发和运行环境。开发者可以根据应用的具体需求和目标，选择合适的区块链平台和相应的技术栈来实现。

2. 智能合约运行机理

智能合约的运行机理体现了区块链技术得以广泛应用的核心创新，这一机理不仅实现了合约执行的自动化，而且确保了其不可篡改和高度透明。智能合约一旦部署在区块链上，其运行过程就遵循一系列复杂的步骤，从而实现既定的逻辑和功能，智能合约运行机理如图 2.23 所示。

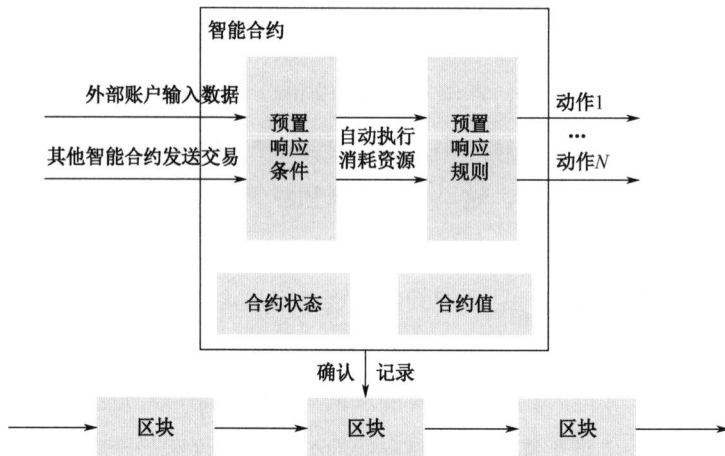

图 2.23　智能合约运行机理

智能合约的触发机制：智能合约可由区块链网络中的外部账户或其他智能合约通过发送交易来触发。这些交易包含了调用智能合约函数所需的信息，包括目标函数的标识符和任何必要的参数。一旦交易得到网络确认并被纳入区块链，相关的智能合约就会被触发。例如，假设有一个用于管理在线投票系统的智能合约，用户通过发送包含他们投票选择的交易来触发智能合约，随后合约将更新其内部状态以反映最新的投票结果。

智能合约的执行环境：智能合约在区块链网络中的特定虚拟环境下运行，这个环境通常被称为虚拟机或特定的容器。例如，以太坊智能合约在 EVM 中运行。

智能合约的状态管理：智能合约在执行过程中可以管理和修改其内部状态。这些状态被存储在区块链上，构成智能合约逻辑的一部分。例如，在一个交易市场的智能合约中，智能合约的状态可能包括商品所有权、商品价格等信息。当合约执行某项操作时，如转移商品所有权，它将更新这些状态信息。状态更新是智能合约的关键功能之一，因为它允许合约根据交互动态调整其行为。一旦状态被更改，并且该更改得到区块链网络的确认，这些更改就成为不可逆的存在。

条件逻辑的自动执行：智能合约的核心是它能够基于预设条件自动执行特定逻辑。这些逻辑可能包括计算、资金转移或与其他智能合约的交互。条件逻辑的自动执行体现了智能合约强大的自动化功能，它允许智能合约在没有人为干预的情况下运行。例如，一个保险智能合约可能会在满足特定条件（特定的天气事件）时自动支付赔偿。这种自动化不仅缩短了处理时间，还提高了处理过程的透明度和可靠性。

交易的不可逆性和确定性：在智能合约执行过程中，所有操作都是不可逆的。这意味着一旦智能合约的某个函数被执行并且结果被记录在区块链上，就无法撤销或更改。这种不可逆性是区块链技术的基本特征，它为智能合约执行提供了确定性和安全性。

资源消耗与限制：智能合约的执行需要消耗资源。在某些区块链平台，如以太坊，这种资源消耗以 Gas 计量，它旨在量化执行操作所需的计算资源，Gas 机制旨在防止资源的滥用，同时也确保了网络能够有效地处理智能合约的执行。

安全性和异常处理：在开发和运行智能合约的过程中，安全性是一个关键考虑因素。智能合约代码必须经过仔细审查和测试，以避免出现漏洞和错误。此外，智能合约通常设计有异常处理机制，以应对执行过程中可能出现的错误或不符合预期的情况。例如，如果智能合约的某个操作因为 Gas 不足或违反智能合约逻辑而失败，智能合约就会执行回滚操作，恢复到执行前的状态，保证智能合约状态的一致性。

智能合约与外部世界的交互：虽然智能合约在区块链上运行且其执行高度依赖内部逻辑和区块链状态，但它们也可以与外部世界交互。这种交互通常借助预言机（Oracle）实现，预言机是一种能够向智能合约提供外部数据的服务。例如，一个依赖股票市场数据的智能合约可能会使用预言机来获取这些信息。

3．预言机与智能合约的可信性

智能合约本身只能访问存储在区块链上的数据，这构成了智能合约自身的一个关键限制，这也是预言机（Oracle）发挥作用的地方，作为智能合约与外部世界之间的桥梁，它提供了一种访问和验证外部数据的途径。预言机在提高智能合约的实用性和适应性方面发挥着至关重要的作用，但同时也带来了新的可信性挑战。

智能合约在设计时就考虑到了自动化和去中心化的需求，这意味着它们在执行时需要依赖可靠且不可篡改的数据。然而，对于需要依赖现实世界数据（天气信息、股票价格等）的智能合约来说，区块链本身无法提供这些数据。智能合约的封闭性和区块链数据的限制性使得智能合约无法直接访问外部系统的数据，这就限制了智能合约的应用范围。

预言机的作用在于提供一种机制，允许智能合约安全地访问外部数据源。预言机可以是中心化的，由单一数据提供者操作，也可以是去中心化的，通过多个独立的数据源提供更高的数据可靠性和安全性。预言机不仅能够传递数据，还能够确保所提供的数据是可信的，这通常涉及一定的验证和认证过程。

预言机的基本工作流程包括数据的收集、验证和传输。首先，预言机从一个或多个外部数据源中收集数据。其次，这些数据需要经过验证，以确保其准确性和可靠性。最后，经过验证的数据被传输到区块链网络并提供给相应的智能合约。这个过程需要严格的安全措施，以防止数据在传输过程中被篡改。

预言机可分为两个种类。

（1）中心化预言机：这种预言机通常依赖单一的、可信的数据源。尽管这种预言机简单且易于实现，但它带来了中心化的风险，如单点故障或数据源的可信性问题。

（2）去中心化预言机：为了克服中心化预言机的限制，去中心化预言机的想法被提出。这种预言机从多个数据源收集数据，并使用特定算法（共识机制）来确定最终的数据结果。这种方法提高了数据的可靠性和整体系统的抗攻击性。

预言机的使用在提高智能合约的功能性和适应性方面发挥着关键作用，但它同时也带来了可信性问题。智能合约的安全性和可靠性在很大程度上取决于预言机提供的数据质量。如果预言机提供的数据不准确或不可信，那么即便智能合约本身编写得再完善，也可能导致错误的执行结果。

预言机在处理外部数据时面临多种安全风险。这些风险包括但不限于数据篡改、数据源的不可靠性和中间人攻击等。因此，确保数据的完整性和真实性是预言机设计的一个重点。此外，虽然去中心化预言机在提高数据可靠性方面具有优势，但其复杂性和实施成本也相对较高。为了提高数据的可靠性，预言机通常需要进行数据验证。这可能涉及多个数据源的交叉验证，甚至利用去中心化网络中节点的共识机制来确定数据的真实性。例如，某个预言机可能从多个天气服务提供商处获取温度数据，并运用某种形式的共识算法来确定最准确的温度值。

预言机的发展对智能合约的未来应用具有至关重要的意义，随着技术的进步，预言机的安全性和可靠性有望得到进一步提高。此外，新的架构和方法，如跨链预言机和人工智能驱动的数据分析，可能会开辟智能合约应用的新领域。在这个不断发展的领域中，预言机与智能合约的结合将拓展区块链技术的边界，创造出更多创新的应用场景。预言机在提高智能合约的实用性和适应性方面发挥着至关重要的作用，但同时也带来了新的可信性挑战。未来，提高预言机的安全性和可靠性将是智能合约技术发展的重要方向之一。

2.5.4 智能合约应用案例

作为区块链技术的重要应用之一，智能合约在多个领域的应用潜力和影响力持续扩大。

以下是智能合约在不同领域应用情况的详细介绍。

1．金融领域

在金融领域，智能合约可以实现自动化的资产交易、清算和结算。例如，在股票市场中，智能合约可以自动执行股票的买卖，简化交易流程，减少交易成本和交易时间。智能合约还可以应用于债券发行、保险理赔和衍生品交易。由于其自动化和不可篡改的特点，智能合约在提高交易效率、降低欺诈风险等方面发挥着重要作用。

2．供应链管理

在供应链管理中，智能合约能够确保交易的透明度和可追溯性，有助于提高供应链的效率和安全性。例如，在农产品供应链中，智能合约可以记录产品从生产、加工到分销的每个环节，确保产品的来源和质量，从而提高消费者的信任度。此外，智能合约还可以自动处理付款和交货环节，减少人工操作的错误和延迟。

3．物联网

智能合约与物联网的结合使得网络中的设备可以被自动管理和监控。例如，在智能家居系统中，智能合约可以根据特定条件（温度变化、时间等）自动调节家庭设备的运行。此外，智能合约还可以应用于物联网设备的维护和故障处理，当设备检测到问题时，智能合约能够自动启动维修流程或向用户发出通知。

4．医疗健康领域

智能合约在医疗健康领域的应用主要集中在数据管理和患者护理方面。借助智能合约，患者的医疗记录得以安全、准确且易于访问。例如，智能合约可以管理患者的电子健康记录，允许授权的医疗机构在保证数据隐私的前提下共享和访问这些记录。此外，智能合约还可以用于药物管理的自动化和健康保险索赔的处理。

5．房地产买卖和租赁市场

在房地产买卖和租赁市场，智能合约可以简化交易流程，并提高交易的透明度和安全性。例如，智能合约可以自动处理房屋买卖或租赁过程中的付款、转让和记录。借助智能合约，房地产交易的所有参与方都可以实时查看交易状态和历史记录，确保交易的合法性和有效性。

6．娱乐和版权保护

在娱乐行业，尤其是在音乐和视频内容的版权保护方面，智能合约可以自动管理版权费用的分配。内容创作者可以利用智能合约确保他们的作品被合法使用，并且能够自动获得相应的版权费用。这一举措不仅简化了版权管理的流程，也保障了创作者的权益。

7．法律和合同管理

智能合约在法律领域的应用主要包括合同执行的自动化和合同条款的验证。例如，智能合约可以用于自动执行和管理商业合同、遗嘱和信托。借助智能合约，合同的执行不再依赖人工处理，从而减少了执行的时间和成本，同时也减少了人为错误和欺诈的风险。

8．政府服务和公共记录

政府部门可以利用智能合约提高公共服务的效率和透明度。例如，在土地登记和公共记录管理中，智能合约可以确保记录的准确性和不可篡改性。此外，智能合约还可以用于电子投票系统，增强选举的安全性和可靠性。

9．能源交易

在能源行业，特别是在可再生能源市场，智能合约可以用于自动化能源交易和分配。例如，智能合约可以根据实时能源需求和供应自动调整电力分配，或者处理能源交易和结算工作。

10．慈善和社会福利

智能合约在慈善和社会福利领域的应用可以提高捐赠的透明度和效率。例如，智能合约可以确保捐赠资金按照捐赠者的意愿被正确使用，并且捐赠过程和使用情况可以被公开透明地追踪。

智能合约的这些实践展示了它们在各行各业中的广泛应用潜力。随着技术的不断发展和完善，未来，智能合约在更多领域的应用将成为可能，为社会带来更高效、更透明的解决方案。

2.6 典型区块链平台

本节将深入探讨两个具有代表性的区块链平台：比特币和以太坊。这一节旨在将之前讨论的区块链核心技术，包括密码学、分布式账本、P2P 网络、共识机制和智能合约，与实际的区块链平台相结合，以展示这些理论如何在实践中得到应用并形成独特的系统架构。比特币和以太坊这两个平台展现了区块链技术从最初的概念到现今广泛应用的演变过程，另一个比较有名的项目是超级账本项目，我们将在第 4 章中进行介绍。

比特币，作为首个实现的区块链系统，由神秘的个体或团队"中本聪"于 2008 年通过发布一本名为《比特币：一种点对点的电子现金系统》的白皮书而引入。这个系统不仅引入了数字货币的概念，更重要的是，它提出了一种去中心化的、基于区块链的记录系统，从根本上解决了数字货币中的双重支付问题。比特币使用 PoW 作为其共识机制，确保网络的安全性和交易的不可篡改性。比特币的出现标志着加密货币时代的开启，其影响力远远超越了金融领域，为区块链技术的其他应用奠定了基础。

以太坊，由 Vitalik Buterin 于 2013 年提出，并于 2015 年正式启动。以太坊的主要创新之处在于引入了"智能合约"概念，极大地扩展了区块链的应用范围。与比特币不同，以太坊不仅是一个加密货币平台，更是一个全面的去中心化应用平台，允许开发者在其上构建和运行任何 DApp。以太坊最初采用的也是 PoW 共识机制，但已计划迁移到更高效、更环保的 PoS 共识机制。以太坊的出现推动了区块链技术在游戏、艺术、供应链等多个领域的应用。

这两个平台代表了区块链技术的不同发展阶段和应用领域。比特币的出现标志着加密货币和去中心化金融的诞生；以太坊的出现开启了智能合约和 DApp 的新时代。这些平台不仅推动了区块链技术的发展，也促进了整个社会对于去中心化和数字化的理解和接受。

2.6.1　比特币

1. 比特币概述

在比特币出现之前，数字货币的概念已经存在多年。自 20 世纪 80 年代至 90 年代，加密学家和软件工程师持续致力探索创建一种安全、去中心化的数字货币的可能性。这个时期的关键进展包括公钥加密技术的应用，它是安全数字交易的基础，以及对数字签名和哈希函数的研究，这些都是后来比特币协议的关键组成部分。此外，为了解决在线交易过程中的信任问题，研究者提出了各种机制，包括 B-money 机制和 Hashcash 机制等方案。尤其是 Hashcash 的 PoW 共识机制，对比特币的共识算法产生了深远影响。

比特币，这一概念最早于 2008 年由一位或一群以中本聪为名的匿名人士提出，并通过一本名为《比特币：一种点对点的电子现金系统》的白皮书向世界公开。比特币的核心理念是创建一种去中心化的货币系统，旨在消除任何中央机构，如政府或银行，对货币发行或交易控制的权力。这个系统依托区块链技术，是一种分布式账本，记录所有比特币交易的历史。这种账本的去中心化和不可篡改性是通过 PoW 共识机制实现的，该机制要求网络参与者（矿工）通过解决复杂的数学难题来验证交易，并以新比特币的形式得到奖励，这个过程被称为"挖矿"。

比特币的设计解决了数字货币领域长期存在的双重支出问题。在传统的数字货币系统中，由于数字信息易于复制，同一笔资金有可能被多次使用。比特币借助区块链技术，确保每笔交易都是独一无二的，且一旦交易被记录，就无法被篡改或删除。所有比特币交易都被记录在一个公开且连续的区块链上，这种透明度允许所有交易接受公众的审查和验证，同时保障了交易双方身份的匿名性。

比特币的出现引发了广泛的关注和激烈讨论，原因不仅在于它提供了一种替代传统法定货币的方式，而且在于它展示了去中心化和区块链技术的潜力。比特币网络不依赖任何中央服务器或管理机构，而是由全球范围内的用户通过互联网连接共同维护。这种去中心化的特性赋予了比特币系统极高的抗攻击性和难以操纵的优势，从而为金融交易提供了一种相对安全和透明的途径。

2．比特币网络和架构

比特币网络和架构的核心在于其对去中心化模式和坚固的数据安全机制的创新，在这个网络中，每个节点（个人电脑、服务器等）都参与到比特币的数据验证和记录过程中，共同维护着一个名为区块链的分布式公共账本，比特币框架如图 2.24 所示。这种去中心化的设计是比特币的革命性创新，它使得货币系统不再依赖任何中央权威机构，如中央银行，而是依靠广泛的网络参与者共同维护和验证交易。这一点对于理解比特币的基本原理至关重要，因为它不仅代表了一种技术突破，也象征着对传统金融体系的挑战。

图 2.24　比特币框架

比特币的每笔交易都是通过一对密钥"公钥和私钥"来进行加密和签名的。公钥相当于银行账号，用于接收比特币；私钥则相当于个人银行账户密码，用于签署交易，证明用户拥有交易的比特币。这种基于密码学的方法不仅保障了交易的安全性，也为用户的匿名性提供了可能。当一笔交易被发起时，它会被发送到网络中，由网络中的节点验证其有效性，包括对签名的验证和确保交易不属于双重支付。一旦被验证，交易就会被添加到一个待处理的交易池中，等待被打包进新的区块中。

在比特币网络中，新区块的创建是通过一种名为"挖矿"的过程完成的。挖矿是一个竞争性的过程，矿工利用计算能力来解决一个复杂的数学难题，以此竞争获得将新区块添加到区块链上的权利。首个成功解决难题的矿工有权将新区块添加到区块链上，并获得一定数量的比特币作为奖励，这包括新生成的比特币和交易费用。这个过程不仅确保了网络的安全和交易数据的不可篡改性，而且也激励了网络参与者持续维护和支持比特币系统。

比特币网络的设计还包含了一系列机制来保证系统的稳定性和安全性。例如，比特币协议规定了比特币总量的上限，这意味着比特币成为一种有限的资源，类似黄金，这在一定程度上遏制了通货膨胀。此外，比特币网络还会定期调整挖矿难度，以维持新区块生成的平均速率，这对于保持整个系统的平衡至关重要。

3. 比特币的交易机制

在比特币网络中，交易的追踪和管理采用了一种被称为未花费交易输出（UTXO）模型的独特方法。与传统的银行账户模型相比，UTXO 模型并不维护一个集中的账户余额，而是通过跟踪网络中所有未被消费的输出表示用户的资金。在这个模型下，每一笔比特币交易都会消耗一些 UTXO 作为输入，并产生新的 UTXO 作为输出，这些输出定义了比特币的数量及使用条件。这种机制意味着，比特币的所有权并非通过累积余额来体现，而是通过一系列未花费输出的链式记录来追踪的。与此同时，UTXO 模型提供了一种去中心化且具有较高匿名性的资金管理方式。这与依赖中心化机构来保持和更新账户的明确余额的传统银行模型形成鲜明对比。在比特币系统中，每个 UTXO 都与特定的比特币地址相关联，而不直接与用户的个人身份相关联，这增强了隐私保护。

在实际操作过程中，当用户想发起一笔比特币交易时，他们必须引用充足的 UTXO 作为输入，以支付新交易的金额和任何必要的交易费用。每笔交易都需要发送者的数字签名来验证其合法性，确保交易不会被篡改，并确保发送者身份的不可否认性。一旦交易被签名，它就准备好被广播到比特币网络中，其中每个节点将独立进行交易验证。交易发起者将收到一个回执，表明交易是否被网络接受。一旦交易被验证为有效，它会逐渐在网络中传播。这个传播过程需要的时间取决于网络状态和节点的连接情况。

验证有效的交易随后会进入交易池，也被称为内存池，并等待网络中的矿工将它们纳入新的区块中。矿工在创建新区块时会根据优先级从交易池中选择交易，并尝试通过解决一个复杂的计算问题来获得添加该区块到区块链的权利。这个过程就是所谓的"挖矿"，成功解决问题的矿工可以将新区块添加到区块链中，该区块内的所有交易此时被视为已确认。

85

真实的比特币交易包含多个重要的信息元素，这些信息元素共同构成了交易的完整结构。以下是比特币交易包含的信息元素。

（1）交易版本号（Version）：指定交易遵循的特定规则或格式，用于处理交易的兼容性。

（2）输入数量（Number of Inputs）：交易中包含的输入数量。

（3）输入列表（Inputs）：每个输入包含以下几个部分。

① 之前交易的引用（Previous Transaction Reference）：引用发送方之前交易的输出，即 UTXO。

② 输出索引（Output Index）：指向特定的 UTXO。

③ 解锁脚本（Unlocking Script）/签名（Signature）：包含发送方的数字签名，证明发送方有权使用这些比特币。

④ 序列号（Sequence Number）：主要用于交易的高级功能，如替换未确认的交易。

（4）输出数量（Number of Outputs）：交易中包含的输出数量。

（5）输出列表（Outputs）：每个输出包含以下几个部分。

① 数额（Value）：要发送的比特币数量。

② 锁定脚本（Locking Script）/收款地址（Recipient's Address）：指定谁有权使用这些比特币，通常是接收方的比特币地址。

（6）锁定时间（Locktime）：指定交易的最早或最晚确认时间。大多数交易这一字段为0，表示交易可以立即被确认。

（7）交易大小（Size）（不是交易本身的一部分，但通常被引用）：交易的总字节大小，影响交易费的计算。

这些信息元素共同构成了比特币交易的基础结构，使交易能够在比特币网络中安全地执行并验证。每个元素都发挥着关键的作用，确保交易的安全性、有效性并且符合网络规则。

真实的交易数据：

```
{"txid": "a0b17d84e27f235dac933bbbb902b5f04014d8ee57d821ffe5ad2e6b392426e9",
  "size": 489,
  "version": 1,
  "locktime": 0,
  "fee": 14632,
  "inputs": [
    {
      "coinbase": false,
      "txid": "51e4ec8b65cab541093f80dbd96dfc802aa7c26d8eb266a639215cfa8fed9f0b",
      "output": 107,
      "sigscript": "",
      "sequence": 4294967293,
      "pkscript": "00144db1cc2fc7f31b7266257181707b14cf0b40086f",
      "value": 28501,
```

```
      "address": "bc1qfkcuct787vdhye39wxqhq7c5eu95qzr0lgl68l",
      "witness": [

"3045022100aff9b76f309578f8ff4439d931e3867149fa2a443f7ed36e03e2cc091b752b82022054804aa85cbf13db
481c9044f1e918927b5afb3f62d26d77370b4834e534889001",
            "0268c9a86f085bb403022310412302f8844be3614bb1aa1da820dff9e8cc27aad9"
      ]
    },
    {
      "coinbase": false,
      "txid": "7e9abef6cc1d9dade2b830a9f4e60402166e100ea9e02d67681c2dd728424e8f",
      "output": 72,
      "sigscript": "",
      "sequence": 4294967293,
      "pkscript": "001437ba7be31ddccbceb72f244eefacbd437031194b",
      "value": 28492,
      "address": "bc1qx7a8hccamn9uade0y38wlt9agdcrzx2tn3nnjf",
      "witness": [

"3045022100f8267f9963dfff7162767c98da62d59adc1378de6c3cfab05da885b59fb428bf022068ee37137c6e8fe77
ee7d14b273cde25d381833f49da1bbbf3142651f9f0960001",
            "02bfab9872345cf7e0929f7961ca45ee428cdf2b94827a4e620da6ea824eb40649"
      ]
    },
    {
      "coinbase": false,
      "txid": "35f41423aef16bcbac4264fa19162d3c9a1e7da86d21211e99cf085bad627a0c",
      "output": 78,
      "sigscript": "",
      "sequence": 4294967293,
      "pkscript": "0014d1f5d21c726b737575ea49bbcfcb4d471d02fec8",
      "value": 28490,
      "address": "bc1q686ay8rjddeh2a02fxaulj6dguws9lkg7gp058",
      "witness": [

"304402204ba1289d85fc5614d2c6825b2030a75f3fbaa09138370a250be64d404eb8e20c02204a83e5e41e5d0b988
d4647f7764ad63c00386c7bdc8e109795343330df7ae25101",
            "03cb0e4a79f5e9ea9e86adeb292c39267edce5af2df2ccf98e1276f69fd8ff4cac"
      ]
    }
  ],
  "outputs": [
    {
      "address": "bc1qewppfpfus4xjqg9vklxudcj3wl3pr6h0w4lqsd",
      "pkscript": "0014cb8214853c854d2020acb7cdc6e25177e211eaef",
      "value": 70851,
      "spent": false,
      "spender": null
```

87

```
    }
  ],
  "block": {
    "mempool": 1701240634
  },
  "deleted": false,
  "time": 1701240634,
  "rbf": true,
  "weight": 981
}
```

在上述交易中，输入列表包含 3 个 UTXO 输入（分别为 0.00028501BTC、0.00028492BTC、0.00028490BTC）和 1 个 UTXO 输出（0.00070851BTC），其中交易手续费为 0.00014632 BTC。更详细的说明如下。

（1）txid：这是交易的唯一标识符，即交易哈希值。

（2）size：交易的大小，以字节作为单位。

（3）version：指明交易遵循的规则或协议版本。

（4）locktime：规定交易能够被确认的最早时间。

（5）fee：交易费用，由发送方支付给矿工。

（6）inputs：列出了交易的所有输入项。

① coinbase：表示该交易是否为币基交易（创币交易，通常由矿工创建）。

② txid：指向被引用的前一个交易的哈希值。

③ output：指向前一个交易输出的索引。

④ sigscript：包含解锁脚本，用于证明输出可以被消费。

⑤ sequence：用于交易的替换和时间锁定功能。

⑥ pkscript：输出的公钥脚本。

⑦ value：交易金额。

⑧ address：发送者地址。

⑨ witness：隔离见证数据，用于签名和脚本。

（7）outputs：列出了交易的所有输出。

① address：接收者地址。

② pkscript：锁定脚本，指定谁可以使用这些比特币。

③ value：交易中的比特币数量。

④ spent：表明输出是否已被消费。

⑤ spender：如果输出已被消费，指出消费者的信息。

（8）block：包含区块信息，如是否在内存池中。

（9）deleted：表明交易是否被删除。

（10）time：交易的时间戳。

（11）rbf：表示是否可使用交易替换功能（Replace-by-Fee）。

（12）weight：交易的权重，与区块大小限制相关。

交易费用在这个过程中发挥了重要作用，矿工在选择交易时会优先考虑交易费用较高的交易，因为这些交易提供了更大的经济激励。因此，交易费用不仅是对矿工的奖励，也是控制交易处理优先级的机制。一旦交易被纳入区块并得到网络确认，它就成为区块链的一部分，从而确保了其不可逆性。

4．比特币的共识机制

在比特币网络中采用 PoW 共识机制来实现共识，PoW 共识机制是一种全网范围内的竞争，多个节点争夺单个区块的记账权。要获得记账权，节点必须解决网络提出的计算性难题。只有第一个成功解出正确答案的节点才能打包新区块，而其他节点则负责复制账本，从而保证账本的唯一性和准确性。这个难题要求节点计算出一个特定的数值，使得该区块头的哈希值小于一个预定的难度目标值。成功计算出符合条件的哈希值的节点将获得打包区块的权利，并将其广播至全网。收到广播的其他节点会立即验证新打包的区块。一旦验证成功，对当前区块的记账权竞争即宣告结束，所有节点接受该区块并记录在各自的账本上，转而竞争下一个区块的打包权，比特币中的 PoW 共识机制的核心要素包括工作量证明函数、区块的构造和难度值的调整。

比特币中的工作量证明函数采用 SHA-256 哈希算法。这个算法能够将输入数据转换为一个固定长度（256 位）的唯一输出。在比特币网络中，矿工利用这个算法寻找满足特定条件的哈希值，这个条件通常与网络难度设置有关。网络难度是动态调整的，以确保全球矿工大约每 10 分钟就能找到一个新区块。难度的调整基于过去 2016 个区块的平均解决时间，防止因为计算能力的快速增长而导致区块生成速度过快，难度值的计算遵循如下公式：

$$新难度值 = 旧难度值 \times \frac{最近2016个区块花费时长}{2016 \times 10分钟}$$

从公式可以看出难度值并不是固定不变的，它会根据网络状况的变化而波动，为了确保在不同网络环境下大约 10 分钟生成一个区块。理论上，忽略旧难度值，按照比特币 10 分钟产生一个区块的速度，过去 2016 个区块花费时长趋近 20 160 分钟，新难度值永远趋近于 1。比特币网络的难度变化曲线如图 2.25 所示，可以看出比特币网络的难度呈现波浪式上升的趋势。

在比特币网络中执行 PoW 共识机制时，首先，节点会自动生成一笔比特币交易，利用 Merkle 树和哈希算法将这笔交易和其他要打包的交易合并生成 Merkle 根哈希。其次，将 Merkle 根哈希与随机数、上个区块哈希、难度值、时间戳和版本结合构成区块头。时间戳必须大于前 11 个区块时间戳的中位数，全节点会拒绝任何时间戳超出自身 2 小时范围的区块。最后，对区块头执行两次 SHA-256 哈希函数运算，计算出目标值。如果目标值小于网络目标值，则工作量证明过程完成；如果目标值大于网络目标值，则需要调整随机数，再对区块头执行双 SHA-256 哈希函数运算，然后将计算得到的目标值与网络目标值进行比较，PoW 共识机制工作量证明流程如图 2.26 所示。

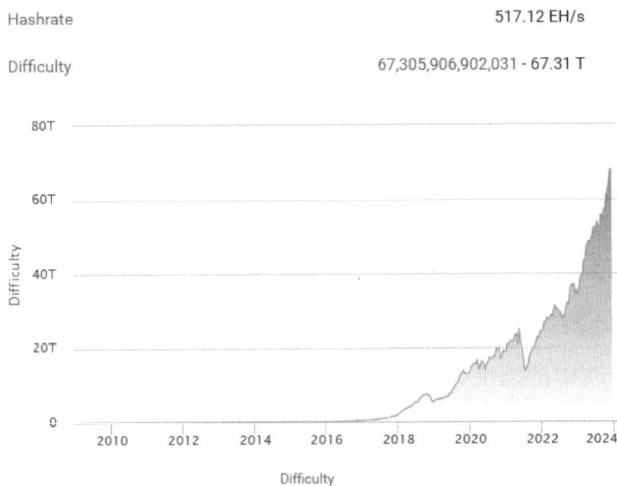

图 2.25　比特币网络的难度变化曲线

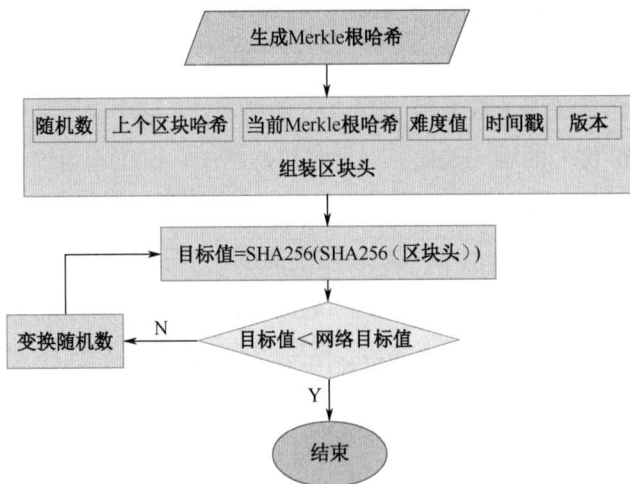

图 2.26　PoW 共识机制工作量证明流程

　　PoW 共识机制时序图如图 2.27 所示，客户端产生一笔交易后，向全网进行广播。各个节点收到请求后将交易纳入区块，然后按照 PoW 共识机制工作量证明流程开始计算解题。当某个节点计算出结果时（图 2.27 中是节点 2 计算出了结果），这个节点会打包区块并向全网广播，网络中其他节点进行验证。只有该区块的交易有效，计算结果正确且历史记录中未曾出现时，验证才会通过。验证成功后，各个节点将接受该区块，将该区块添加到区块链的末端。

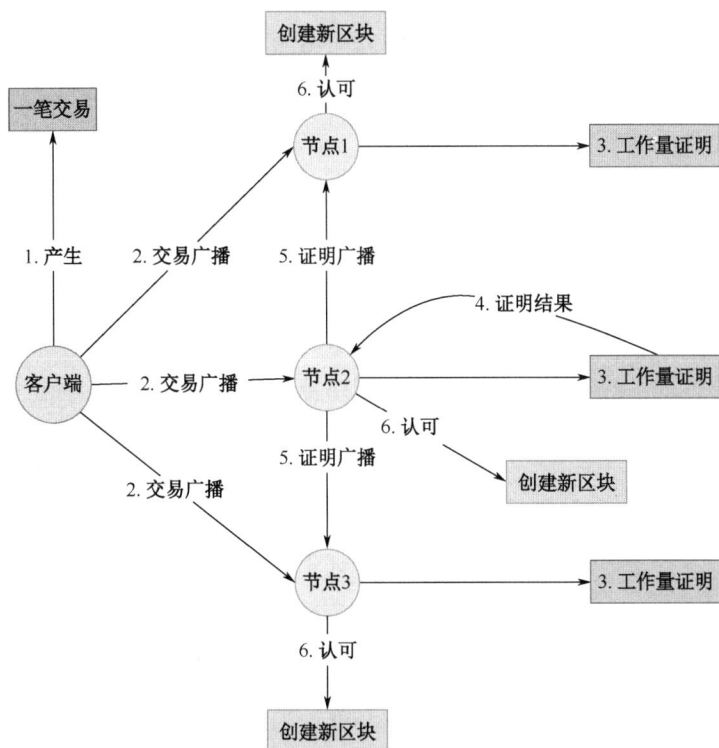

图 2.27　PoW 共识机制时序图

　　比特币采用的 PoW 共识机制是区块链技术的核心创新之一。该共识机制在维护网络安全方面表现出色，通过要求执行复杂的计算任务来防止双重支出和其他形式的网络攻击，确保了交易的不可逆性和唯一性。此外，理论上的去中心化特性为所有拥有计算资源的个体提供了平等参与挖矿和验证交易的机会，这不仅加强了网络的分布式特性，还提升了其抗审查能力。PoW 共识机制还激励矿工参与网络维护，确保了比特币网络的稳定运行和持续的交易记录验证。尽管存在能源消耗和中心化趋势的问题，PoW 共识机制仍然是一种有效的共识机制，它为比特币网络提供了坚实的安全基础，并在全球范围内展示了区块链技术的潜力。这些特点使得比特币的 PoW 共识机制成为区块链技术中一项重要的创新成果。

5．比特币挖矿与激励机制

　　挖矿本质上是一种算力竞赛，矿工们运用专业的计算硬件（最初是普通的 CPU，后来转向更高效的 GPU、FPGA，最终演变为专用集成电路，即 ASIC）来解决一个数学难题，这个难题涉及找到一个特定的哈希值，使它小于或等于网络当前的目标值。这个过程是 PoW 共识机制的实际应用，它要求矿工进行大量的计算工作"证明"他们的劳动。

　　矿工成功挖掘出区块并得到网络确认后，将会获得两种类型的奖励：新产生的比特币（区块奖励）和区块中所有交易的手续费。区块奖励是比特币的主要发行方式，最初每个区块的奖励是 50 比特币，但每产生 210 000 个区块奖励就会减半，通常称为"比特币减半"。

截至目前,区块奖励已经经历了几次减半,这个减半机制旨在控制比特币的总供应量,确保其最终不会超过 2 100 万比特币。随着时间的推移,区块奖励的减少意味着矿工的主要收入将逐渐向交易手续费转移。

比特币挖矿的这一设计不仅确保了网络的安全性和去中心化,而且通过经济激励鼓励矿工投入资源维护网络。然而,它也带来了显著的能源消耗问题,因为挖矿所需的高性能计算资源是非常耗电的。这种高能耗导致了对比特币挖矿的环境影响的关注和批评,尽管如此,比特币挖矿仍然是加密货币领域一个非常重要和具有创新性的概念。比特币挖矿和激励机制的设计体现了对安全、经济激励和网络健康的综合考量。这种机制确保了比特币网络能够有效地处理和记录交易过程,同时也为网络参与者提供了参与网络维护的动力。

6. 比特币的安全性和局限性

比特币的安全性主要基于其底层的区块链技术,这是一种分布式账本,通过网络中的每个参与者(节点)共同维护和验证。每个区块包含一系列交易记录,并且通过密码学方法(SHA-256 哈希算法)与前一个区块紧密相连,形成一个连续的链条。这种设计确保了记录在区块链上的交易几乎不可能被改变或删除,因为要修改任何信息都需要重新计算该区块及后续所有区块的哈希值,这在实际操作过程中是不可行的,特别是在区块链已经非常长的情况下。

PoW 共识机制进一步加强了比特币的安全性。在这个机制下,矿工需要解决一个计算密集型的问题来验证新的交易,并将其添加到区块链上。这个过程不仅需要大量的计算资源,而且是竞争性的,确保了没有任何单一实体可以轻易控制或操纵整个网络。此外,比特币网络采用去中心化的结构,意味着不存在中央权威机构,这降低了单点故障的风险并增强了网络的抗审查能力。

尽管比特币在安全性方面表现出显著优势,但它也存在一些局限性和挑战。比特币网络的可扩展性是一个重要问题。由于每个区块的大小和区块产生的频率有限,比特币网络在处理交易方面的能力受到限制,特别是在交易量大幅增加的时期。这导致了交易处理速度缓慢和交易费用高昂的问题,影响了比特币作为日常支付手段的实用性。

能源消耗是比特币面临的另一个重要的局限性。由于 PoW 共识机制本质上是一种能源密集型的计算过程,比特币挖矿过程对电力的需求巨大,引发了对环境和可持续性方面的担忧。随着比特币价格的上涨和挖矿活动的增加,这些问题变得更加严重,促使人们对替代挖矿机制(PoS 共识机制)的探索。

此外,虽然比特币的去中心化特性在很大程度上提升了其安全性,但也带来了一些风险。例如,由于缺乏中央监管机构,比特币成为非法活动(洗钱和勒索)的一个热门工具。比特币用户的匿名性虽然保护了他们的隐私,但也使得预防和追踪欺诈活动变得更加困难。作为一种数字货币,比特币面临着市场波动和监管具有不确定性的风险。比特币的价值在短时间内可能出现大幅波动，这对于寻求稳定投资的个人和机构来说可能是一个问题。同时，不同国家对加密货币的监管态度和政策不统一，可能影响比特币的接受度和使用效果。

总体来说，比特币的安全性得益于其区块链技术和 PoW 共识机制，但它也面临着可扩展性、能源消耗、非法使用、市场波动和监管不确定性等多方面的挑战。这些局限性不仅影响了比特币作为日常支付手段的实用性，也影响了它作为长期投资工具的吸引力。

7. 比特币对社会和经济的影响

比特币自诞生以来，对社会和经济领域产生了深远的影响，这一影响不仅体现在金融领域，还扩展到了技术、社会及政策制定等多个领域。作为首个广泛使用的加密货币，比特币在引领数字货币革命的同时，也引发了关于货币和金融本质的深入讨论。

在金融领域，比特币引入了一种全新的资产类别，对传统的金融市场和投资观念构成了挑战。作为一种去中心化的数字货币，它不受任何中央银行或政府机构的控制，这使得比特币成为一种独特的非主权资产，其价格不受传统金融政策的直接影响。因此，对于那些寻求投资多样化的投资者而言，比特币提供了一个具有吸引力的选择。然而，比特币价格的极端波动性也带来了较大的投资风险。自诞生以来，比特币的价格经历了多次剧烈波动，这既为某些投资者带来了巨大收益，也让其他投资者遭受了重大损失。

比特币还对全球金融监管政策产生了影响，不同国家和地区的监管机构对加密货币持有不同的态度和政策，从完全禁止到积极接纳。比特币的存在挑战了传统的金融监管框架，迫使监管机构必须重新考虑如何有效监管这一新兴市场，同时确保不抑制技术创新。总的来说，比特币对金融领域的影响是多方面的，它不仅转变了投资者的投资策略和风险评估，还促进了新型支付方式和金融服务的发展，同时，比特币也为全球金融包容性和金融监管带来了新的挑战和机遇。尽管比特币的未来发展仍然充满不确定性，但它无疑已经成为全球金融体系中一个不可忽视的因素。

在技术层面，比特币是首个成功应用区块链技术的实例，推动了区块链技术的发展和普及。它的出现不仅证明了区块链技术的可行性，而且激发了对这项技术更广泛应用的探索。区块链技术以其去中心化、透明性和不可篡改性的特点，在供应链管理、金融服务、身份认证、版权保护等许多领域展现出潜在的应用价值。比特币的出现催生了一系列金融科技（FinTech）创新，这些创新对传统的金融体系和服务方式提出了挑战。例如，加密货币钱包、DeFi 平台、智能合约等概念和服务都是在比特币的启发下发展起来的，它们为用户提供了更多样化和更加灵活的金融服务。交易的匿名性引发了对数字身份和隐私保护的广泛讨论。尽管比特币交易并非完全匿名，但其对用户隐私的保护程度远高于传统的金融系统，这激发了对数据隐私和安全的新思考和技术创新。作为一种去中心化的数字货币，比特币改变了人们对货币本质的理解。它挑战了传统货币体系，引发了关于货币去中心化、数字经济，以及价值存储方式的新讨论。比特币的成功引起了人们对去中心化系统的兴趣，

93

这种兴趣不局限于货币系统，还扩展到了其他许多领域，如去中心化的社交媒体平台、分布式存储解决方案等。

在社会层面，比特币的去中心化特性意味着没有中央机构或政府对其发行和价值进行控制。这与传统货币系统形成鲜明对比，后者通常由中央银行控制，受政府政策和经济状况影响。比特币提供了一种金融自主性的新形式，用户可以在不存在第三方中介机构的情况下直接进行交易。这种去中心化特性促进了全球的金融包容性，使得无法访问传统银行系统的人群能够参与全球经济。比特币的交易和存储方式完全基于区块链技术，这是一种分布式账本技术，可以安全地记录交易信息。这与传统金融体系中的中央化记录和处理方式截然不同。比特币交易提供了更高程度的透明度和安全性，因为所有交易记录都是公开且不可篡改的。这种透明性在一定程度上减少了欺诈和错误的可能性，同时也引发了关于隐私保护的讨论。比特币对社会的影响还体现在其对传统金融和经济结构的挑战上。作为一种非国家支持的货币，比特币的出现挑战了主权货币的概念，并引发了关于货币未来形态的讨论。它为社会提供了一种全新的思考角度，比特币的流行也促使政府和监管机构重新考虑他们对金融行业的监管方式。这种新型的数字货币对传统的监管框架提出了挑战，迫使政策制定者思考如何在不抑制技术创新的同时，管理与加密货币相关的风险。在某些情况下，比特币甚至被用作政治和经济不稳定环境中的"避风港"，显示了它作为价值存储和交换媒介的多功能性。

在政策制定层面，作为一种新兴的数字货币，比特币的出现对传统的金融监管框架构成了挑战，迫使政策制定者和监管机构重新审视和调整他们对金融市场的控制和干预策略。比特币的去中心化特性意味着不存在单一的机构或政府可以直接对其进行控制或管理，这在一定程度上削弱了传统金融监管机构的影响力和控制力。因此，政府和监管机构面临着如何在不阻碍技术创新和经济增长的同时，有效地管理和应对与加密货币相关的风险和挑战的难题。比特币及其类似货币的兴起引起了全球范围内对于金融安全、反洗钱（AML）和打击资助恐怖主义（CFT）法规的重视。由于加密货币可以提供一定程度的匿名性，它们可能被用于非法交易和活动，包括洗钱和资助恐怖主义。这促使许多国家的政策制定者和监管机构加强了对加密货币交易的监控和法规制定，以确保这些新兴市场不会成为非法活动的温床。在全球经济治理结构中，比特币的存在挑战了现有的国际金融体系。国际货币基金组织（IMF）和世界银行等国际金融机构正在探索如何在其全球经济框架内适应加密货币的崛起。这包括考虑加密货币对国际资本流动、汇率稳定，以及全球经济平衡的影响。比特币对政策制定的影响不仅局限于它作为一种新型货币的功能，还包括对现有金融监管框架、国际金融治理结构、税收政策和货币政策的深刻影响。它促使政策制定者在促进创新和防范风险之间寻找平衡，同时也为全球经济和金融体系的未来发展方向提供了新的思考角度。

总而言之，比特币在社会和经济领域产生的影响是多方面且深远的。它不仅改变了人们对货币、投资和技术的看法，还影响了政府和国际组织在金融监管和政策制定方面的思路。尽管比特币面临着诸如价格波动、监管不确定性和技术挑战等问题，但它无疑是一个具有开创性的发明，对现代社会和经济的长远影响仍在不断展开和深化中。

2.6.2　以太坊

1. 以太坊的概念与起源

以太坊的创始人 Vitalik Buterin 是一位极具影响力的人物，Vitalik Buterin 出生于俄罗斯，后随家迁移至加拿大。他自幼便展现出对数学和编程的浓厚兴趣。在青少年时期，他对加密货币产生了兴趣，特别是在发现比特币之后。他对比特币，以及比特币背后的区块链技术的潜力和局限性进行了深入研究。Buterin 参与创建了《比特币杂志》，这是他在区块链领域的早期作品之一，这也是第一家专注于比特币和相关技术的出版物。借助这个平台，他不仅深入了解了比特币的工作原理，还接触到了一系列与加密货币和区块链相关的观念和技术。Buterin 认识到，尽管比特币在去中心化交易方面有革命性的意义，但它在处理更复杂的应用方面存在限制。这促使他构想了以太坊，一个可以执行复杂操作的区块链平台。以太坊的创新之处在于"智能合约"，这使得创建 DApp 成为可能。Buterin 在 2013 年发布了以太坊的白皮书，详细描述了这个新平台的概念。他的愿景是创建一个能有更广泛应用场景的区块链平台，不仅限于加密货币的应用，还能作为一种新型的 DApp 和智能合约的基础设施。此后，Buterin 与其他开发者一起开始了以太坊的开发工作。在众筹和社区的支持下，以太坊迅速发展成为世界上最重要的加密货币之一，并促进了整个区块链技术的发展。

以太坊作为区块链技术的革新者，旨在解决比特币网络在应对复杂应用需求时面临的局限性。其核心在于创造一个多功能的区块链平台，允许开发者在不必从零开始构建基础设施的情况下，开发和运行各种 DApp。与比特币不同，以太坊不仅是一个数字货币网络，而且是一个全面的应用开发平台。

以太坊通过将底层组件，如 P2P 网络、区块链、共识算法等进行抽象化处理，为开发者提供了一个确定性的、安全的编程环境。这种环境支持开发者在"世界计算机"上运行应用程序，其中的以太币作为支付使用该平台所产生费用的效用货币。

自 2013 年 12 月 Vitalik 发布其白皮书以来，以太坊的发展经历了几个重要阶段：Frontier、Homestead、Metropolis 和 Serenity 阶段。每个阶段都有其特定目标，从最初的网络安全到用户界面的完善，再到最终的共识机制转变。2015 年 7 月 30 日，以太坊的首个区块成功被挖掘，标志着它服务全球的开始。

Vitalik 始终主张从 PoW 共识机制转向 PoS 共识机制，以提高网络效率并降低运营成本。2021 年 12 月，他提出了以太坊未来发展的五大目标，即 The Merge、The Surge、The Verge、

95

The Purge 和 The Splurge。这些目标旨在转变共识机制、提升性能、优化数据存储和简化网络存储。2022 年 9 月 15 日，以太坊成功实现了从 PoW 共识机制过渡到 PoS 共识机制，标志着 The Merge 合并的完成。接下来，以太坊的重点是通过分片技术提高性能，解决其性能不足和高费用的问题，这是其发展的核心方向。分片技术的实现将允许每个节点仅处理与其分区相关的交易，从而显著提高了数据处理效率。

比特币是数字货币的代表，而以太坊则是一个多功能的世界计算机平台，推动了区块链技术在现实世界中的广泛应用。在公链生态中，以太坊与比特币共同构成了"两超多强"的格局，其中"两超"指的是以太坊和比特币，而"多强"则包括了专注于不同应用场景的公链，如 BSC 的链游生态和 Solana 的 NFT 生态等。

2. 以太坊的技术架构

以太坊的技术架构是一个非常复杂且精妙的体系，它不仅代表了区块链技术的一大进步，而且还为整个数字货币和 DApp 世界开辟了新的可能性。以太坊的四个核心层可以分为：数据层、共识层、合约层和应用层，以太坊架构如图 2.28 所示。

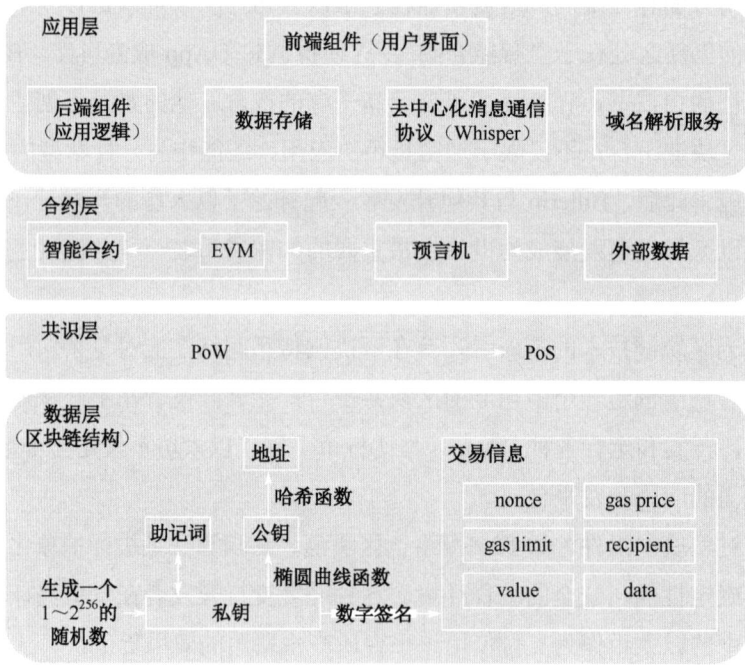

图 2.28 以太坊架构

数据层是其架构中最基础也是最关键的部分。这一层涵盖了所有与数据存储、处理和加密相关的技术，是整个区块链系统能够安全、有效运作的基石。以太坊的基本数据结构是区块链。以太坊网络上的每一笔交易都需要被记录在区块链中。交易不仅包括标准的加密货币转账，还包括触发或执行智能合约的操作。每笔交易都包含一系列数据元素，如发送者和接收者的地址、转移的金额、数据载荷（对于智能合约交易）等。以太坊使用 Merkle

Patricia 树存储所有状态数据。这种数据结构使得以太坊能够高效地存储和访问大量数据，同时确保了数据完整性的验证机制得以维持。这一点在实现"轻客户端"时尤为重要，因为它们不需要下载整个区块链就可以验证交易。作为一个去中心化网络，以太坊在全球范围内的成千上万个节点上存储其数据。这种去中心化的数据存储方式提高了数据的安全性和抗审查性，因为不存在单一的失败点或控制点。尽管以太坊的数据层设计非常先进，但它仍然面临着一些挑战，如可扩展性和数据存储效率。为了应对这些挑战，以太坊社区正在不断研究和实施各种改进措施，如分片技术。以太坊的数据层不仅构成了整个区块链的基础，还利用其复杂的加密和数据结构机制，确保了网络的安全性、透明度和去中心化特性。

以太坊的共识层，是以太坊区块链的核心组成部分，负责维护网络的安全性和一致性，以太坊的共识层确保所有参与节点在不依赖中央权威的情况下，可以就区块链的当前状态达成共识。最初，以太坊采用了与比特币相同的共识机制——PoW 共识机制。在这个共识机制中，矿工通过解决复杂的数学难题来竞争区块的创建权。挖矿成功的矿工将获得以太币作为奖励，并将新区块加入区块链。为了解决 PoW 共识机制中的能源消耗和扩展性问题，以太坊已经转向 PoS 共识机制。在 PoS 共识机制中，区块的创建不再依赖计算能力的竞争，而是依据持币量和持币时间等因素来选择验证者。这种机制降低了能源消耗率，并提高了网络的扩展性。共识机制不仅关系到网络的安全和稳定，还对以太坊的生态系统产生深远影响。例如，转向 PoS 共识机制将使以太坊对开发者和用户更加友好，通过降低交易费用和提高处理速度，促进了 DApp 的发展。

在以太坊中，合约层指的是智能合约的运行环境，合约层为开发者提供了一个平台，用于创建和部署智能合约。它是以太坊的核心功能之一，使得以太坊不仅是一个加密货币，更是一个全面的去中心化应用平台。一旦智能合约被部署至以太坊网络，就会在满足特定条件时自动执行。这些条件是在合约编写时预先定义的，一旦智能合约被部署至区块链，它的代码便不可更改。这确保了智能合约执行的可靠性和安全性，同时智能合约的代码对所有网络参与者开放，增加了操作的透明度。智能合约的应用范围非常广泛，涉及金融、保险、房地产等多个行业。虽然智能合约提供了很多好处，但它也面临着安全性挑战，智能合约中的漏洞可能导致重大的财务损失。

以太坊的应用层是建立在其区块链技术之上的最高层，该层提供了用户直接交互的界面和应用，这一层包括了各种 DApp，以及用户界面。应用层的主要功能是提供一个平台，让开发者可以在此基础上构建和部署去中心化应用。这些应用利用以太坊的区块链技术，确保数据的不可篡改性、透明度和安全性。DApp 是运行在以太坊区块链上的应用，它们通常通过智能合约实现其功能，提供与传统中心化应用不同的用户体验。尽管以太坊的应用层极具创新性，但其在用户体验和网络可扩展性方面仍面临挑战。

3．以太坊社区和发展生态系统

以太坊的社区和发展生态系统是以太坊成功的关键因素之一，其中以太坊基金会、企业以太坊联盟（EEA）和以太坊生态社区（ETI）在以太坊发展过程中扮演着重要角色，以太坊生态如图 2.29 所示。

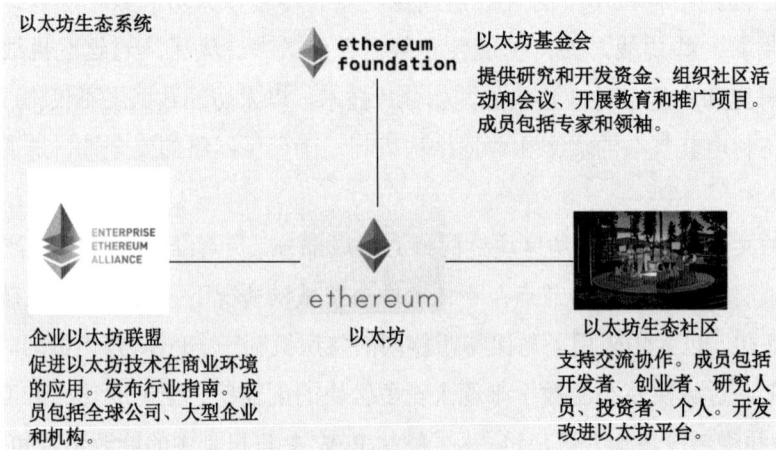

图 2.29　以太坊生态

以太坊基金会，成立于 2014 年，是一个致力于支持以太坊平台和相关生态系统发展的非营利组织。该基金会的成立主要是为了推动以太坊这一创新性区块链技术的研究、开发和应用，同时保持其开源性和去中心化的特性。它的宗旨和目标在于促进以太坊网络的技术创新和升级，支持开发者社区，以及提升公众对区块链技术的认识和理解。基金会的主要成员包括一系列区块链、加密货币和技术领域的专家和领袖，其中包括以太坊的创始人 Vitalik Buterin 等重要人物。以太坊基金会的主要活动涵盖提供研究和开发资金、组织各类社区活动和会议，以及开展教育和推广项目等。这些活动在推动以太坊技术创新、加强社区联系和提高公众区块链意识方面发挥了核心作用。

以太坊生态社区是一个围绕以太坊区块链平台形成的广泛网络，它的出现源于 2015 年以太坊的创立和随后对一个去中心化平台的共同需求。这个社区的核心宗旨和目标是促进以太坊技术的发展、应用和普及，同时支持创新和协作，以及推动区块链技术的整体进步。以太坊社区主要由开发者、创业者、研究人员、投资者，以及对区块链技术感兴趣的个人组成，他们通过各种方式贡献自己的力量，包括编写代码、开发应用、进行研究、提供资金和教育资源等。以太坊生态社区的主要活动包括开发和改进以太坊平台、创建 DApp、组织会议和研讨会，以及推动在论坛和社交媒体上的交流和协作。这个社区在推动以太坊技术的创新、增强网络的安全性和稳定性，以及扩大以太坊在全球范围内的影响力方面发挥着至关重要的作用，是以太坊生态系统不可或缺的一部分。

企业以太坊联盟是一个在 2017 年成立的组织，旨在将以太坊的区块链技术应用于商业领域。该联盟的成立基于对以太坊技术在企业级应用中巨大潜力的认识，特别是考虑到其智能合约和去中心化功能。企业以太坊联盟的宗旨和目标是促进以太坊技术在商业环境中的应用，并为企业提供一个共同工作、分享经验、制定标准和最佳实践的平台。该联盟的主要成员包括一系列全球领先的公司和机构，如微软、英特尔、三星、摩根大通和许多其他的大型企业，它们都对区块链技术的商业应用表现出浓厚的兴趣。企业以太坊联盟的主要活动涉及组织会议、研讨会、工作组，以及发布行业指南，这些活动旨在推动以太坊技术的商业应用和标准化。通过这些努力，企业以太坊联盟在推动以太坊技术的商业应用、支持行业合作和创新，以及促进区块链技术在企业中的应用方面发挥了重要作用，从而加速了整个区块链行业的发展。

以太坊基金会、以太坊生态社区和企业以太坊联盟，共同构成了以太坊生态系统的基础。这些实体之间的协作关系不仅促进了技术和平台的创新，也为以太坊在全球范围内的普及和接受度奠定了坚实的基础。通过多方面的努力，以太坊不仅在维护和发展自身生态系统中发挥了关键作用，也对整个区块链技术的发展产生了深远影响。

4．以太坊的应用和案例研究

以太坊作为一个先进的区块链平台，它的应用范围覆盖了多个行业，以太坊不仅是一个加密货币平台，更是一个全面的分布式解决方案的供应商。它开启了自动化范围广、透明度高和无须信任中介的新时代，在金融、艺术、供应链管理、身份验证和房地产等多个行业中发挥了关键作用。凭借其去中心化和可编程的特性，以太坊为这些行业提供了更高效、更安全、更透明的运营方式，推动了传统业务模式的创新，同时也催生了全新的商业模式和市场机会。

以下内容将概述以太坊的主要应用领域。

1）去中心化金融（DeFi）

DeFi 是一种基于以太坊的区块链技术的创新金融体系，旨在消除传统金融服务中的中介机构。这个体系利用智能合约自动执行金融交易和服务，确保全球用户能够无障碍地访问金融服务 DeFi，不受地理位置和身份限制，即不通过银行、经纪人或其他金融机构，直接在用户之间建立交易关系。这种方式降低了参与门槛，提高了透明度，并可能降低交易成本。

与传统金融体系相比，DeFi 通过自动化和去中心化减少了中介费用和时间延迟，使用户能够实时完成交易。另外，DeFi 平台通常是"不可审查的"，这意味着交易一旦被记录在区块链上，就无法被单个实体控制或逆转。DeFi 通过智能合约和加密技术提高了安全性和隐私性，尽管这也带来了新的技术风险。

DeFi 的主要组成部分包括借贷平台、去中心化交易所（DEX），以及其他金融服务，如保险和资产管理。借贷平台允许用户借贷加密货币，并为放贷者提供利息收入。DEX，如 Uniswap 和 Curve 等允许用户直接交换不同的加密资产，而无须通化中心化的交易所。还有一些 DeFi 应用提供了传统保险和投资组合管理服务的去中心化版本，使得风险管理和资产增值服务也能够在区块链上实现。这些组件共同构建了一个去中心化的金融生态系统，其目标是重新定义金融服务的使用和管理方式。

Uniswap 是一种基于以太坊的去中心化加密货币交换平台，它是通过智能合约实现的去中心化 ERC-20 代币自动交易系统。该平台允许用户借助以太坊区块链上的点对点智能合约系统进行加密货币交易，其智能合约集是持久且不可更改的，以确保系统的抗审查性、安全性、自我监管，并能在无须可信中介的情况下运行。

Uniswap 与传统交易所的主要区别体现在以下两个方面。

一方面，与传统交易所的中心化订单簿模式不同，Uniswap 采用了去中心化的自动做市商（Automated Market Maker, AMM）机制，也被称为常数函数做市商（Constant Function Market Maker）机制，取代了中心化的价格排序订单列表。在这种机制下，流动性提供者将两种资产以特定比例存入资产池（实质上是一套智能合约），允许其他交易者直接与资产池中的资产进行交易。资产池内的资产比例变动会引起相对价格的变化，恒定乘积函数（Constant Product Function）算法能够自动调节资产价格，以保证资产池中两种代币的存量乘积保持恒定。

以资产池中的苹果和梨的交易为例，如果初始资产池含有 4 个苹果和 6 个梨，取走 2 个梨需要投入 2 个苹果，取走 2 个苹果则需要投入 6 个梨，以保持资产池的乘积恒定。这种定价机制遵循了物以稀为贵的原则，即某种代币的减少会增加其价值。

另一方面，Uniswap 是一个无须许可和不可变更的协议，与传统金融服务可能设置地理、财富或年龄等限制不同，Uniswap 服务对所有人开放，不会限制任何人的使用。用户可以自由进行交易、提供流动性或创建新市场，且交易一旦完成，任何一方都无法暂停或逆转合约。

Uniswap 放弃了传统数字交易平台的订单簿架构，转而使用基于 AMM 模型的变体——恒定乘积做市商模型。在此模型中，流动性供应商为交易提供所需的流动性储备，将等值的两种代币存入资金池中。交易者向资金池支付费用并进行交易，而这些费用随后根据供应商在资金池中的份额进行分配。

以 ETH/USDT 流动性资金池为例，资金池的 ETH 部分标为 x，USDT 部分标为 y。Uniswap 通过乘积 k（x 与 y 的乘积）来衡量资金池的总流动性，确保 k 的恒定性。这意味着无论交易规模的大小，资金池的流动性总量都保持不变。因此，价格由交易前后 x 和 y 比率的变化决定，且该模型呈非线性变化，大额交易会导致更大的价格波动。

2）非同质化代币（NFT）

NFT 已经在艺术和收藏品市场中展现出巨大潜力，为艺术家和创作者提供了一个将其作品数字化并确保其独特性和所有权的全新平台。特别是在以太坊这样的智能合约平台上，NFT 允许艺术家以独一无二的方式将他们的创作代币化，从而开辟了数字艺术和收藏品的全新维度。一个引人注目的例子便是 CryptoPunks，这是由 Larva Labs 于 2017 年创造的 10 000 个独特的数字角色。每一个 CryptoPunk 都是一个基于以太坊区块链的、独一无二的像素艺术头像，它们体现了朋克、赛博朋克，以及其他街头文化的独特风格。

CryptoPunks 不仅是以太坊上最初的 NFT 项目之一，而且还为后来的 ERC-721 NFT 标准的制定提供了灵感。ERC-721 NFT 标准定义了一套用于追踪和转移 NFT 的基本规则，使得每个 CryptoPunk 都成为以太坊上不可互换、唯一拥有的数字资产。最初，这些独特的角色是免费发放给拥有以太坊钱包的用户的，但随着 10 000 个角色迅速被认领完毕，市场上的交易成了获取它们的唯一途径。通过内置的市场机制，用户可以购买、出价或出售 CryptoPunks，市场上的动态由不同颜色的背景来表示，如蓝色表示不出售，红色表示正在出售，紫色表示有出价。

CryptoPunks 不仅是数字艺术的代表，还是以太坊区块链技术应用的典范。与比特币不同，比特币主要用于交易和存储价值，以太坊的智能合约功能允许在区块链上执行复杂的操作并永久存储执行结果。这意味着 CryptoPunks 的创造和交易过程完全去中心化，不需要信任任何中心服务器。每个 CryptoPunk 的存在和属性都被永久记录在区块链上，无法被修改，确保了其稀缺性和独特性。

CryptoPunks 的成功不仅体现在其艺术价值和文化影响力方面，还体现在它们为数字艺术和区块链技术的结合提供了一个可行模型。它们证明了区块链技术在确保数字作品的独特性和所有权方面的潜力，同时也为艺术家和收藏家提供了一个全新的展示和交易平台。随着技术的进步，CryptoPunks 的创造者甚至实现了将整个图像和属性数据完全上链，进一步巩固了其在数字艺术领域的地位。CryptoPunks 的案例展示了 NFT 如何重塑艺术和收藏品市场，预示着数字艺术未来将朝着更加多元化、开放和去中心化的方向发展。

3）去中心化自治组织（DAO）

DAO 代表了一种创新的组织治理模式，其运作完全依赖区块链技术，并通过预设的编码规则进行自我管理。这种组织模式允许成员在缺乏传统信任和担保机制的情况下进行合作，因为成员之间的互动完全建立在区块链代码之上。这些代码规定了组织的运作方式和资金的管理方式，确保所有操作都是公开和透明的。在 DAO 中，成员无须依赖传统的组织领导，而是依赖代码的公正性和透明性，因为这些代码是公开可审查和可验证的。因此，DAO 能够在不依赖中央权威的情况下运作，所有决策和交易都在区块链上公开、透明地进行，并且由于区块链账本的不可篡改性和去中心化特性，这些记录保持不变。去中心化自治组织与传统组织对比如表 2.3 所示。

表 2.3　去中心化自治组织与传统组织对比

去中心化自治组织（DAO）	传统组织
通常是平等的，并且完全民主	通常等级鲜明
需要成员投票才能实施任何更改	可能部分人就能进行决策，也可能投票表决，具体取决于组织结构
不需要可信的中间人就可以自动计算投票、执行结果	如果允许投票，则在内部计票，投票结果必须由人工处理
以去中心化方式自动提供服务（慈善基金的分配）	需要人工处理或自动集中控制，易受操纵
所有活动公开透明	活动通常私密进行，不向公众开放

　　DAO 的概念最早于 2015 年由 Dan Larimer 提出，他是 BitShares、Steemit 和 EOS 的创始人，在 2016 年，以太坊的创始人 Vitalik Buterin 对这一概念进行进一步拓展。DAO 的开源代码主要由 Christoph Jentzsch 编写并在 GitHub 上公开发布，他的兄弟 Simon Jentzsch 也在其中做出了贡献。2016 年 4 月 30 日，一个名为"The DAO"的特定 DAO 项目正式启动，并通过为期 28 天的众筹活动来筹集资金。截至 2016 年 5 月 21 日，该项目筹集的以太币价值超过 1.5 亿美元，吸引了超过 11 000 名投资者。

　　然而，在 2016 年 6 月，The DAO 遭受了一次严重的网络攻击，导致 360 万个以太币被非法转移，这笔金额约占 DAO 总资金的三分之一。这次攻击暴露了 DAO 代码中的漏洞，与递归调用相关的缺陷。这一事件在以太坊社区内引发了激烈的讨论和争议，有人认为这次攻击虽然不道德，但在技术上是合规的，因为它没有违反 DAO 的编码规则。在这次危机中，DAO 社区经理 Griff Green 组织了一个名为"白帽小组"的程序员志愿者团队，试图挽回部分资金。最终，以太坊社区在 2016 年 7 月 20 日决定执行硬分叉，将 DAO 中的资金转移到一个新的恢复地址，以便原始所有者可以兑换回他们的以太坊。这一决策导致以太坊网络出现分裂，一部分社区成员继续使用未分叉的原始以太坊网络，即今天的以太坊经典。

　　DAO 的这一经历揭示了去中心化组织在代码安全性和治理结构方面面临的挑战，同时也展示了这种组织形式的巨大潜力。它证明了区块链技术可以用于创建完全自治和透明的组织，但同时也强调了为确保安全和有效运作，对代码进行严格审查和测试的重要性。此外，The DAO 的事件还引发了对去中心化治理和法律责任的广泛讨论，这为未来的 DAO 项目提供了宝贵的经验教训。

5. 以太坊对社会的影响及未来展望

　　以太坊作为智能合约平台，拥有广泛的应用前景，其不仅在技术领域产生了深远影响，还使社会和经济体系迎来了重大变化。作为首个智能合约平台，以太坊推动了 DApp 的发展，改变了传统金融和商业模式，其基于区块链网络构建，通过智能合约实现自动化功能，无须传统中心化的中介机构介入。

　　DApp 有望提高金融包容性。传统金融体系在全球范围内仍然存在许多壁垒，许多人无法获得基本的金融服务。DApp 通过消除中间人和降低参与门槛，使任何人都能够轻松访问和使用金融工具，不受地理位置或经济状况的限制。这对于世界各国（尤其是发展中国家）居住在偏远地区的人们尤为重要，因为他们通常难以获得传统金融服务。借助 DApp，他们可以进行支付、储蓄、借贷和投资，从而参与到全球经济活动当中。

　　DApp 推动了 DeFi 的兴起。以太坊是 DeFi 的核心平台，它允许开发者构建无须传统银行或金融机构的金融服务和应用程序。这包括借贷平台、去中心化交易所、流动性协议和稳定币发行等。DeFi 的发展使个人可以在全球范围内自由存款、贷款和投资，无须借助传统金融机构，从而提高了金融包容性。以太坊引入了智能合约，智能合约可以用于自动化支付、结算和合同执行。例如，个人可以创建自动化的贷款合同，合同可根据预定条件自动执行，从而降低了交易成本并减少了潜在的人为错误。以太坊支持代币的发行，这使得实物资产（不动产、艺术品）和金融资产（股票、债券）都可以通过区块链代币化。这些代币可以更容易地进行交易、分割和跟踪，从而提高了资产的流动性和可交易性。以太坊的区块链技术有望改善跨境支付现状和提高汇款的效率。传统的国际汇款通常需要多个中介机构的介入和花费数天的时间才能完成，而以太坊可以加速这一过程，降低费用。以太坊的区块链是公开可审计的，交易数据被记录在区块链上，提高了交易的透明度。

　　DApp 支持 NFT，这是数字艺术品、虚拟土地和虚拟收藏品进行交易的基础。艺术家和内容创作者可以通过 DApp 将其作品作为 NFT 进行操作，确保对知识产权的保护和促进艺术市场的繁荣。NFT 市场迅速发展，吸引了投资者和收藏家的关注，为数字艺术和虚拟媒体创作者提供了新的收入来源。DApp 可以用于追踪商品的供应链，确保产品的来源和生产过程透明化。这有助于减少产品被伪造的可能性和提高消费者对产品的信任。供应链的透明度还有助于使更多的人更好地理解产品的生产过程，包括其可持续性和环保实践，从而推动更加可持续的供应链管理。DApp 的 DAO 模型正在改变组织和企业的治理方式。DAO 是由智能合约控制的组织，它通过代币持有者的投票来做出决策。这种模式适合社会组织、投资基金和企业治理，提高了决策的透明性和民主性。DAO 模型赋予个人更大的影响力和参与权，有助于社会更准确地反映成员的意愿和利益。DApp 还在数字身份认证、投票和选举、新兴应用和行业等领域产生了积极影响。借助去中心化的数字身份认证系统，个人可以更好地保护自己的数据隐私和安全性。DApp 也提供了去中心化的投票和选举平台，提高了选举的公正性和透明度，减少了潜在的选举舞弊现象。在新兴应用和行业方面，DApp 为开发者提供了一个开放的平台，使他们能够构建创新的解决方案，涉及游戏、医疗保健、能源管理等领域。

　　尽管 DApp 带来了许多积极的社会影响，但也面临一些挑战。其中技术难题，包括可扩展性和智能合约的安全性，是不容忽视的。此外，法律和监管问题也需要得到解决，确保 DApp 的合法性和合规性。然而，随着技术的不断发展和社会的逐渐接纳，DApp 有望继

103

续推动社会的创新和变革，为构建一个更开放、公平和包容的未来奠定基础。借助去中心化的方式，DApp 为社会赋予更多的自主权和控制权，创造了一个更具包容性的数字生态系统。

习题

一、简答题

1. 什么是区块链？请简要阐述其定义和主要特点。

2. 区块链的架构是怎样的？请描述区块链中各个组成部分的功能和作用。

3. 什么是分布式账本技术？它与传统数据库系统有什么不同？

4. 请阐述区块链中的共识机制及重要性。

5. 区块链如何确保数据的不可篡改性？

6. 什么是智能合约？请举例说明其应用场景。

7. 公有链、私有链和联盟链有什么区别？请分别说明。

8. 区块链技术中的密码学技术发挥了什么作用？请简要说明。

9. 请阐述什么是点对点网络（P2P），并说明它在区块链中的作用。

10. 区块链技术如何实现去中心化？请简要描述其原理和实现方式。

二、多选题

1. 以下哪些是区块链的主要特点？
   A. 中心化　　　　　　　　　B. 不可篡改性
   C. 透明性　　　　　　　　　D. 可编程性

2. 以下哪些是区块链技术中的核心技术？
   A. 分布式账本　　　　　　　B. 区块链浏览器
   C. 共识机制　　　　　　　　D. 智能合约

3. 以下哪些是常见的共识机制？
   A. 工作量证明（PoW）　　　B. 权益证明（PoS）
   C. 随机数生成器　　　　　　D. 权威证明（PoA）

三、判断题

1. 区块链中的每个区块都包含前一个区块的哈希值，从而保证了数据的完整性和安全性。　　　　　　　　　　　　　　　　　　　　　　（　　）

2. 在区块链中，所有节点都有同样的权限，可以随意修改数据。　　（　　）

3．智能合约是在区块链上自动执行的协议，不需要人为干预。 （ ）

4．公有链是完全开放的，任何人都可以加入和退出。 （ ）

5．联盟链通常由多个组织共同维护，适用于企业间的合作。 （ ）

四、讨论题

1．讨论区块链技术在金融领域的应用，分析其优势和挑战。

2．探讨不同类型区块链的适用场景和优缺点。

第3章

去中心化应用开发

3.1 Solidity 编程语言

Solidity 是一种用于编写智能合约的编程语言，它针对 EVM 设计，是一种图灵完备的编程语言，该语言由 Ethereum 官方设计和支持，专门用于编写智能合约。

3.1.1 Solidity 开发环境

在学习 Solidity 编程语言和开发智能合约的过程中，选择合适的开发环境是至关重要的一步。为了便于快速入门并有效地开发 Solidity 智能合约，我们强烈推荐使用 Remix。

1．使用 Remix 进行开发

Remix 是一个功能强大的开放源代码工具，支持在线使用，专为 Solidity 语言的智能合约开发而设计。它具备简洁直观、易于操作的交互界面，同时集成了丰富多样的实用功能，使得开发、测试和部署智能合约的流程变得简单快捷。

优点：无须安装任何软件，直接通过浏览器访问 Remix 官方网站即可进行开发。

2．选择命令行编译器 solc

对于需要处理大型合约或者需要更多编译选项的高级用户，命令行编译器 solc 提供了一个更加灵活的选择。solc 允许用户在本地计算机上编译智能合约，提供了更丰富的控制和配置选项。solc 的安装指导可以通过 Solidity 官方文档获取，包括如何在不同操作系统上安装 solc。

3．Remix IDE 本地版本

对于那些喜欢在本地环境中工作的开发者，Remix 也提供了一个本地 IDE 版本，开发者可以在没有互联网连接的情况下使用。获取 Remix IDE 本地版本需要访问 Remix-IDE

GitHub 发布页下载最新版本的应用程序。

无论开发者是刚开始学习 Solidity 编程语言，还是已经具备丰富的经验，使用 Remix 和 solc 编译器都能为开发工作带来便利。在线版本的 Remix 为初学者和轻量级项目提供了极大的便利性，而 solc 和 Remix IDE 的本地版本则满足了那些寻求更多控制和高级功能的用户的需求。

3.1.2　Solidity 编程语言的特点

本书总结了 Solidity 编程语言的几个特点，帮助读者更好地将它与其他流行的编程语言进行比较，并理解其核心概念。

1．静态类型语言

Solidity 是一种静态类型语言，这意味着在创建变量时，必须预先指定变量的数据类型。在后续使用过程中，只能将与指定类型匹配的数据赋值给该变量。此外，Solidity 编程语言中的变量具有函数作用范围，也就是说，变量在函数中的声明位置决定了它在整个函数内的适用范围。静态类型语言的编译器在编译期间进行类型检查，可以在代码运行之前发现潜在问题，从而提高代码的稳定性和可维护性。因此，Solidity 作为静态类型语言，非常适合编写具有高度可靠性的智能合约。

2．面向对象编程

107

Solidity 编程语言支持面向对象编程，具有封装、继承、抽象和多态四大特性。

1）封装

封装是将对象的相关数据和方法集中管理的一种编程机制。在智能合约中，封装可以限制对合约内部状态的访问权限，防止未经授权的访问和修改，从而确保合约的安全性和正确性。利用公开方法（接口），其他人可以与合约进行交互，而无须了解合约内部的实现细节。合约调用包括函数调用和消息调用，函数调用是在合约内部或外部执行特定代码的方式；消息调用允许程序与其他地址空间（网络中的另一台机器）进行通信。

2）继承

继承是允许一个合约从另一个合约继承属性和方法的机制，支持层次化的结构。在 Solidity 编程语言中，继承有助于代码复用和增强代码的可维护性。Solidity 编程语言支持多重继承，这意味着一个合约可以从多个父合约继承属性和方法。在继承过程中，如果一个合约从多个父合约继承了同名函数，除非明确指定合约名称，否则总是优先调用最远的派生函数。

3）抽象

Solidity 编程语言支持抽象合约的概念。抽象合约包含至少一个未实现的函数，因此不能直接实例化，通常用作基类供其他合约继承。如果一个合约继承了抽象合约但没有实现所有未实现的函数，它仍然被视为抽象合约。抽象合约的存在使得合约的定义与实现分离，提高了代码的可扩展性和自文档性，同时减少了代码重复的现象。

4）多态

多态性允许同一个函数或变量在不同上下文中表现出不同的行为。在 Solidity 编程语言中，多态性主要体现在函数多态性和合约多态性两个方面。

（1）函数多态性：也称为方法重载，指的是在同一合约或继承的合约中可以声明多个具有相同名称但参数不同的函数。函数的行为依据参数数量或类型的差异而有所不同。

（2）合约多态性：当合约通过继承机制相互关联时，多个合约实例可以互换使用。这种多态性允许通过父合约的实例调用子合约的函数。

3.1.3　Solidity 编程语言的基本语法

1. 通用指令

1）声明编译器版本

在编写 Solidity 编程语言合约时，通常在文件的首行声明所使用的编译器版本。这一做法有助于防止在不兼容的编译器之间传递代码时产生不必要的错误。编译器的版本号格式通常采用"0.x.0"或"x.0.0"。本书中使用 Solidity 0.8.22 版本作为示例进行代码编写。

声明编译器版本的代码如下：

```
pragma solidity ^0.8.22;
```

2）导入外部文件

Solidity 编程语言支持借助 import 语句引入外部文件，增强代码的模块化特性。在全局范围内导入文件的基本语法如下，它会将"filename"文件中的所有全局符号导入当前作用域中：

```
import "filename";
```

如果希望将文件中引入的所有符号映射到一个新的全局符号，使用的基本语法如下，这个操作会创建一个新的全局符号 symbolName，其成员全部来自 filename：

```
import * as symbolName from "filename";
```

Solidity 还支持使用与 JavaScript 的 ES6 标准类似但更简洁的语法来实现同样的功能：

```
import" filename"as symbolName;
```

此外，还可以为文件中的符号创建多个新的全局符号。以下语法创建了新的全局符号 alias 和 symbol2，它们分别对应 filename 中的 symbol1 和 symbol2：

```
import {symbol1 as alias, symbol2} from "filename";
```

3）代码注释

在 Solidity 编程语言中，注释分为单行注释和多行注释两种形式。

（1）单行注释：使用//，例如：

```
// 这是一个单行注释
```

（2）多行注释：使用/*...*/，例如：

```
/*
这是一个
多行注释
*/
```

2. 开始编写合约

1）定义合约

在 Solidity 编程语言中，合约的概念与其他编程语言中的类（class）相似，本质上是一种数据类型，被称为合约类型。使用 contract 关键字可以定义一个合约。以下是一个名为 Counter 的简单合约示例：

```solidity
// SPDX-License-Identifier: MIT
pragma solidity ^0.8.22;

// 定义一个计数器合约
contract Counter {
    uint public counter;
// 状态变量，用于存储计数值

// 构造函数，初始化计数值为0
    constructor() {
        counter = 0;
    }

// 增加计数值
    function count() public {
        counter += 1;
    }

// 获取当前计数值
    function get() public view returns (uint) {
        return counter;
    }
}
```

合约具有以下几个重要特性。

（1）唯一地址：部署到区块链上的每个合约都有一个唯一的地址，该地址用于标识和访问该合约。

（2）组成结构：合约由状态变量（用于存储数据）和合约函数（用于操作数据）组成。

（3）扩展功能：合约还可以定义事件、自定义类型等内容，这些将会在后续内容中进行讨论。

由于构造函数在合约中发挥特殊作用，下面对此进行简单介绍。

构造函数是在创建合约时执行的一个特殊函数，其作用主要是用来初始化合约，由 constructor 关键字声明。

如果没有初始化代码也可以省略构造函数（此时，编译器会添加一个默认的构造函数 constructor() public {}）。

状态变量的初始化，也可以在声明时进行指定，未指定时，默认为 0。

下面是一个构造函数的示例代码：

```
// SPDX-License-Identifier: MIT
pragma solidity ^0.8.22;

contract Base {
    uint x;
// 状态变量x
    address owner;
// 合约所有者的地址

// 构造函数，初始化x和owner
    constructor(uint _x) public {
        x = _x;
        owner = msg.sender;
// 初始化合约所有者为部署合约的地址
    }
}
```

2）变量与函数的可见性

在 Solidity 编程语言中，函数和状态变量的可见性可以通过以下四种修饰符进行控制：public、external、internal 和 private。变量与函数的可见性如表 3.1 所示，该表格列出了这些修饰符的访问权限。

表 3.1 变量与函数的可见性

修饰符	函数可见性	变量可见性	当前合约内可访问	派生合约可访问	外部访问
public	√	√	√	√	√
external	√	×	×	×	√
internal	√	√	√	√	×
private	√	√	√	×	×

（1）public。

① 函数和状态变量都可以被合约内部和外部调用。

② 对于状态变量，Solidity 编程语言会自动创建一个同名的访问器函数以获取状态变量的值。

（2）external。

① 只能修饰函数，不能修饰状态变量。

② 声明为 external 的函数只能从合约外部调用。若需要在合约内部调用 external 函数，需要使用 this.func()，而不能直接调用 func()。

（3）internal。

① 函数和状态变量只能在当前合约及派生合约中访问。

② 不能从合约外部调用。

（4）private。

① 函数和状态变量只能在定义它们的合约内部进行访问。

② 无法从合约外部或派生合约中进行访问。

3）定义变量

在 Solidity 编程语言中，变量需要在声明时指定类型，因为 Solidity 编程语言是一种静态类型语言。变量的定义格式为：变量类型 [变量可见性] 变量名。其中，变量可见性是可选的，默认可见性为 internal。下面是一个示例：

```
uint public counter;
```

这行代码声明了一个可以被公开访问的状态变量 counter，其数据类型为 uint（一个 256 位的无符号整数）。

在合约中定义的变量通常会在区块链上分配一个存储单元，这些变量共同构成了整个区块链网络的状态，因此被称为状态变量。

Solidity 编程语言中有两个特殊类型的变量：常量（constant）和不可变量（immutable）。这两者都不在区块链上分配存储单元。

（1）常量（constant）。

① 在编译时确定其值。

② 存储在编译时的常量池中，不占用区块链上的存储空间。

③ 语法示例：

```
pragma solidity ^0.8.22;

contract C {
    uint constant x = 32 * 22 + 8;
    string constant text = "abc";
}
```

（2）不可变量（immutable）。

① 在合约部署时确定其值。

② 不可变量的值被追加到运行时的字节码中，不占用区块链上的存储空间。

③ 语法示例：

```
contract Example {
    uint immutable decimals;
    uint immutable maxBalance;

    constructor(uint _decimals, address _reference) public {
        decimals = _decimals;
        maxBalance = _reference.balance;
    }
}
```

4）定义函数

在 Solidity 编程语言中，函数用于定义合约的行为。函数的定义包括以下格式：

```
function 函数名(<参数类型> <参数名>) <可见性> <状态可变性> [returns(<返回类型>)] {
    // 函数体
}
```

例如，以下代码定义了一个名为 count 的函数：

```
function count() public {
    counter = counter + 1;
}
```

在这个例子中，public 表示 count 函数可以被公开访问。该函数的作用是将 counter 状态变量加 1。因为函数修改了区块链状态，所以调用它需要凭借交易执行，且必须消耗 Gas。

（1）函数参数。函数的参数声明方式与变量相似。例如，定义一个 addAB 函数接受两个 uint 参数并对 counter 进行操作：

```
function addAB(uint a, uint b) public {
    counter = counter + a + b;
}
```

（2）函数返回值。返回值与参数类似，能够在函数体内赋值或直接在 return 语句中提供。可以在函数定义中指定返回值的类型，或同时指定类型和名称。例如：

```
function addAB(uint a, uint b) public returns (uint result) {
    counter = counter + a + b;
    result = counter; // 或者使用 return counter;
}
```

返回值可以单纯指定类型，也可以在一个函数中返回多个值。

（3）状态可变性。Solidity 编程语言函数的状态可变性通过修饰符定义，主要包括以下三个关键字。

① view：视图函数。此类型函数只能读取状态变量，不能修改状态。

② pure：纯函数。此类型函数既不能读取状态变量，也不能修改状态。

③ payable：支付函数。可以接收以太币。如果未指定，函数将拒绝接收以太币。

函数状态的可变性如表 3.2 所示。

表 3.2　函数状态的可变性

修饰符	作用	特点
view	视图函数	只能读取状态变量，不能修改状态
pure	纯函数	既不能读取状态变量，也不能修改状态
payable	支付函数	可以接收以太币，未指定时自动拒绝接收以太币

（4）视图函数。视图函数可以在不修改区块链状态的情况下执行，调用时不会消耗 Gas。如果视图函数在修改状态的函数中被调用，则会消耗 Gas。示例代码：

```
function cal(uint a, uint b) public view returns (uint) {
    return a * (b + 42) + block.timestamp;
}
```

public 状态变量会自动生成一个外部视图函数（访问器），例如：

```
pragma solidity ^0.8.22;

contract C {
    uint public data = 42;
}
```

会生成如下函数：

```
function data() external view returns (uint) {
    return data;
}
```

（5）纯函数。纯函数不读取或修改状态，只用于计算。纯函数使用 pure 修饰符定义，例如：

```
// SPDX-License-Identifier: MIT
pragma solidity ^0.8.22;

contract C {
    function f(uint a, uint b) public pure returns (uint) {
        return a * (b + 42);
    }
}
```

（6）总结。

① 函数参数：类似变量声明。

② 函数返回值：可以指定类型和名称。

③ 状态可变性：利用 view、pure 和 payable 修饰函数行为。

④ 视图函数：在读取状态下不消耗 Gas。

⑤ 纯函数：只用于计算，不读取或修改状态。

3. 数据类型

Solidity 是一种静态类型语言，要求在编译期间指定变量的数据类型。Solidity 编程语言的数据类型主要分为两大类：值类型和引用类型。

1）值类型

值类型直接将数据（值）存储在内存中。Solidity 提供的主要值类型包括布尔类型（bool）、无符号整数类型（uint）、有符号整数类型（int）、地址类型（address）、字节类型（byte）、枚举类型（enum），下面主要介绍前三种。

（1）布尔类型（bool）。布尔类型的关键字是 bool，其取值为 true 或 false，支持以下几种运算符：逻辑非（!）、逻辑与（&&）、逻辑或（||）、等于（==）、不等于（!=）。

注意：&& 和 || 运算符遵循短路规则，即在 $f(x) \parallel g(y)$ 中，如果 $f(x)$ 为 true，则 $g(y)$ 不会被执行。

（2）整数类型（uint / int）。整数类型用于表示数值。Solidity 编程语言支持多种位数的整型。

① 无符号整数类型（uint）：从 uint8 到 uint256，其中 uint 默认为 uint256。

② 有符号整数类型（int）：从 int8 到 int256，其中 int 默认为 int256。

例如，uint32 的取值范围是从 0 到 $2^{32} - 1$。选择合适的整数类型可以节省内存空间并满足需求。

示例：

```
pragma solidity ^0.8.22;

contract Counter {
    uint public counter; // 默认为 uint256
}
```

整数类型支持的运算符如表 3.3 所示。

表 3.3　整数类型支持的运算符

运算符	<=	<	==	!=	>=	>	&	`	^
运算	小于或等于	小于	等于	不等于	大于或等于	大于	按位与	按位	按位异或
运算符	~	+	-	*	/	%	**	<<	>>
运算	按位取反	加	减	乘	除	取余	幂	左移	右移

注意：整数类型除法会进行截断取整，且除数为 0 时会出现错误。

（3）地址类型。地址类型用于存储以太坊网络中的唯一标识。Solidity 编程语言提供以下两种地址类型。

① address：用于存储以太坊地址。

② address payable：可用于接收以太币，包括 transfer 和 send 方法。

例如，将 address 转换为 address payable：

```
address payable ap = payable(addr);
```

获取并存储用户地址的示例：

```
contract TestAddr {
    address public user;

    function getUserAddress() public {
        user = msg.sender;
    }
}
```

转账操作示例：

```
pragma solidity ^0.8.22;

contract testAddr {

    // 如果合约余额大于或等于10，且目标地址x的余额小于10，则向x转账10 wei
    function testTrasfer(address payable x) public {
        address myAddress = address(this);
        if (x.balance < 10 && myAddress.balance >= 10) {
            x.transfer(10);
        }
    }
}
```

地址类型支持类似整数类型的比较运算，如 == 和 !=：

```
function _onlyOwner() internal view {
    require(owner() == msg.sender, "Caller is not the owner");
    _;
}

function transferOwnership(address newOwner) public onlyOwner {
    require(newOwner != address(0), "New owner cannot be zero address");
    // 其他逻辑
}
```

2）引用类型

在 Solidity 编程语言中，引用类型被用于存储对数据的引用，即一个指向数据实际存储位置的指针。由于引用类型通常用于存储较大或结构复杂的数据，它们在内存中的存储方式能有效减少运算和交易的成本。引用类型包括数组、字符串与字节、结构体和映射。

（1）数组。在 Solidity 编程语言中，数组是用于存储相同类型元素的有序集合。Solidity 编程语言支持以下两种数组类型。

① 固定长度数组（静态数组）：在声明时确定数组长度，该长度是不可更改的，但可以修改已有的元素值。

② 动态长度数组：长度不固定，可以添加或移除元素。

固定长度数组的声明与初始化：

```
contract TestArray {
    uint[10] public fixedArray;        // 定义一个固定长度为10的数组
    uint[2] myArray = [4, 6];          // 初始化固定长度数组
}
```

动态长度数组的声明与初始化：

```
contract TestArray {
    uint[] public dynamicArray; // 声明动态长度数组

    function initializeArray() public {
        dynamicArray = new uint ;      // 初始化长度为2的动态数组，初始值为0
        dynamicArray.push(123);        // 向数组末尾添加元素
    }

    function modifyArray() public {
        dynamicArray.push(456);        // 添加更多元素
        dynamicArray.pop();            // 删除数组末尾元素
        delete dynamicArray[1];        // 将指定索引元素置为零值
    }

    function getElement(uint index) public view returns (uint) {
        return dynamicArray[index]; // 查询指定索引的元素
    }

    function getLength() public view returns (uint) {
        return dynamicArray.length; // 获取数组长度
    }
}
```

（2）字符串与字节。在 Solidity 编程语言中，存在以下两种特殊的数组类型。

① string 类型：用于表示字符串，它是一个动态数组，不支持 push 和 pop 方法。

② bytes 类型：是一个动态大小的字节数组，类似 byte[]，但更适合处理原始字节数据，支持 push 和 pop 方法。

示例代码：

```
contract TestStringBytes {
    bytes public bs0 = "12abcd";        // 声明并初始化bytes数组
    bytes public bs1 = "abc\x22\x22";   // 使用十六进制表示字符
    bytes public bs2 = "Tiny\u718A";    // 使用Unicode编码表示字符

    string public str1 = "TinyXiong";   // 声明并初始化字符串

    string public name;
    function setName(string calldata _name) public {
        name = _name;               // 设置字符串值
    }
}
```

注意：string 和 bytes 不支持通过下标索引进行访问，访问字符的 UTF-8 编码可能会导致字符被拆分，特别是涉及多字节字符时。

（3）结构体。结构体是一种自定义数据类型，可以包含多个成员。成员可以是基本数据类型、数组、映射或其他结构体。

结构体定义和使用示例：

```
contract SimpleStruct {
    struct Book {
        string title;
        string author;
        uint book_id;
    }

    struct Student {
        string name;
        int num;
    }

    struct Class {
        string clsName;
        Student[] students;
        mapping(string => Student) index;
    }

    // 创建并初始化结构体
    Book public myBook = Book("Title", "Author", 1);

    function createStudent() public pure returns (Student memory) {
        return Student("John Doe", 101);
    }

    function updateBook(string memory newTitle) public {
        myBook.title = newTitle;
    }
}
```

117

可以利用直接初始化和具名初始化两种方式来创建结构体。

直接初始化：

```
Book memory book = Book("Title", "Author", 1);
```

具名初始化：

```
Book memory book = Book({title: "Title", author: "Author", book_id: 1});
```

（4）映射。映射是一种键值对的数据结构，用于存储数据和检索数据。映射的键可以是任何内置的数据类型，值可以是任何类型，包括另一个映射。映射只能存储在 storage 中且不具备可迭代性。

映射定义和使用示例：

```
contract TestMapping {
    mapping(address => uint) public balances;        // 从地址到uint的映射

    function setBalance(address user, uint amount) public {
        balances[user] = amount;                     // 设置用户余额
    }

    function getBalance(address user) public view returns (uint) {
        return balances[user];                       // 获取用户余额
    }
}
```

4. 合约类型

在 Solidity 编程语言中，合约本身是一种数据类型，通过 contract 关键字进行定义。每个合约都可以在区块链上创建并部署实例，类似面向对象编程中的类和对象概念。

1）合约定义与部署

（1）合约定义示例。

```
pragma solidity ^0.8.22;

contract Hello {
    function sayHi() public view returns (uint) {
        return 10;
    }
}
```

在上述示例中，我们定义了一个名为 Hello 的合约，其中包含一个 sayHi 函数，该函数返回一个 uint 类型的值 10。

（2）合约部署与调用示例。以下示例展示了如何在另一个合约中部署 Hello 合约并调用该合约的方法：

```
pragma solidity ^0.8.22;
```

```
contract Hello {
    function sayHi() public view returns (uint) {
        return 10;
    }
}

contract HelloCreator {
    uint public x;
    Hello public h;

    // 部署 Hello 合约实例并返回其地址
    function createHello() public returns (address) {
        h = new Hello();
        return address(h);
    }

    // 调用 Hello 合约中的 sayHi 函数
    function callHi() public returns (uint) {
        x = h.sayHi();
        return x;
    }
}
```

在这个示例中：

① 创建合约实例：createHello 函数使用 new Hello()创建一个新的 Hello 合约实例，并将该实例的地址赋值给状态变量 *h*。该函数返回新合约的地址。

② 调用合约函数：callHi 函数通过合约实例 h 调用 sayHi 函数，并将返回值存储在 x 中。

2）获取合约类型信息

Solidity 编程语言提供了一些指令来获取合约的类型信息。这些指令对于调试和检索合约的元数据非常有用。获取合约类型信息的指令如表 3.4 所示。

表 3.4　获取合约类型信息的指令

指令	作用
type(C).name	获取合约的名字
type(C).creationCode	获取合约创建时的字节码
type(C).runtimeCode	获取合约运行时的字节码

使用示例：

```
pragma solidity ^0.8.22;

contract Info {
    function getContractInfo() public pure returns (string memory, bytes memory, bytes memory) {
        return (
```

```
            type(Hello).name,              // 合约的名字
            type(Hello).creationCode,      // 合约创建时的字节码
            type(Hello).runtimeCode        // 合约运行时的字节码
        );
    }
}
```

在这个示例中，getContractInfo 函数返回 Hello 合约的名字、合约创建时的字节码和合约运行时的字节码。

3）实现合约功能

（1）合约如何接收以太币。在 Solidity 编程语言中，合约需要明确声明自身能够接收以太币。主要有两个特殊的回调函数用于处理以太币的接收：

① receive 函数：该函数专门用于接收以太币。每个合约只能有一个 receive 函数。

② fallback 函数：在合约中找不到用户调用的函数时，此函数被触发，也可以用于接收以太币。若 receive 函数不存在或不符合条件，则 fallback 函数将被调用。

声明 receive 函数和 fallback 函数的示例：

```
pragma solidity ^0.8.22;

contract PayableContract {
    // 接收以太币的函数
    receive() external payable {
    // 可以在这里添加逻辑处理接收的以太币
    }

    // 当接收到以太币但没有匹配的函数调用时执行
    fallback() external payable {
    // 可以在这里添加处理逻辑
    }

    // 可以接收以太币的函数
    function deposit() public payable {
    // 函数体
    }

    // 构造函数，合约部署时可以接收以太币
    constructor() payable {
    // 构造函数体
    }
}
```

在上述示例中，receive 函数负责处理直接发送到合约的以太币，而 fallback 函数负责处理未匹配的函数调用和以太币的接收。deposit 函数和构造函数也可以接收以太币，前提是它们具备 payable 修饰符。

（2）函数修改器（Modifier）。函数修改器是一种特殊的函数，可以在函数调用之前插入自定义逻辑，以实现功能扩展或进行条件检查。函数修改器的语法结构使用 modifier 关键字，通常包含一个特殊符号 _ ，该符号表示函数体的位置。

定义和使用函数修改器的示例：

```solidity
pragma solidity ^0.8.22;

contract Owned {
    address public owner;

    // 构造函数，设置合约的拥有者
    constructor() {
        owner = msg.sender;
    }

    // 修改器，检查调用者是否为合约拥有者
    modifier onlyOwner() {
        require(msg.sender == owner, "Only owner can call this function.");
        _;
    }

    // 使用修改器限制权限
    function transferOwner(address _newOwner) public onlyOwner {
        owner = _newOwner;
    }
}

contract TestModifier {
    // 修改器，检查年龄是否大于或等于22
    modifier over22(uint age) {
        require(age >= 22, "Age must be 22 or older.");
        _;
    }

    // 使用修改器限制函数调用
    function marry(uint age) public over22(age) {
    // 函数体
    }
}

contract Mortal is Owned {
    // 只有拥有者才可以调用的函数
    function close() public onlyOwner {
        selfdestruct(payable(owner));
    }
}
```

说明如下：

① onlyOwner 修改器用于确保函数只能由合约的拥有者调用。

② over22 修改器用于检查年龄是否大于或等于 22。

③ Mortal 合约继承了 Owned 合约，并将 onlyOwner 修改器应用于 close 函数，确保只能由拥有者调用。

（3）事件（Event）。事件用于在区块链上生成日志，这些日志可以被区块链下的应用程序或服务监听，以获取合约状态变化的信息。事件声明使用 event 关键字，触发事件使用 emit 关键字。

事件的声明和触发示例：

```solidity
pragma solidity ^0.8.22;

contract TestEvent {
    event Deposit(address _from, uint _value);        // 定义事件

    function deposit(uint value) public {
        emit Deposit(msg.sender, value);              // 触发事件
    }
}
```

这段代码定义了一个名为 Deposit 的事件并在 deposit()函数中触发该事件。在 Remix 中调用 deposit()函数生成日志。调用 deposit()函数触发事件如图 3.1 所示。

从日志中我们可以获取被记录的这一事件来自哪一个合约，以及事件本身的信息和相关参数信息。

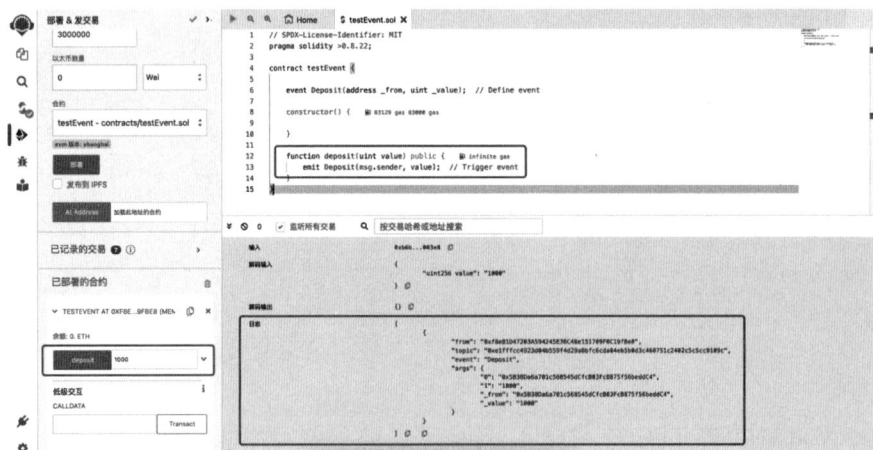

图 3.1　调用 deposit()函数触发事件

在定义事件时，我们可以给某些事件参数加上 indexed，例如：

event Deposit(address indexed _from, uint _value);   // 定义事件

indexed 的效果相当于给事件添加索引，有助于提高检索数据的效率。

要从外部获取以太坊内部的事件信息，通常有三种方式：通过交易收据获取事件，使用过滤器获取过去事件，使用过滤器获取实时事件。

如果我们知道交易的 Hash，就可以通过交易收据查看交易的完整日志。获取交易收据的程序可以使用 JSON-RPC 提供的 eth_gettransactionreceipt 方法编写，也可以直接使用 JSON-RPC 的包装库如 Web3.js、ethers.js 等。Remix 内嵌了 Web3.js 和 ethers.js 库，使用 Remix 获取交易收据时可以直接在 Remix 控制台输入 web3.eth.getTransactionReceipt(hash)，通过交易收据查看交易日志如图 3.2 所示。

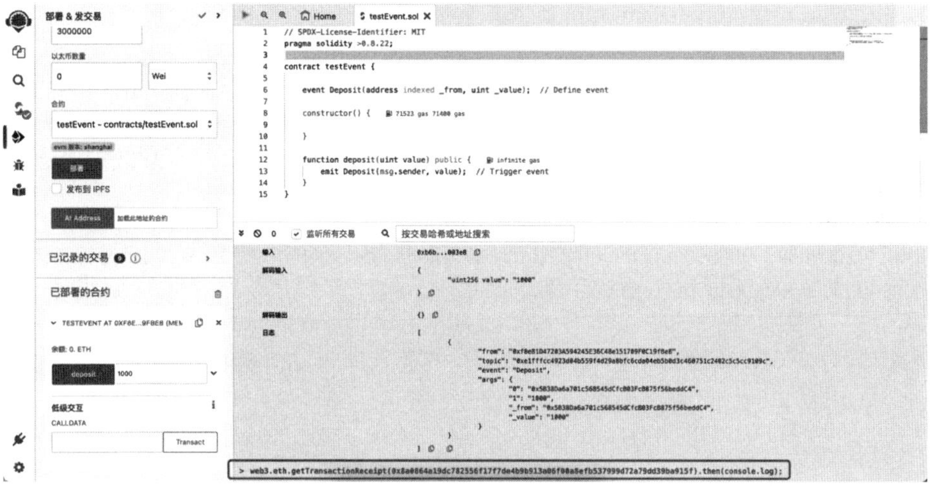

图 3.2　通过交易收据查看交易日志

获取到的收据信息如下：

```
{
"transactionHash":"0x8a0864a19dc782556f17f7de4b9b913a06f00a8efb537999d72a79dd39ba915f",
"transactionIndex":0,
"blockHash":"0xd0e5af13c7f797e632e9d716fbcd0363f2c5352da45b94833740cd8bba4cfe63",
"blockNumber":8,
"gasUsed":22748,
"cumulativeGasUsed":22748,
"logs":[
{
"logIndex":1,
"blockNumber":8,
"blockHash":"0xd0e5af13c7f797e632e9d716fbcd0363f2c5352da45b94833740cd8bba4cfe63",
"transactionHash":"0x8a0864a19dc782556f17f7de4b9b913a06f00a8efb537999d72a79dd39ba915f",
"transactionIndex":0,
"address":"0xf8e81D47203A594245E36C48e151709F0C19fBe8",
"data":"0x0000000000000000000000005b38da6a701c568545dcfcb03fcb875f56beddc40000000000000000
000000000000000000000000000000000000000000003e8",
"topics":[
"0xe1fffcc4923d04b559f4d29a8bfc6cda04eb5b0d3c460751c2402c5c5cc9109c"
```

```
    ],
    "id":"log_6057813a"
    }
    ],
    "status":true,
    "to":"0xf8e81D47203A594245E36C48e151709F0C19fBe8"
    }
```

事件触发的日志被保存记录在 logs 字段下：

```
[
{
"logIndex":1,
"blockNumber":8,
"blockHash":"0xd0e5af13c7f797e632e9d716fbcd0363f2c5352da45b94833740cd8bba4cfe63",
"transactionHash":"0x8a0864a19dc782556f17f7de4b9b913a06f00a8efb537999d72a79dd39ba915f",
"transactionIndex":0,
"address":"0xf8e81D47203A594245E36C48e151709F0C19fBe8",
"data":"0x0000000000000000000000005b38da6a701c568545dcfcb03fcb875f56beddc40000000000000000000000000000000000000000000000000000000000003e8",
"topics":[
"0xe1fffcc4923d04b559f4d29a8bfc6cda04eb5b0d3c460751c2402c5c5cc9109c"
],
"id":"log_6057813a"
}
],
```

Logs 是一个数组，包含函数触发的全部事件的记录，每一个事件记录包含 address、topics 和 data。

过滤器获取过去发生的事件是使用 JSON-RPC 的 eth_getLogs 完成的，其中 Web3.js 对应的接口为 getpastlogs，Ethers.js 对应的接口为 getLogs。示例代码如下：

```
web3.eth.getPastLogs({
    address: "0xd9145CCE52D386f254917e481eB44e9943F39138",
    topics: ["0xe1fffcc4923d04b559f4d29a8bfc6cda04eb5b0d3c460751c2402c5c5cc9109c"]
})
.then(console.log);
```

getLogs 的参数是过滤所需的条件，如区块高度区间、合约地址等。

过滤器获取实时发生的事件是使用 JSON-RPC 的 eht_subscribe 订阅方法完成的，Web3.js 对应的接口是 web3.eth.subscribe，Ethers.js 在 Provider 使用 on 进行监听。需要指出的是，实现实时订阅方法需要向节点建立 Web Socket 长连接。

Web3.js 示例：

```
const web3 = new Web3("ws://localhost:8545");

var subscription = web3.eth.subscribe('logs', {
```

```
        address: '0x123456..',
        topics: ['0x12345...']
}, function(error, result){
        if (!error)
                console.log(result);
});
```

Ethers.js 示例：

```
let provider = new ethers.providers.WebSocketProvider('ws://127.0.0.1:8545/')

filter = {
        address: "0x123456",
        topics: [
                '0x12345...' // utils.id("Deposit(address,uint256)")
        ]
}
provider.on(filter, (log, event) => {
        //
})
```

JSON-RPC 的包装库也提供更高层的方法监听事件，可以使用 Web3.js，用 abi 创建合约实现，监听 Deposit 事件的方法如下：

```
var abi = /* 编译器生成的abi */;
var addr = "0x1234...ab67"; /* 合约地址 */
var contractInstance = new web3.eth.contract(abi, addr);


// 通过传一个回调函数来监听  Deposit
contractInstance.event.Deposit(function(error, result){
// result会包含除参数外的一些其他信息
        if (!error)
                console.log(result);
});
```

如果需要过滤 indexed 字段建立索引，给事件提供一个额外的过滤参数即可：

```
contractInstance.events.Deposit({
        filter: {_from: ["0x.....", "0x..."]}, // 过滤某些地址
        fromBlock: 0
}, function(error, event){
        console.log(event);
})
```

事件的使用还有一些其他合适的应用场景，如合约中没有使用某一变量，应该考虑用事件存储数据；如果需要完整的交易历史，应该使用事件，事件是一类"只写的数据库"。

（4）错误处理。在 Solidity 中，错误处理主要通过 require、assert 和 revert 三种机制来实现。它们各自用于不同的场景，确保合约在发生错误时能够正确地处理或回滚状态。

① require 函数。require 函数用于在执行合约时检查条件是否满足，如果条件不满足，则会撤销状态更改，并返回剩余的 Gas。其通常用于验证函数输入、合约状态及外部调用的返回值。require 函数的形式如表 3.5 所示。

表 3.5　require 函数的形式

形式	含义
require(bool condition)	如果条件不满足，则撤销状态更改
require(bool condition, string memory message)	如果条件不满足，则撤销状态更改，并提供错误消息

require 的使用代码示例如下：

```
pragma solidity ^0.8.22;

contract TestRequire {
    address public owner;

    constructor() {
        owner = msg.sender;
    }

    function vote(uint age) public {
        require(age >= 18, "You must be at least 18 years old to vote.");
        // 投票逻辑...
    }

    function transferOwnership(address newOwner) public {
        require(msg.sender == owner, "Caller is not the owner.");
        owner = newOwner;
    }
}
```

说明如下：

require(age >= 18)：确保投票者年龄至少为 18 岁。

require(msg.sender == owner)：确保只有合约拥有者才能转移所有权。

② assert 函数。assert 函数用于内部逻辑检查，假定检查条件应该始终为真。如果条件不满足，表明合约存在不可恢复的错误，通常会触发 Panic 类型的异常。在 0.8.0 及之后版本中，assert 会使用 revert 操作码回滚交易，剩余未使用的 Gas 会退还给交易发起者。

示例代码：

```
pragma solidity ^0.8.22;

contract TestAssert {
    bool public initialized;

    function checkInitialization() internal {
        // 确保 initialized 为 false，否则视为错误
```

```
        assert(!initialized);
        // 其他逻辑...
    }
}
```

说明如下：

assert(!initialized)：检查 initialized 是否为 false，如果不为 false 则视为逻辑错误。

③ revert 函数。revert 函数用于显式撤销交易，并回滚状态，功能与 require 类似，但语法上更灵活。可以提供一个解释性的字符串，帮助调试和错误追踪。revert 的两种形式如表 3.6 所示。

表 3.6　revert 的两种形式

形式	含义
revert()	撤销交易，不提供错误消息
revert(string memory reason)	撤销交易，并提供一个解释性的字符串

示例代码：

```
pragma solidity ^0.8.22;

contract TestRevert {
    function withdraw(uint amount) public {
        if (amount > address(this).balance) {
            revert("Insufficient funds.");
        }
        // 提现逻辑...
    }
}
```

说明如下：

revert("Insufficient funds.")：如果请求提现的金额大于合约余额，则撤销交易，并返回错误消息。

（5）继承。继承作为智能合约的重要特性，合理地使用可以带来许多便利，如使用继承时，代码可以重用、不需要重复编写，方便扩展和定制父合约的功能，能够建立合约之间清晰的层次关系、提高维护性和可读性等。或者说，继承把各个合约拥有的功能集合起来，作为统一接口在父合约里提供，让所有的子合约都可以直接使用。

Solidity 使用关键字 is 表示合约的继承关系。

```
pragma solidity ^0.8.22;

contract Base {
    uint public a;
}
```

```
// highlight-next-line
contract Sub is Base {
    uint public b ;
    constructor() {
        b = 2;
    }
}
```

把这段代码中的 Sub 合约部署上链，子合约属性的继承如图 3.3 所示，可以看到 Sub 合约有两个属性，其中 a 继承自父合约 Base。

需要指出的是，子合约或者称派生合约部署时，父合约并不会被连带部署。

图 3.3　子合约属性的继承

（6）接口及合约交互。接口（interface）定义了一组抽象方法的规范，保证了一组合约功能和代码的一致性，但并不提供这些方法的具体实现。方法的实现需要借助抽象合约，抽象合约的关键字是 abstract contract，它们被创建只是为了在合约之间建立清晰的结构关系，并不会真实地被部署。抽象合约可以实现一个或多个接口，以满足接口定义的方法要求。

接口的主要作用是规范行为和解耦合。接口可以让我们确保一组合约拥有相同的方法，并且这些方法的功能和行为是一致的，从而增强代码的一致性和可预测性。接口能够将方法的定义与合约的具体实现分开，因此我们可以基于接口进行合约之间的互相调用，而不是依赖具体的实现。

Solidity 定义接口的关键字是 interface，下面是定义接口的示例代码：

```
pragma solidity ^0.8.22;

interface ICounter {
    function increment() external;
}
```

接口不是合约，它内部只有函数的声明，没有可以实现的函数，也不能与其他接口构成继承，没有构造方法，也没有状态变量。

接口是实现复杂功能的重要工具，我们通常利用接口调用合约以实现功能。假设链上已经部署了一个 Counter 合约，合约地址为 0xabcd...，源代码文件为 Counter.sol，示例代码如下：

```
pragma solidity ^0.8.22;

contract Counter is ICounter {
    uint public count;

    function increment() external override {
        count += 1;
    }
}
```

在合约中调用链上 Counter 合约的 increment()方法如下：

```
import "./ICounter.sol";

contract MyContract {
    function incrementCounter(address _counter) external {
        ICounter(_counter).increment();
    }
}
```

代码 "ICounter(_counter).increment();" 的含义是：把合约地址_counter 类型转化为接口 ICounter 类型（接口类型与合约类型一样，也是自定义类型），再调用接口内的 increment()方法。

或者基于具体的合约实现，例如：

```
import "./Counter.sol";

contract MyContract {
    function incrementCounter(address _counter) external {
        Counter(_counter).increment();
    }
}
```

依赖接口与依赖实现两个方法在以太坊虚拟机层面没有区别，最终都是通过合约地址找到对应的函数进行执行，但是使用接口进行合约交互在思路和代码上会更加清晰。

（7）库。库（Library）是 Solidity 中一种用于实现代码复用的机制，除继承外，库提供了另一种实现代码复用的方式，即组合。库是预编写的功能模块集合，用于提高开发效率，减少重复代码。

① 定义和使用库。库使用 library 关键字进行定义。库中的函数通常是无状态的，即它们不能有状态变量或接收以太币。库可以将常用的功能封装起来，以便在多个合约中复用。

库定义示例：

```
pragma solidity ^0.8.22;

library Math {
    function max(uint256 a, uint256 b) internal pure returns (uint256) {
        return a > b ? a : b;
    }

    function min(uint256 a, uint256 b) internal pure returns (uint256) {
        return a < b ? a : b;
    }
}
```

在上述示例中，Math 库定义了两个函数：max 和 min，分别用于获取两个数中的最大值和最小值。这种封装使得这些常用功能可以在不同的合约中复用。

在合约中使用库：

```
import "./Math.sol";

contract TestMax {
    function max(uint x, uint y) public pure returns (uint) {
        return Math.max(x, y);
    }
}
```

在 TestMax 合约中，通过 Math.max(x, y)调用 Math 库中的 max 函数。

② 内嵌库与链接库。库有两种主要使用方式：内嵌库和链接库。

内嵌库（Embedded Library）是指库代码被嵌入到引用它的合约中。内嵌库的字节码会包含在每个引用该库的合约中。这意味着库的代码会在每个合约的字节码中存在重复的复制内容。

链接库（Linked Library）是指库作为一个独立的合约部署在区块链上，拥有自己的地址。合约在部署时通过库的地址链接库。在运行时，合约通过委托调用的方式调用库函数。这种方法避免了库代码的重复，以及在链上只有一个库的实例。

通过这些库的机制，可以提高代码的重用性和合约的开发效率。

3.1.4　Solidity 智能合约示例

1．投票合约示例

设计一个投票合约。电子投票的主要问题是如何将投票权分配给正确的人员及如何防止被操纵。我们将会在这里介绍如何进行委托投票，且计票是自动和完全透明的。

为每个（投票）表决创建一份合约，为每个选项提供简称。设计合约的创造者——主席，令他给予每个参与表决的人一份独立的地址及投票权。

地址后面的人可以选择自己投票或者委托他们信任的人投票。

在投票时间结束时，winningProposal()将返回获得最多投票的提案，示例代码如下：

```solidity
// SPDX-License-Identifier: MIT
pragma solidity ^0.8.22;

/// @title 委托投票合约
/// @dev 一个用于实现委托投票的智能合约
contract Ballot {
    // 代表一个选民的结构体
    struct Voter {
        uint weight; // 投票权重
        bool voted;  // 是否已投票
        address delegate; // 被委托者的地址
        uint vote;   // 选民投票的提案索引
    }

    // 代表一个提案的结构体
    struct Proposal {
        bytes32 name;   // 提案名称（最长32字节）
        uint voteCount; // 得票数
    }

    address public chairperson; // 主席的地址

    mapping(address => Voter) public voters; // 选民映射表

    Proposal[] public proposals; // 提案数组

    /// @dev 初始化合约，设置提案列表
    /// @param proposalNames 提案名称列表
    constructor(bytes32[] memory proposalNames) {
        chairperson = msg.sender; // 设置主席
        voters[chairperson].weight = 1; // 给主席赋予投票权

        // 将每个提案名称添加到提案数组中
        for (uint i = 0; i < proposalNames.length; i++) {
            proposals.push(Proposal({
                name: proposalNames[i],
                voteCount: 0
            }));
        }
    }
```

```
/// @dev 授予选民投票权
/// @param voter 选民的地址
function giveRightToVote(address voter) public {
    require(msg.sender == chairperson, "Only chairperson can give right to vote.");    // 确保只有
主席才可以授予投票权
    require(!voters[voter].voted, "The voter already voted.");
        // 确保选民尚未投票
    require(voters[voter].weight == 0, "The voter already has voting rights.");         // 确保选民
尚未被授予投票权
    voters[voter].weight = 1; // 授予选民投票权
}

/// @dev 将投票权委托给其他选民
/// @param to 被委托选民的地址
function delegate(address to) public {
    Voter storage sender = voters[msg.sender];
    require(!sender.voted, "You already voted."); // 确保发送者尚未投票
    require(to != msg.sender, "Self-delegation is disallowed.");
    // 禁止自我委托

    // 遍历委托链，找到最终的被委托者
    while (voters[to].delegate != address(0)) {
        to = voters[to].delegate;
        require(to != msg.sender, "Found loop in delegation."); // 确保没有闭环委托
    }

    // 更新委托信息
    sender.voted = true;
    sender.delegate = to;
    Voter storage delegate_ = voters[to];

    if (delegate_.voted) {
    // 如果被委托者已经投过票，将发送者的权重加到被委托者的提案上
        proposals[delegate_.vote].voteCount += sender.weight;
    } else {
    // 如果被委托者尚未投票，将发送者的权重加到被委托者的权重上
        delegate_.weight += sender.weight;
    }
}

/// @dev 为提案投票
/// @param proposal 提案的索引
function vote(uint proposal) public {
    Voter storage sender = voters[msg.sender];
    require(!sender.voted, "Already voted."); // 确保选民尚未投票
    require(proposal < proposals.length, "Invalid proposal index.");
    // 确保提案索引有效
```

```
            sender.voted = true;
            sender.vote = proposal;

            // 增加选中的提案的得票数
            proposals[proposal].voteCount += sender.weight;
        }

        /// @dev 计算并返回获胜提案的索引
        /// @return winningProposal_ 获胜提案的索引
        function winningProposal() public view returns (uint winningProposal_) {
            uint winningVoteCount = 0;

            for (uint p = 0; p < proposals.length; p++) {
                if (proposals[p].voteCount > winningVoteCount) {
                    winningVoteCount = proposals[p].voteCount;
                    winningProposal_ = p;
                }
            }
        }

        /// @dev 返回获胜提案的名称
        /// @return winnerName_ 获胜提案的名称
        function winnerName() public view returns (bytes32 winnerName_) {
            winnerName_ = proposals[winningProposal()].name;
        }
    }
```

2. 拍卖合约示例

考虑一个简单拍卖合约的总体思路,每个人都可以在投标期内发送他们的出价。出价已经包含了资金/以太币,将投标人与他们的投标绑定。如果最高出价提高了(被其他出价者的出价超过),之前出价最高的出价者可以拿回他/她的奖金。在投标期结束后,受益人需要手动调用合约接收他/她的奖金——合约不能自己激活接收。

```
// SPDX-License-Identifier: MIT
pragma solidity >=0.6.12 <0.9.0;
/// @title 简单拍卖合约
/// @dev 允许用户在拍卖期间出价,拍卖结束后受益人可以提取最高出价
contract SimpleAuction {
// 受益人的地址
    address payable public beneficiary;
// 拍卖结束时间(以秒为单位的绝对时间戳)
    uint public auctionEnd;

// 当前最高出价者及其出价金额
    address public highestBidder;
    uint public highestBid;
```

```solidity
// 存储每个地址可以取回的金额
    mapping(address => uint) pendingReturns;

// 拍卖是否已经结束
    bool ended;

// 事件声明
    event HighestBidIncreased(address bidder, uint amount);
    event AuctionEnded(address winner, uint amount);

/// @dev 初始化拍卖合约
/// @param _biddingTime 拍卖的持续时间（以秒为单位）
/// @param _beneficiary 受益人的地址
    constructor(uint _biddingTime, address payable _beneficiary) {
        beneficiary = _beneficiary;
        auctionEnd = block.timestamp + _biddingTime;
    }

/// @dev 出价函数，需附带以太币
    function bid() public payable {
// 确保拍卖尚未结束
        require(block.timestamp <= auctionEnd, "Auction already ended.");

// 确保新的出价高于当前最高出价
        require(msg.value > highestBid, "There already is a higher bid.");

// 如果之前有出价，退还之前的最高出价
        if (highestBid != 0) {
            pendingReturns[highestBidder] += highestBid;
        }

// 更新最高出价及出价者
        highestBidder = msg.sender;
        highestBid = msg.value;
        emit HighestBidIncreased(msg.sender, msg.value);
    }

/// @dev 取回超越的出价
    function withdraw() public returns (bool) {
        uint amount = pendingReturns[msg.sender];
        if (amount > 0) {
// 先将存储金额设为零，以防止重入攻击
            pendingReturns[msg.sender] = 0;

            address payable receiver = payable(msg.sender);

// 尝试发送金额，如果失败则恢复未付款金额
            if (!receiver.send(amount)) {
```

```
                    pendingReturns[msg.sender] = amount;
                    return false;
                }
            }
            return true;
        }
/// @dev  结束拍卖，并将最高出价金额转给受益人
        function auctionEnd() public {
// 1. 检查条件
            require(block.timestamp >= auctionEnd, "Auction not yet ended.");
            require(!ended, "AuctionEnd has already been called.");

// 2. 标记拍卖已结束
            ended = true;
            emit AuctionEnded(highestBidder, highestBid);

// 3. 将最高出价金额转给受益人
            beneficiary.transfer(highestBid);
        }
}
```

3.2　创建与部署智能合约

以太坊，作为一个先进的区块链平台，不仅支持加密货币交易，更重要的是，它为开发和部署智能合约提供了理想的环境。在 3.2 节我们将深入介绍以太坊智能合约的开发流程，包括创建、测试、部署及与之交互的步骤和技术细节。以太坊智能合约是存储在以太坊区块链上的自执行合约，具有在预定条件触发时自动执行预定动作的特性。这种独特的机制为 DApp 的开发提供了无限的可能。通过智能合约，开发者可以创建复杂的去中心化应用。

在深入探索以太坊智能合约的创建和部署之前，了解不同类型的以太坊网络及它们的特点是至关重要的。每种网络提供了不同的环境，用于满足开发过程中的各种需求。

1. 主网网络（Mainnet）

主网网络是以太坊的生产环境，所有在这里进行的交易和操作都涉及真实的以太币。它是价值交换和实际应用运行的场所，因此在主网网络上执行的每一步都需要极度的谨慎和准确，毕竟在这里犯的错误可能会导致真实资金的损失。

2. 测试网络（Testnet）

鉴于在主网网络上开发和测试可能会导致成本高昂（需要真实代币支付 Gas 费用），以

太坊提供了多个测试网络。这些测试网络中的代币没有实际的财务价值，通常可以通过水龙头程序免费获得。测试网络为开发者提供了一个理想的环境，用于构建和测试以太坊智能合约，确保它们在部署到主网网络之前的功能性和安全性。

此外，对于本地的开发和测试，开发者通常会依赖开发者网络或本地节点，如 Ganache 或 Hardhat。这些工具模拟了完整的区块链环境，允许开发者在本地计算机上轻松地进行以太坊智能合约的开发、调试和测试。虽然这些本地环境提供了模拟的区块链数据和测试账户，但需要注意的是，这些数据通常只存储在内存中，重启后会丢失。

为了更接近实际的以太坊环境，我们将在本节中选择使用以太坊的测试网络 Sepolia 进行进一步的合约编写和测试。Sepolia 测试网络提供了与主网网络相似的环境，但不涉及真实资产的交易，是理想的平台，可以验证智能合约的功能和性能。使用 Sepolia 测试网络有以下好处。

（1）实际环境模拟：Sepolia 测试网络模拟了以太坊主网网络的实际操作环境，提供了更真实的用户体验和网络条件。

（2）安全性测试：在这个环境中，开发者可以测试合约在面对真实网络条件和交互时的行为，包括安全性测试。

（3）成本效益：与主网网络相比，Sepolia 测试网络允许开发者在不消耗真实资金的情况下进行测试，从而降低了开发和测试的成本。

（4）社区支持：在公共测试网络上进行测试，开发者可以从社区获得反馈，并可以利用网络上的资源和工具。

在接下来的部分中，我们将详细介绍如何在 Sepolia 测试网络上部署和测试以太坊智能合约，包括准备测试账户、连接网络、部署合约及执行和验证合约功能的步骤。本节将为读者提供一个全面的指南，确保在实际部署到主网网络之前，充分理解和测试智能合约。

3.2.1 智能合约的创建

创建智能合约是去中心化应用（DApp）开发的关键步骤。以下是创建智能合约的基本步骤。

1．确定合约逻辑和功能

在编写代码之前，明确合约将实现的具体功能和逻辑。这包括定义合约的作用、操作规则，以及如何与用户和其他合约交互。

2．选择合适的开发环境

选择一个适合开发智能合约的环境，如 Remix IDE（一个基于浏览器的 Solidity IDE）或 Truffle Suite（一个全面的以太坊开发框架）。

3．智能合约代码

在 3.2.1 节使用 Solidity 语言作为智能合约代码编写的程序语言。Solidity 是一种高级语言，专为以太坊智能合约设计，具有类似 JavaScript、Python 和 C++的语法特点。

4．测试智能合约

在部署之前进行彻底的测试非常重要，一般可以在本地或测试网络上模拟交易和智能合约执行完成，可以使用 Ganache 对合约进行部署前的测试。

5．审核和优化合约代码

由于智能合约一旦部署后就不能修改，所以确保代码的安全性和保证效率至关重要。进行代码审查并利用各种工具和技术优化代码，可以减少执行时的 Gas 消耗。

3.2.1 节以 Remix 为例说明智能合约的创建过程，Remix 是一个开源的 Web 应用程序，提供了一个友好的用户界面，支持 Solidity 语言的开发，包括编写、编译、部署和测试智能合约。Remix 提供了浏览器环境和本地 IDE 环境两种选择，可访问 Remix 网站下载对应安装包进行安装。Remix 首页如图 3.4 所示。

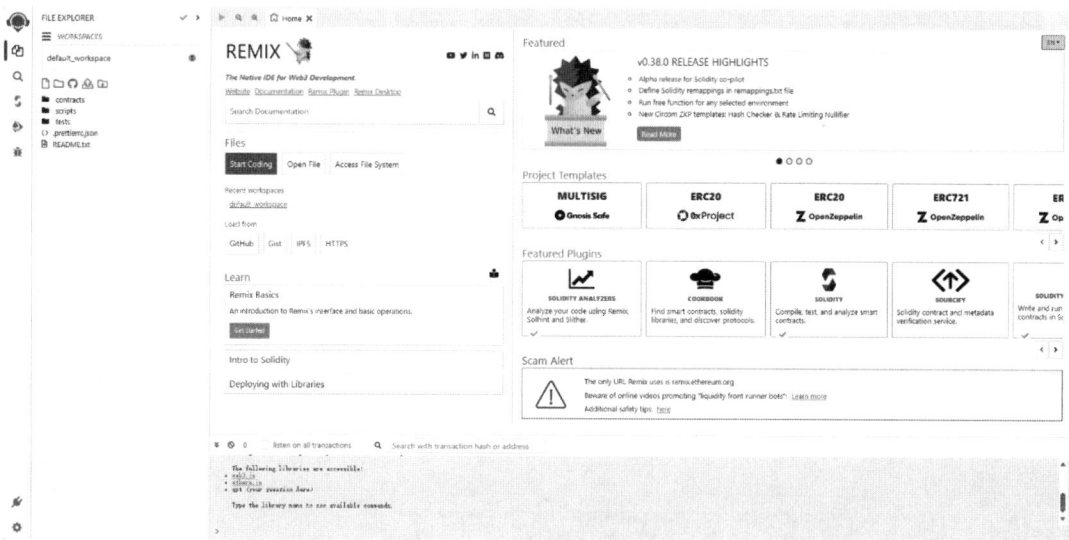

图 3.4　Remix 首页

首页最左侧是功能选择栏目，File Explorer 是文件浏览栏目，最右侧是编写代码的主体工作区。下面以创建下列合约为例介绍在 Remix 中创建合约的完整过程：

```
// SPDX-License-Identifier: MIT
pragma solidity >0.8.0 <0.9.0;

contract Counter {
    uint counter;
```

```
constructor() {
    counter = 0;
}

function count() public {
    counter = counter + 1;
}

function get() public view returns (uint) {
    return counter;
}
}
```

该智能合约是一个简单的计数器（Counter）合约，允许用户递增计数器的值，并提供了获取当前计数器值的方法。在合约部署时，计数器初始值为 0。

合约的创建过程如图 3.5 所示，单击"create new file"创建名为 4_Counter.sol 的 solidity 代码文件，并把代码编辑到代码输入区，这样就完成了一个最基础的智能合约代码的编写工作。在真实项目中，代码组织和目录结构要更为复杂，一般会采用类似 Truffle 框架的项目结构进行合约的编写、测试和部署等工作。该内容将在 3.3 节进行详细的讲解。

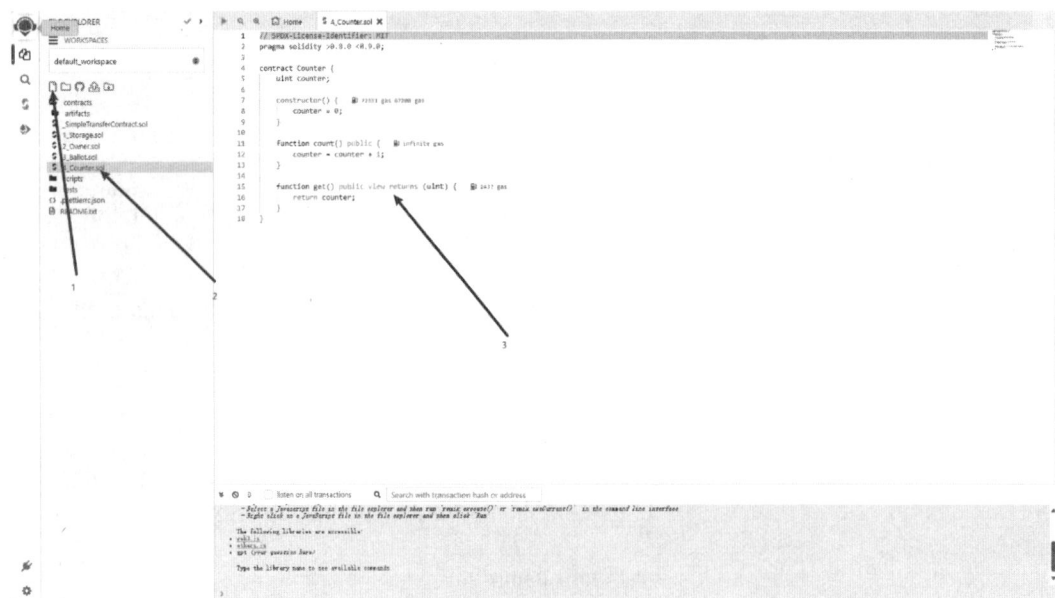

图 3.5　合约的创建过程

在创建完成合约后，对智能合约源代码进行编译。在 Remix 在线编译器中编译合约的步骤非常关键，因为它会生成合约的 ABI 和 Bytecode，这是与合约交互和部署合约的关键信息。编译合约如图 3.6 所示。

首先，确保在"Solidity Compiler"标签中选择了满足要求的编译器版本。通常，应该选择 Solidity 版本，该版本与合约代码兼容。在本例中，选择了 Solidity 0.8.22 版本的编译器。

单击"Compile"按钮后，Remix 会对合约进行编译。一旦编译完成，可以在"Compilation Details"部分查看 ABI 和 Bytecode 的详细信息。

ABI（Application Binary Interface）是合约与其他合约或外部应用程序进行交互的接口规范。它定义了合约的方法、方法参数的类型和顺序、方法的返回值类型等信息。ABI 的作用是充当合约与其他实体之间的桥梁，为外部应用程序提供调用合约方法的标准。

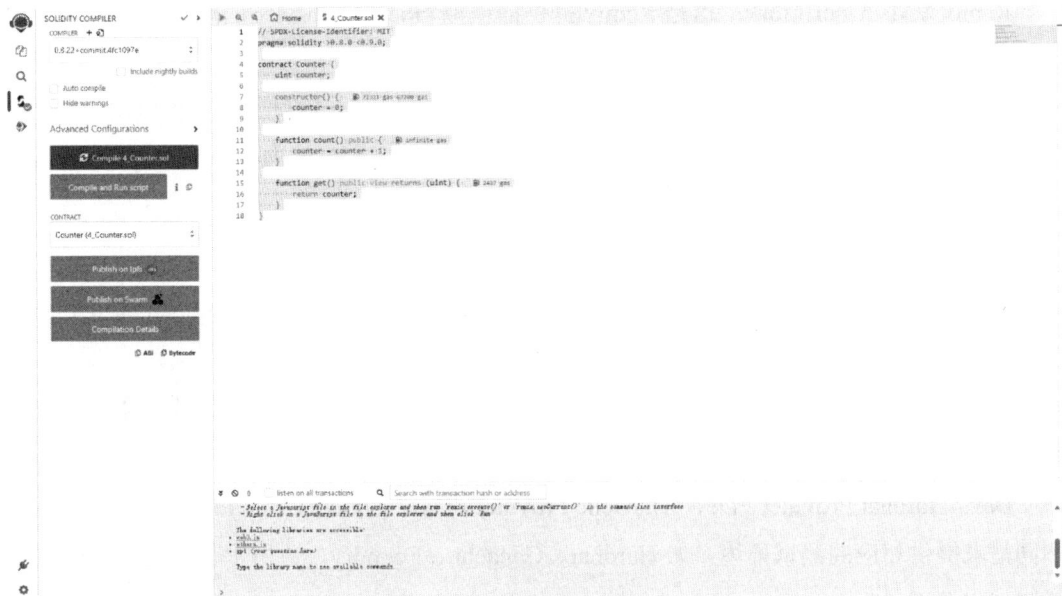

图 3.6　编译合约

Bytecode 是合约的机器码表示，是在以太坊虚拟机（EVM）上执行的指令集。Bytecode 包含合约的逻辑和操作，能确保它在以太坊网络上执行时按照预期完成。在部署合约时，实际上是部署合约的 Bytecode 到链上。节点在执行交易时，会执行合约的 Bytecode，从而实现合约的功能。Bytecode 也是合约在链上的唯一标识，通过合约地址和 ABI，可以与合约进行交互。

了解 ABI 和 Bytecode，读者能更好地理解合约的接口和执行逻辑，为后续的部署和与合约交互打下基础。

3.2.2　在以太坊测试网络部署智能合约

在成功编译合约后，接下来是合约的部署阶段。在这一步，读者需要选择合适的部署环境，不同的环境选项对应不同的使用场景。以下是对一些常见部署环境的详细说明。

Injected Provider - MetaMask：这是 MetaMask 插件注入的 Web3 提供者，用于连接到以太坊网络，支持主网网络和测试网络，适用于在真实的以太坊网络上部署合约。

Remix VM (Shanghai) / Remix VM (Merge) / Remix VM (London) / Remix VM (Berlin)：

这是 Remix 提供的虚拟机，用于模拟不同的以太坊网络，分别对应不同的地理位置。这些环境是本地测试环境，适用于快速在本地环境测试合约功能的情况。

Remix VM - Mainnet fork / Remix VM - Sepolia fork：这是 Remix 提供的模拟主网网络和 Sepolia 网络的虚拟机。这些环境允许模拟在主网网络和 Sepolia 网络上部署和测试合约，是进行整体功能测试的良好选择。

Remix VM - Goerli fork：这是 Remix 提供的模拟 Goerli 测试网络的虚拟机，适用于在 Goerli 测试网络上进行合约部署和测试。

Remix VM - Custom fork：它提供了定制的虚拟机环境，允许自定义测试网络。

WalletConnect：它支持使用 WalletConnect 连接钱包，用于在移动设备上进行合约交互，适用于需要在移动设备上进行合约操作的场景。

Testnet：这是各种测试网络的选项，包括 SKALE Chaos Testnet。

L2 - Optimism Provider / L2 - Arbitrum One Provider：它提供了 Optimism 和 Arbitrum One Layer 2 扩展网络的支持，适用于在 Layer 2 网络上进行合约部署和测试。

Custom - External Http Provider：它允许连接自定义的外部 HTTP 提供者，适用于在自定义网络上进行合约部署和测试。

Dev - Hardhat Provider / Dev - Ganache Provider / Dev - Foundry Provider：针对开发者的不同需求提供相应的测试环境，如 Hardhat、Ganache、Foundry，适用于在开发过程中的本地测试和调试。

3.2.2 节选用 Injected Provider - MetaMask 作为部署环境，通过 MetaMask 连接 Sepolia 测试网络。MetaMask 是一款用于管理以太坊和其他兼容区块链上数字资产的浏览器插件钱包。它允许用户在浏览器中轻松地与去中心化应用（DApp）进行交互，包括执行加密货币的转账和智能合约的操作。下面以 Edge 浏览器为例介绍如何安装 MetaMask 插件和创建 Sepolia 账户。

（1）使用 Edge 浏览器访问 MetaMask 插件扩展界面。

（2）依次单击"获取""添加扩展"完成 MetaMask 插件的扩展安装，添加 MetaMask 扩展如图 3.7 所示。

（3）在安装完成后，浏览器右上角会出现 MetaMask 插件图标，单击图标以启动 MetaMask 插件。单击"Get Started"按钮，然后单击"Create a Wallet"按钮创建新的 MetaMask 插件账户。输入一个安全的密码以保护 MetaMask 插件账户，并单击"Create"按钮。MetaMask 插件会生成一个 12 个单词的助记词，需要保证它被安全地备份。单击"Next"按钮，并按照提示完成备份。在完成备份后，MetaMask 插件账户就创建成功了。

（4）连接 Sepolia 测试网络，单击 MetaMask 左上角的"Show test networks"按钮可以看到"Sepolia"测试网络，如图 3.8 所示。

图 3.7　添加 MetaMask 扩展

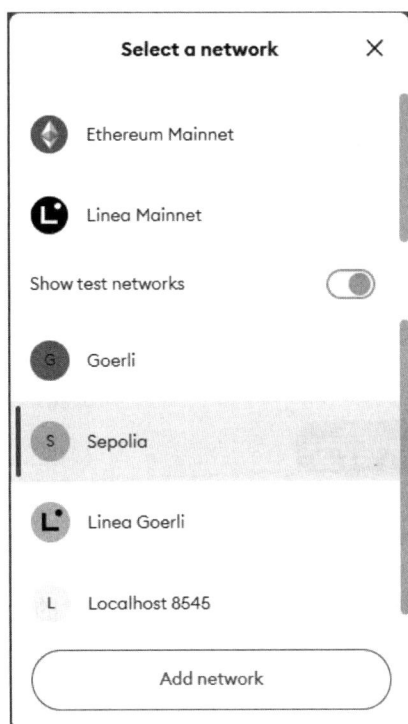

图 3.8　连接 Sepolia 测试网络

（5）在 Sepolia 测试网络上进行操作之前，可以通过网络上的"水龙头"获取 Sepolia Token。

完成以上步骤后即成功安装了 MetaMask 插件，并连接了 Sepolia 测试网络，此时可以在该网络上进行智能合约的创建和调用。务必安全保存 MetaMask 插件的助记词，并妥善管理密码以保障账户的安全。

下一步将 Remix 连接 MetaMask 插件，具体步骤如下。在 Remix 中，选择左侧 "Deploy & run transactions" 选项卡。在 "Environment" 部分，选择 "Injected Provider – MetaMask" 作为部署环境。此时 Remix 会发起连接请求，MetaMask 插件会弹出确认连接的窗口，单击 "Connect" 按钮进行确认，请求连接 MetaMask 插件如图 3.9 所示。在确认连接成功后，在 Remix 界面上方会显示当前 MetaMask 插件中账户的地址，表示连接建立成功，如图 3.10 所示。在确认连接成功的状态下，选择要使用的账户进行智能合约的部署和交互，同时确保 MetaMask 插件中的账户有足够的 Token 可以用于在 Sepolia 测试网络上进行操作。

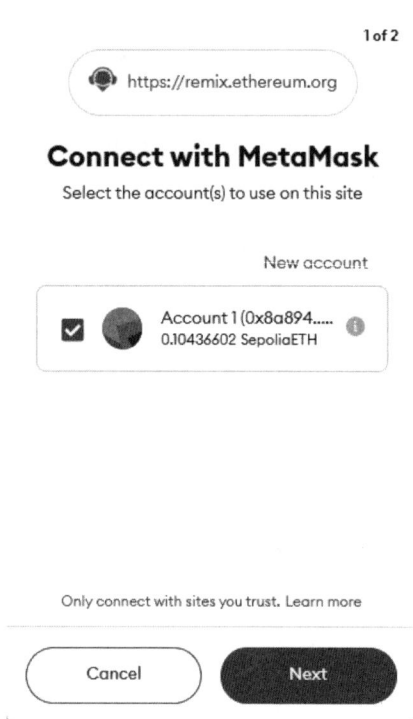

图 3.9　请求连接 MetaMask 插件　　　图 3.10　连接 MetaMask 插件成功

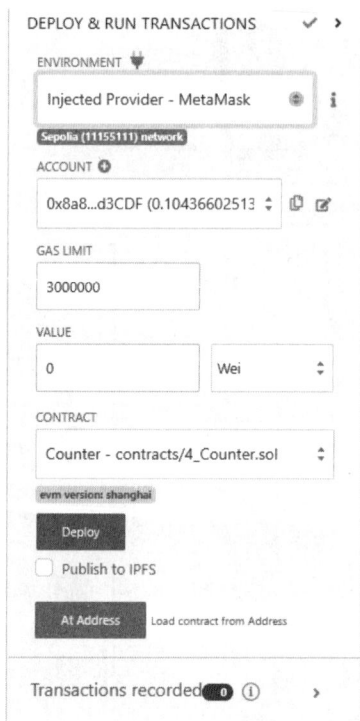

随后，选择已经编译的智能合约进行部署。需要注意的是，由于部署合约会涉及 Gas 费用，所以在 MetaMask 插件中需要确认是否愿意支付这些费用，合约部署确认如图 3.11 所示。在这个界面中，可以确认交易细节，并选择是否继续。单击 "确认" 按钮后，交易即被发送到区块链网络，并需要等待区块链的确认。在测试网络中，这通常只需要几秒钟。然而，在正式的以太坊网络中，由于网络拥堵和其他因素，合约部署可能需要几分钟的时间。需要注意的是，在某些情况下可能需要调整 MetaMask 插件中的 Gas 费用设置，以确保交易能够被矿工快速处理。Gas 费用的设置会影响交易的处理速度，高费用通常会获得更快的确认。在部署合约时，选择合适的 Gas 费用非常重要，尤其是在以太坊主网网络上。

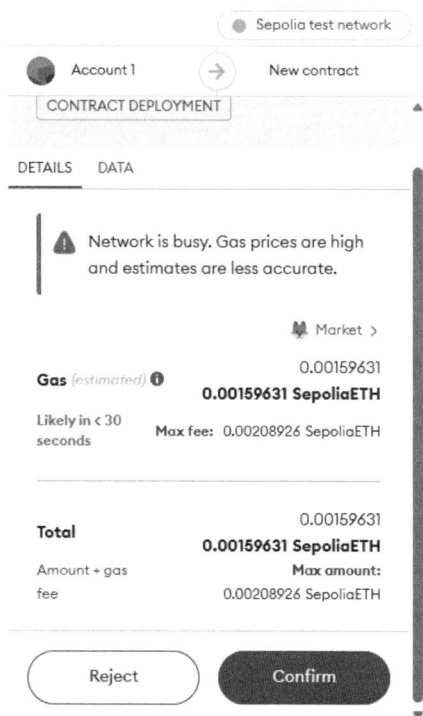

图 3.11　合约部署确认

合约部署成功后会返回以下信息：

```
status0x1 Transaction mined and execution succeed
transaction hash  0xe2381b9eb00f43516b12e331f8762123c33b63d23c2d9b365a63d94a02f48741
block hash 0x41d0b5de58a9e88a6e1e401b8fd5c1a2dd36c8bd129c361f0fba2ffee499f67f
block number    4858116
contract address  0x3c4feb3d9b89f0d2a36a6edafa596aa6f96be1dd
from 0x8a8942d11ca583b704a59bb81fbe8b3b774d3cdf
to      Counter. (constructor)
gas     gas
transaction cost  125248 gas
input 0x608．．．60033
decoded input      {}
decoded output     -
logs  []
```

对返回信息的解释如下：

（1）Transaction Status（交易状态）。

0x1：此状态码表示交易被成功执行。如果状态码是 0x0，可能表示交易执行失败。

（2）Transaction Hash（交易哈希）。

0xe2381b9eb00f43516b12e331f8762123c33b63d23c2d9b365a63d94a02f48741：这是交易的唯一标识符。用户可以通过区块链浏览器使用该哈希查看交易的详细信息。

（3）Block Hash（区块哈希）。

0x41d0b5de58a9e88a6e1e401b8fd5c1a2dd36c8bd129c361f0fba2ffee499f67f：这是交易所在区块链的哈希。

（4）Block Number（区块编号）。

4858116：该交易所在的区块编号。

（5）Contract Address（合约地址）。

0x3c4feb3d9b89f0d2a36a6edafa596aa6f96be1dd：如果这笔交易是部署智能合约的交易，这个地址表示新合约的地址。

（6）From（发送者地址）。

0x8a8942d11ca583b704a59bb81fbe8b3b774d3cdf：这是交易发送者的地址。

（7）To（接收者地址）。

Counter.(constructor)：这是一个部署智能合约的交易，所以接收者地址是合约的构造函数。

（8）Gas。

Gas：在这里表示燃气的使用情况。

（9）Transaction Cost（交易成本）。

125248 gas：这是交易的燃气成本，即执行该交易所需的燃气数量。

（10）Input（输入）

0x608...60033：这是交易的输入数据。

（11）Decoded Input（解码后的输入）。

{}：在这个例子中，构造函数没有接受任何参数，所以输入为空。

（12）Decoded Output（解码后的输出）。

-：这表示没有输出，因为这是一个部署合约的交易。

（13）Logs（日志）。

[]：这是一个空数组，表示在执行过程中没有产生任何日志。

在合约成功部署后，可以在 Remix 中查看生成的智能合约地址，并执行合约中的方法。合约部署成功如图 3.12 所示，在这个界面中，可以看到合约的地址，以及可用的方法：count 和 get。单击相应的按钮，可以调用合约中的方法。需要注意的是，调用 count 方法会修改计数变量，因此需要支付一定的 Gas 费用。在 MetaMask 插件中确认交易后，该调用将被发送到区块链网络。调用 get 方法不需要支付 Gas 费用，因为它是一个只读操作。在调用过程中，我们可以查看返回的数据日志以获取详细信息。同时，单击"view on etherscan"按钮，可以在区块链浏览器上查看交易的具体信息以及该账户的全部交易历史。

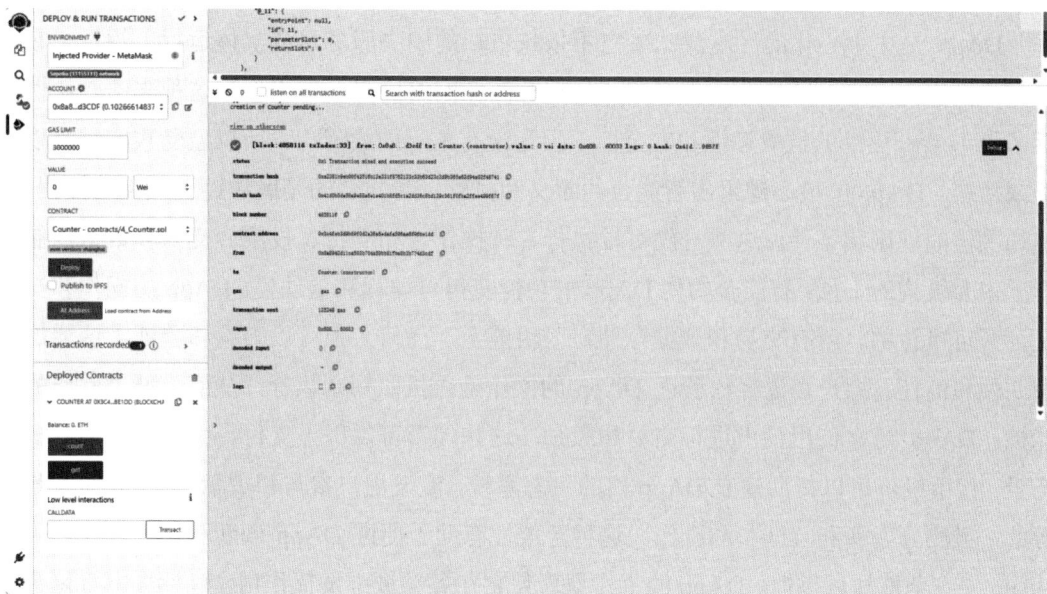

图 3.12　合约部署成功

3.3　去中心化应用的开发

在 3.3 节中，我们将探讨基于以太坊 DApp 的开发。以太坊是最受欢迎的智能合约平台之一，允许开发者构建去中心化的应用，具有透明性、安全性和可编程性的特点。

3.3.1　DApp 的概念

DApp 是一种构建在区块链技术之上的应用。与传统的中心化应用（App）不同，DApp 具有一些独特的特性和优势，使其在特定领域得以广泛应用。

传统的中心化应用（App）是一种软件应用，通常用于在移动设备（智能手机或平板计算机）或计算机上运行。App 旨在满足用户的各种需求，从通信和娱乐到生产力和社交互动。App 通常依赖中央服务器或云服务存储数据和执行功能。用户的数据和操作通常在中央服务器上进行处理和存储。许多 App 的源代码是私有的，不对公众开放，使得只有应用的开发者或发布者才能修改或维护应用程序。App 通常通过应用商店（Apple App Store 和 Google Play Store）分发给用户。用户需要从应用商店下载和安装应用程序。App 通常需要用户接受许可协议和使用政策，以明确用户可以执行的操作及用户在使用应用程序某些功能时受到的限制。App 通常需要中介机构处理支付、身份验证、通信和其他任务。这些中介机构可能包括支付处理公司、社交媒体平台和云服务提供商。App 在各领域得到广泛应用，包括社交媒体、电子邮件、在线购物、游戏、银行和生产力工具等领域。它们为用户提供了便捷的操作和各种功能，但通常需要用户信任应用的开发者和中央服务器。

DApp 是去中心化的,这意味着它不依赖单一的中央服务器或实体运行。相反,它在分布式区块链网络上运行,数据存储和处理分散在网络的多个节点上。这种去中心化性质赋予了 DApp 更高的抗故障性和安全性,因为没有单一的故障点,所以遭受攻击时难以受损或瘫痪。DApp 的核心逻辑由智能合约定义和执行。智能合约是区块链上的自动化程序,遵循预定的规则和条件。这些合约可以执行各种操作,如支付、投票、交易和数据存储,无须中介机构的干预。智能合约使 DApp 的功能变得可编程和自动化。DApp 的操作和交易是公开可审计的。所有交易和数据存储在区块链上,任何人都可以查看和验证,这增加了透明性和信任。用户可以轻松验证 DApp 的操作是否按照规则执行,从而降低了欺诈的可能性。DApp 通常使用代币进行交易和激励,这些代币可以用于支付、奖励和投票等多种场景。代币经济可以帮助建立 DApp 内的生态系统,激发用户参与和贡献。DApp 通常是开源的,鼓励开发者和社区参与合作。这种开放性有助于促进 DApp 创新和代码审计,确保 DApp 的安全性和可靠性。DApp 的工作原理使它在各领域中发挥作用,包括去中心化金融(DeFi)、数字身份认证、供应链管理、游戏和社交媒体等。DApp 提供了一种新的方法,让用户更好地掌控自己的数据和操作,并减少了对中间环节的依赖。

App 和 DApp 的对比如表 3.7 所示。

表 3.7　App 与 DApp 的对比

特点	传统的中心化应用(App)	去中心化应用(DApp)
中心化/去中心化	中心化,依赖中央服务器	去中心化,运行在区块链上
数据存储	在中央服务器上存储	在区块链上实现分布式存储
控制权	应用开发者拥有控制权	基于智能合约的规则执行
开发者控制	完全掌控应用程序开发和修改	开源和社区参与开发
用户数据控制	用户数据通常由应用程序掌控	用户完全掌控自己的数据
安全性	依赖中央服务器的安全性	基于区块链的去中心化安全性
透明性	操作不一定透明可审计	操作和交易公开透明可审计
许可和使用政策	需要用户接受许可协议	无须许可,自由访问
中介机构依赖	通常需要中介机构处理支付、身份验证等	利用智能合约,无须中介机构
代币经济	通常不涉及代币经济	使用代币进行交易和激励
应用商店分发	通过应用商店下载和安装	去中心化应用商店或网站分发

3.3.2　DApp 的架构与组件

去中心化应用(DApp)实际上是在描述一个综合性的生态系统,它融合了多种关键技术和工具,以确保 DApp 能够有效运行,并和用户互动。这些技术和工具不仅支持 DApp 的开发和部署,还提供了与区块链网络的交互方式,确保了交易的安全性和应用的可用性,DApp 综合生态系统如图 3.13 所示。

区块链浏览器	钱包	DApp	智能合约开发工具	智能合约开发语言
Etherscan	浏览器钱包	去中心化交易所（DEX）	Remix IDE	Solidity
Etherchain	移动钱包	去中心化金融（DeFi）	Truffle开发框架	Serpent
BlockScout	桌面钱包	区块链游戏/NFT	Hardhat开发框架	Vyper

Web3服务			指令操作	
Web3.js	Web3.py	Web3j	命令行	控制台

图 3.13　DApp 综合生态系统

区块链浏览器是一个在线工具，用于查看和分析区块链上的所有活动和数据。这些浏览器对于任何使用区块链技术的人来说都是非常有用的，无论是开发者、投资者还是普通用户。区块链浏览器的用户可以查看区块链上的每个区块，包括区块的高度、时间戳、大小、产生的交易数等。区块链浏览器允许用户查看和分析个别交易的详细信息，包括发送者和接收者的地址、交易金额、交易费用、交易哈希等。用户不仅可以查看任何特定地址的余额、交易历史和相关数据，还可以查看智能合约的代码、交易和状态。区块链浏览器提供了一种途径，让用户能够直接访问区块链上的所有数据，增加了整个系统的透明度。对于交易的参与者，用户可以使用区块链浏览器验证交易是否被区块链网络确认和记录。

在 DApp 的开发过程中，开发者可以使用区块链浏览器确认他们的交易是否被区块链网络成功处理和记录。如果交易失败，开发者可以通过查看交易详情确定失败的原因，如 Gas 费用不足或智能合约执行错误。对于公开的智能合约，开发者可以通过区块链浏览器查看合约的源代码，这对于学习和理解其他合约的设计非常有帮助。开发者可以跟踪合约地址，监测合约的活动，如交易频率、参与方等。浏览器提供了一个直接访问区块链数据的方式，对于需要在 DApp 中集成历史数据或分析区块链活动的场景非常有用。同时，开发者还可以分析区块链网络的状态，如区块时间、交易费用等，这对于优化 DApp 的性能有重要意义。总之，区块链浏览器是 DApp 开发过程中的重要工具，它不仅提供了对区块链活动的深入了解，而且为开发、测试、监控和优化 DApp 提供了必要的资源和信息。通过有效利用区块链浏览器，开发者能够更高效地构建、调试和改进这些应用。

以太坊钱包是一个用于管理个人以太币（ETH）和基于以太坊的代币（ERC-20 代币）的软件工具。它不仅允许用户发送和接收加密货币，还提供与以太坊区块链上的智能合约交互的能力。它可以用来存储和管理用户的以太币和其他基于以太坊的代币，执行加密货币转账，包括发送和接收 ETH 及其他代币，参与智能合约的执行，如投票、参与 DeFi 应用等。常见的以太坊钱包有硬件钱包（Ledger Nano S 或 Trezor，这些是物理设备，提供最高级别的安全性，适合存储大量资产）、软件钱包（桌面钱包、移动钱包和网页钱包，MetaMask、MyEtherWallet 和 Trust Wallet）。不同的钱包提供不同的用户界面，用户可以根据个人偏好和使用习惯选择。对于初学者来说，一些钱包（MetaMask）提供了较为简洁直观的界面，便于理解和操作。

以太坊钱包在 DApp 开发中扮演着至关重要的角色，既作为用户与 DApp 交互的界面，又作为确保交易安全性和高效性的关键工具。通过私钥管理，钱包为用户提供安全的身份验证方式，使他们能够在区块链上安全地签署交易和智能合约操作。这种签名机制是执行任何区块链交易的核心步骤，确保了交易的真实性和授权性。在 DApp 内，用户可以借助钱包发送和接收加密货币，进行各种活动，如购买商品或服务。钱包还扮演着管理 Gas 费用的角色，这在以太坊这样的区块链平台上尤为重要，因为交易的执行和智能合约的互动都需要消耗 Gas 费用。此外，钱包使用户能够与智能合约直接互动，支持诸如投票、游戏参与或使用去中心化金融（DeFi）服务等活动，并提供实时的智能合约状态和数据信息。现代钱包的跨平台功能支持进一步提升用户体验，允许在不同设备上无缝使用相同的 DApp。钱包的有效集成对于 DApp 的成功至关重要，不仅极大地影响用户体验，还直接关联 DApp 的功能性和实用性。

在 DApp 开发时，常用的以太坊智能合约开发工具包括 Remix IDE、Truffle Suite、Hardhat 等。Remix IDE 是基于浏览器的开发环境，允许开发者编写、编译、部署和测试智能合约，非常适合初学者和快速原型制作。Truffle Suite 是流行的开发框架，包括开发环境、测试框架和资产管道，用于更复杂的智能合约开发和前端集成。Hardhat 是专注于智能合约和 DApp 开发的以太坊开发环境，其提供了一个本地以太坊网络用于开发，还包括自动化测试、调试和部署工具。常用智能合约开发工具如表 3.8 所示，包含 Remix IDE、Truffle Suite 和 Hardhat 的比较，展示了它们各自的特点、主要用途、用户友好性及适用场景。

表 3.8 常用智能合约开发工具

工具	特点	主要用途	用户友好性	适用场景
Remix IDE	基于 Web 的轻量级 IDE，适合初学者和快速原型制作	编写、编译、部署和测试智能合约	非常用户友好，易于上手	简单项目、教学、原型制作
Truffle Suite	全面的开发框架，包括开发环境、测试框架和资产管道	复杂项目的智能合约开发和前端集成	需要一定的学习曲线，但提供丰富的功能	中到大型项目，需要全套工具支持
Hardhat	专注于智能合约和 DApp 开发的以太坊开发环境	高级配置、自动化测试、调试和部署	面向有经验的开发者，灵活性高	需要高级自定义和优化的复杂项目

在以太坊 DApp 开发过程中主要使用的编程语言包括 Solidity、Vyper、Yul、LLL（Low-Level Lisp-Like Language）等，其中 Solidity 是以太坊智能合约开发最常用的编程语言，是以太坊智能合约的主流语言，几乎所有以太坊项目都使用 Solidity 开发。Vyper 适用于需要更高安全性和更低功能复杂性的智能合约系统，如金融系统。Yul 主要用于编译器的

开发，一般开发者不直接使用。LLL 目前很少使用，主要用于一些特定的低级合约编写。在这些语言中，Solidity 无疑是最流行和最广泛使用的，拥有庞大的社区支持和丰富的文档资源。总之，对于大多数以太坊开发者来说，学习和使用 Solidity 将是一个明智的选择。Vyper 由于其安全性良好的特点，也在特定场景下受到青睐。其他语言如 Yul 和 LLL 则更多用于特定的高级或底层开发任务。

在 DApp 开发过程中，Web3.js 是以太坊的官方 JavaScript API，广泛用于与以太坊区块链上的智能合约和其他功能交互。它特别适用于构建前端用户界面，这些界面需要与以太坊网络进行交互。Web3.py 是 Python 语言的以太坊库，用于与以太坊区块链交互。它对 Python 开发者友好，适用于后端开发和脚本编写。Web3j 是一个轻量级、高度模块化、反应式、类型安全的 Java 和 Android 库，用于处理智能合约并与以太坊网络上的客户端（节点）集成。这使大家可以使用以太坊区块链，而无须为平台自己编写的集成代码支付额外开销。

最后，以太坊命令行和控制台提供了与以太坊节点交互的直接方式，这些工具主要用于测试、调试和管理智能合约及交易。Geth 是以太坊的一个流行客户端，用 Go 语言编写。它可以作为命令行工具运行，允许运行一个完整的以太坊节点。另一个流行的以太坊客户端 OpenEthereum，使用 Rust 语言编写，以性能和安全性强大为特点。它们都允许开发者执行各种操作，如启动节点、管理账户、发送交易等。命令行工具使客户端 OpenEthereum 自动化地执行某些任务成为可能，如定期检查区块链状态或自动部署合约。Geth 提供了一个交互式 JavaScript 控制台，允许用户实时与以太坊节点交互，这在开发和测试期间尤为有用。控制台支持 Web3.js 库，使执行交易、与智能合约交互和访问区块链数据变得简单。以太坊命令行和控制台工具对于 DApp 开发者来说是极其重要的资源。以太坊命令行和控制台提供了一个强大且灵活的环境，用于开发、测试、部署和管理智能合约及交易。

在 DApp 的架构和组件维护中，区块链浏览器提供了一个可视化和直观的方式监控区块链活动；钱包则作为用户与 DApp 交互的关键接口，管理数字资产和身份认证；智能合约开发工具（Truffle 和 Hardhat）和开发语言（Solidity 和 Vyper）是构建 DApp 核心逻辑的基础，它们使编写、测试和部署智能合约变得高效和可靠；Web3.js 等库则桥接前端应用与区块链，为 DApp 提供了与以太坊网络交互的能力；最后，指令操作为开发者提供了对区块链环境的直接控制，这些组件协同工作，共同构成了去中心化应用的完整生态系统。

3.3.3　DApp 的开发流程

在开发 DApp 的过程中，开发者需要掌握智能合约的编写、前端界面的设计，以及这两者之间的交互。本节旨在为有志于深入了解和参与 DApp 开发的读者提供一条清晰的指导路径。我们将以创建一个简单的投票应用为例，通过实际的操作和详细的解释，向读者展示 DApp 的开发全过程。

在这个过程中，除了使用 3.2 节中介绍的 MetaMask 插件和 Sepolia 测试网，还将使用以下主要工具和技术。

（1）Truffle：这是在当前区块链开发者中最受欢迎的开发框架之一，尤其是在以太坊生态系统中，它为智能合约的开发、测试和部署提供了一整套工具和资源，开发者在应用它进行开发时，能够使智能合约更加高效和系统化。Truffle 能够让编写和管理智能合约变得简单，它提供了一个结构化的目录，专门用于存放智能合约代码。Truffle 能够自动处理智能合约的编译过程，并提供了一个迁移系统，以便轻松地将智能合约部署到区块链上。它内置了一个测试框架，支持 JavaScript 和 Solidity 两种测试方式，这对确保智能合约的质量和安全性至关重要。Truffle 支持插件，这意味着开发者可以根据需要添加额外的功能或集成其他工具。Truffle 还可以配置和管理多个网络设置，无论是连接到公共网络、私有网络还是测试网络。

（2）Ganache：它可以是 Truffle Suite 的一部分，也可以独立安装，这是一个用于个人以太坊区块链开发的工具。它为开发者提供了一个安全、可控的环境用来测试和开发智能合约和 DApp，整个过程无须消耗真实的以太币或在公共区块链上操作。Ganache 可快速搭建，为开发者提供一个简单易用的区块链环境，无须复杂的配置。它模拟了一个真实的区块链网络，包括矿工和交易确认过程，但速度更快且便于测试。Ganache 提供了一个直观的图形界面，可以轻松地查看区块链的详细信息，如区块、交易、矿工费用等。Ganache 和 Truffle 框架的集成让智能合约的部署、测试和交互更加高效。Ganache 是测试智能合约和 DApp 的理想环境。开发者可以在此环境下执行各种测试，包括功能测试、压力测试等。

（3）Vue.js：这是一个轻量级的前端框架，用于构建用户界面和单页应用。Vue.js 的优点在于简单、灵活且高效。它适用于从小型项目到大型企业级应用的各种开发需求。对于需要快速开发，同时希望保持代码简洁和易于维护的 DApp 开发项目来说，Vue.js 是一个极佳的选择。

1. 设置开发环境

1）安装 Visual Studio Code

Visual Studio Code（VSCode）是一款由 Microsoft 开发的免费、开源的代码编辑器。它支持多种编程语言，并提供了丰富的功能和插件，使开发者能够更高效地编写和调试代码。其可以直接下载安装，安装 Windows 操作系统的电脑需要下载.exe 文件。

2）安装 NVM

NVM（Node Version Manager）是一个用于管理 Node.js 版本的命令行工具，允许用户在同一台计算机上安装和切换不同版本的 Node.js，以确保项目能够在特定版本的 Node.js 上正常运行。从计算机上下载 nvm-setup.exe 文件进行安装，安装完成以后可以在 powershell

中输入 nvm list 命令测试安装是否成功，查看安装的 node 版本如图 3.14 所示。

```
PS C:\> nvm list

    18.19.0
  * 16.20.2 (Currently using 64-bit executable)
```

图 3.14　查看安装的 node 版本

图 3.14 表示 NVM 已经安装成功，并且显示当前正在使用的 Node.js 版本是 16.20.2，系统上已安装的 Node.js 版本包括 18.19.0 和 16.20.2（*表示当前正在使用的版本）。如果系统之前没有安装过 Node.js，可以在 powershell 中输入 nvm ls available 命令查看 NVM 可以支持安装的 Node.js 版本，如图 3.15 所示。

```
PS C:\> nvm ls available

|   CURRENT   |    LTS    |  OLD STABLE  |  OLD UNSTABLE  |
|-------------|-----------|--------------|----------------|
|   21.6.0    |  20.11.0  |    0.12.18   |    0.11.16     |
|   21.5.0    |  20.10.0  |    0.12.17   |    0.11.15     |
|   21.4.0    |  20.9.0   |    0.12.16   |    0.11.14     |
|   21.3.0    |  18.19.0  |    0.12.15   |    0.11.13     |
|   21.2.0    |  18.18.2  |    0.12.14   |    0.11.12     |
|   21.1.0    |  18.18.1  |    0.12.13   |    0.11.11     |
|   21.0.0    |  18.18.0  |    0.12.12   |    0.11.10     |
|   20.8.1    |  18.17.1  |    0.12.11   |    0.11.9      |
|   20.8.0    |  18.17.0  |    0.12.10   |    0.11.8      |
|   20.7.0    |  18.16.1  |    0.12.9    |    0.11.7      |
|   20.6.1    |  18.16.0  |    0.12.8    |    0.11.6      |
|   20.6.0    |  18.15.0  |    0.12.7    |    0.11.5      |
|   20.5.1    |  18.14.2  |    0.12.6    |    0.11.4      |
|   20.5.0    |  18.14.1  |    0.12.5    |    0.11.3      |
|   20.4.0    |  18.14.0  |    0.12.4    |    0.11.2      |
|   20.3.1    |  18.13.0  |    0.12.3    |    0.11.1      |
|   20.3.0    |  18.12.1  |    0.12.2    |    0.11.0      |
|   20.2.0    |  18.12.0  |    0.12.1    |    0.9.12      |
|   20.1.0    |  16.20.2  |    0.12.0    |    0.9.11      |
|   20.0.0    |  16.20.1  |    0.10.48   |    0.9.10      |

This is a partial list. For a complete list, visit https://nodejs.org/en/download/releases
```

图 3.15　查看可以支持安装的 Node.js 版本

若要安装指定的版本，则可以输入 nvm install <版本号>，如 nvm install 20.8.1 可以安装 Node.js 的 20.8.1 版本，需要切换版本可以输入 nvm use <版本号>。安装指定版本的 Node.js 如图 3.16 所示。

Node.js 安装好之后，会自动安装 npm，可以输入 npm-v 查看 npm 版本，npm 允许开发者轻松地安装、更新、卸载和管理 Node.js 模块（包）。这些模块可以包括库、工具、框架等，用于开发 Node.js 应用程序。npm 能够解决 Node.js 应用程序中模块依赖的关系。当用户安装一个模块时，npm 会自动检查并安装它所依赖的其他模块，以确保应用程序能够正常运行。npm 允许用户指定模块的版本号，以确保应用程序在不同环境中能够获得相同的依赖关系。这有助于避免不同版本之间不兼容导致的问题。npm 还允许在 package.json 文件中定义一些脚本，方便开发者执行各种任务。例如，用户可以定义启动应用程序的脚本、运行测试的脚本等。

```
PS C:\> nvm install 20.8.1          安装node.js 20.8.1版本
Downloading node.js version 20.8.1 (64-bit)...
Extracting node and npm...
Complete
npm v10.1.0 installed successfully.


Installation complete. If you want to use this version, type

nvm use 20.8.1
PS C:\> nvm list          查看已经安装的版本

    20.8.1
    18.19.0
  * 16.20.2 (Currently using 64-bit executable)
PS C:\> nvm use 20.8.1          切换到新的版本
Now using node v20.8.1 (64-bit)
PS C:\> nvm list                          切换后的node.js列表，*号表示已经切换到20.8.1版本

  * 20.8.1 (Currently using 64-bit executable)
    18.19.0
    16.20.2
```

图 3.16　安装指定版本的 Node.js

3）安装依赖包 solc、Web3、webpack

solc 是 Solidity 编程语言的编译器。Solidity 是一种用于智能合约开发的语言，主要用于以太坊区块链上的智能合约编写。solc 将 Solidity 代码编译为 Ethereum Virtual Machine（EVM）可执行的字节码，这样智能合约可以在以太坊网络上运行。用户在 powershell 中输入 npm install -g solc 命令可以安装 solc。

Web3 是一个用于与以太坊区块链交互的 JavaScript 库。它提供了与以太坊节点通信的功能，允许用户在应用程序中进行账户管理、智能合约部署、交易发送等操作。Web3 是以太坊开发中常用的工具之一，能够使 DApp 变得更加便捷。用户在 powershell 中输入 npm install -g web3 命令可以安装 Web3。

webpack 是一个用于打包前端 JavaScript 应用程序的工具。它可以处理应用程序中的各种模块，并将它们打包成一个或多个最终的 JavaScript 文件，以便在浏览器中运行。webpack 不仅用于打包 JavaScript 文件，还可以处理样式、图片等资源，并提供了模块化开发的便利性。用户在 powershell 中输入 npm install -g webpack 命令可以安装 webpack。

```
PS C:\> npm list -g
C:\Users\ss\AppData\Roaming\npm
├── @vue/cli@4.5.15
├── dotenv@16.3.1
├── ganache@7.9.2
├── npm@8.19.4
├── nvmw@1.0.0
├── solc@0.8.23-fixed
├── truffle@5.11.5
├── web3@4.3.0
└── webpack@5.89.0
```

图 3.17　查看已经安装的包

安装完成以后可以在 powershell 中输入 npm list -g 查看已经安装的包，如图 3.17 所示。上述这三个包在以太坊开发中经常被一同使用，solc 用于智能合约的编译，Web3 用于与以太坊区块链进行交互，而 webpack 则用于前端应用程序的打包和模块管理。它们共同为以太坊智能合约和去中心化应用的开发提供了强大的工具支持。

4）安装 Truffle

Truffle 是一款专为以太坊区块链上的智能合约开发而设计的开发框架。该框架提供了

一整套功能强大的工具，使得智能合约的开发、测试和部署变得更加简单和高效。Truffle 具有项目管理、智能合约编译、部署与迁移、测试框架等功能。其通过内置的 Solidity 编译器，支持自动编译 Solidity 合约，并提供了内置的开发服务器，方便本地快速部署和测试。其交互式控制台和强大的测试框架使得开发者能够轻松地测试和调试智能合约。此外，Truffle 还支持配置不同的以太坊网络，包括测试网络、私有网络和主网网络，以适应不同的开发和测试需求。Truffle 为以太坊智能合约开发提供了便捷而全面的工具集，成为开发者在构建和维护智能合约项目时的首选框架。

在安装 Truffle 之前，用户需要确保已经安装了 Node.js 和 npm。打开 PowerShell 输入 npm install -g truffle，该命令会将 Truffle 安装为全局包，使用户可以在任何地方使用它。

在安装完成后，用户可以通过输入"truffle -v"命令，验证 Truffle 是否正确安装，并查看 Truffle 版本，如图 3.18 所示。图 3.18 中的内容说明，安装的 Truffle 版本是 5.11.5。"core"表示 Truffle 的核心组件版本也是 5.11.5，用于智能合约的开发、测试和部署。安装的 Ganache 版本是 7.9.1，用于开发和测试智能合约，它模拟了以太坊区块链的环境，使用的 Solidity 编译器版本是 0.5.16。Solidity 是编写以太坊智能合约的编程语言，而 solc-js 是 Solidity 编译器的 JavaScript 版本。安装的 Node.js 版本，

```
PS C:\> truffle -v
Truffle v5.11.5 (core: 5.11.5)
Ganache v7.9.1
Solidity v0.5.16 (solc-js)
Node v16.20.2
Web3.js v1.10.0
```

图 3.18　查看 Truffle 版本

具体为 16.20.2。Node.js 是 JavaScript 运行时的工作环境，支持在服务器端执行 JavaScript 代码。Truffle 和许多其他的区块链工具都是使用 Node.js 开发的。使用的 Web3.js 库版本是 1.10.0。Web3.js 是一个允许用户与以太坊区块链交互的 JavaScript 库，是与智能合约进行交互的重要组件。

5）安装 Ganache

Ganache 是用于以太坊智能合约开发和测试的个人区块链模拟器。它提供了本地的、轻量级的以太坊区块链环境，使得开发者能够在本地机器上进行智能合约的开发、测试和调试，而无须连接到实际的以太坊网络。Ganache 具备用户友好的图形用户界面（GUI），通过可视化界面，开发者可以直观地查看区块链的状态、交易历史和账户余额等信息。这个模拟器启动迅速，无须长时间等待区块同步过程，且内置了一组账户和测试以太币，方便开发者进行测试和调试。Ganache 还记录每个交易的详细信息，包括交易哈希、Gas 费用使用情况等，以帮助开发者进行智能合约执行过程的分析。同时，Ganache 支持多种以太坊网络的协议与各种开发工具和框架集成，为以太坊智能合约项目的本地开发提供了高效而便捷的环境。Ganache 有桌面版本和命令行版，可以下载安装包直接安装，安装好后查看 Ganache 如图 3.19 所示。

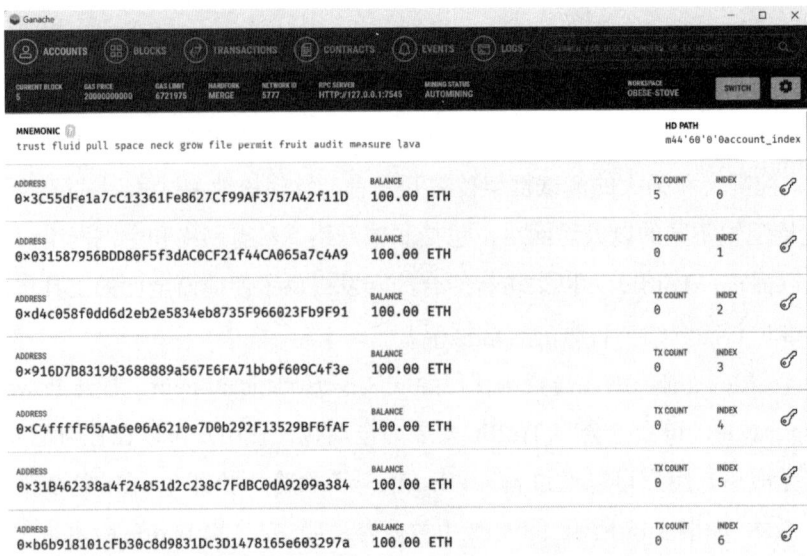

图 3.19 安装好后查看 Ganache

2．初始化项目

用户可以先通过 Truffle 初始化一个项目，了解 Truffle 项目的结构及每个模块的作用。在 PowerShell 中直接运行 truffle init 可以创建一个包含默认目录结构和配置文件的 Truffle 项目，Truffle 项目结构如图 3.20 所示。

```
my_truffle_project/
├── contracts/        # 存放智能合约文件的目录
├── migrations/       # 存放迁移脚本的目录
├── test/             # 存放测试文件的目录
└── truffle-config.js # Truffle 的配置文件
```

图 3.20 Truffle 项目结构

（1）contracts/（存放智能合约文件的目录）：该目录用于存放智能合约文件（通常是以.sol 为扩展名的 Solidity 文件）。当在这个目录中编写智能合约时，Truffle 将识别并编译这些合约文件，并生成相应的 ABI（Application Binary Interface）和字节码。

（2）migrations/（存放迁移脚本的目录）：migrations 目录用于存放迁移脚本，这些脚本负责在区块链网络上部署智能合约。迁移脚本通常是 JavaScript 文件，使用 Truffle 提供的 API 配置并执行智能合约的部署。每个迁移脚本都有一个数字前缀，表示部署的顺序。

（3）test/（存放测试文件的目录）：test 目录用于存放智能合约的测试文件（通常是以.js 为扩展名的 JavaScript 文件）。这些测试文件包含一系列测试用例，用于验证智能合约在不同情况下的行为是否符合预期。

（4）truffle-config.js（Truffle 的配置文件）：这个文件是 Truffle 的配置文件，用于配置项目的各种设置，包括网络配置、编译器选项、插件等。可以在这里指定自己要使用的区块链网络，选择编译器版本，配置插件等。

3．编写合约和编写迁移脚本

在本阶段需要根据需求编写合约脚本。在该阶段我们采用 Truffle Box 中的 webpack 项目作为例子完成整个流程的开发介绍，该项目使用 Truffle 框架和 webpack 构建工具完成区块链 DApp 示例项目。

项目源码可以通过 truffle unbox webpack 命令直接下载编译，也可以手动下载后上传至网盘，下载后需要进行解压，解压后将文件夹在 VSCode 中打开，webpack 项目如图 3.21 所示。

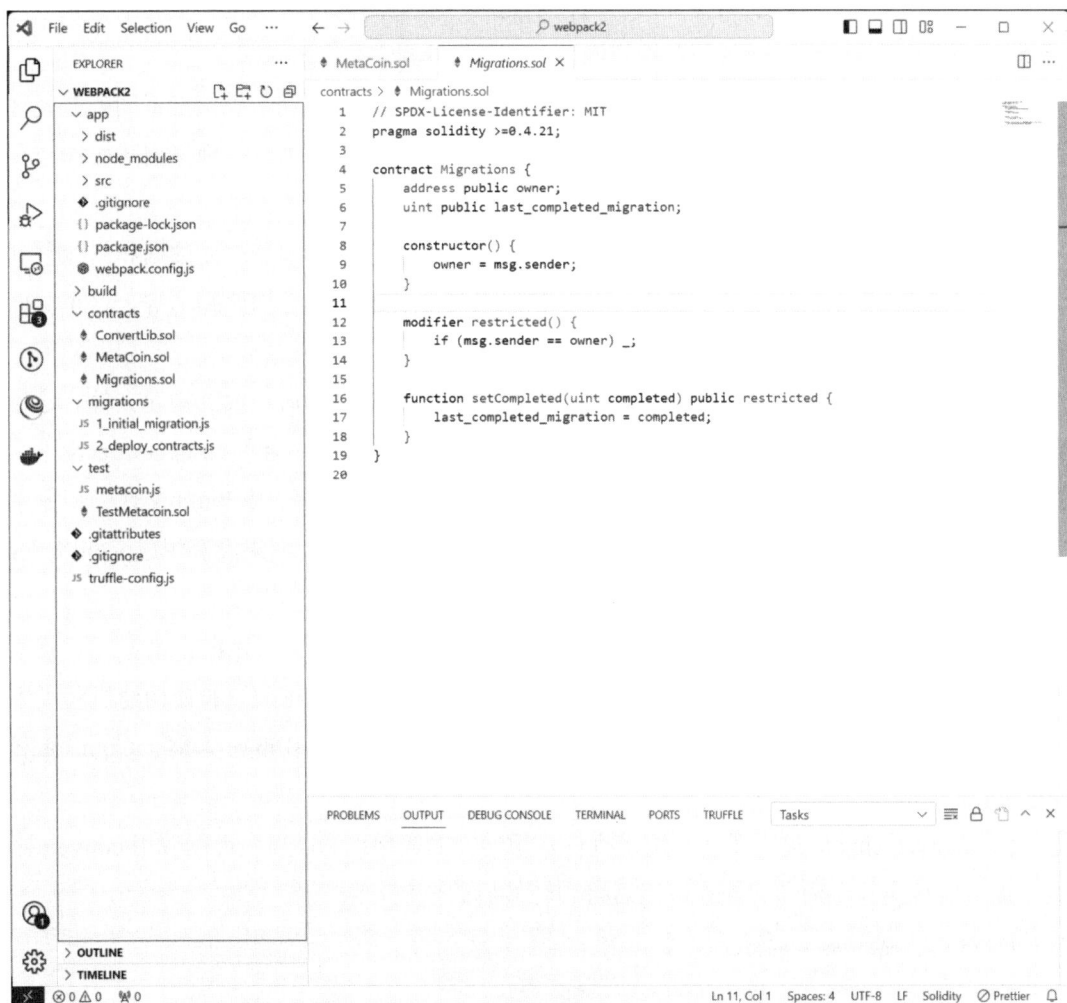

图 3.21 webpack 项目

每个目录的主要功能如下。

（1）app：这个文件夹通常包含前端 DApp 的源代码。在这里会找到 HTML、CSS 和 JavaScript 文件，用于构建用户界面。前端代码与智能合约进行交互，让用户能够与区块链进行互动，app 文件夹下包含的文件夹如下所示。

① dist 文件夹：这个文件夹扮演着构建后前端应用程序文件托管地的角色。在构建过程中，源代码会经过处理、压缩和优化，生成的文件会被存放在 dist 目录下。这些文件准备好后，我们可以将它们部署到 Web 服务器或分布式存储系统中，如 IPFS。

② node_modules 文件夹：这个目录是 Node.js 项目的依赖包存储地。当使用 npm 或 yarn 安装依赖时，这些库和工具会被下载并存储在 node_modules 文件夹中。这些依赖包对于前端应用的运行至关重要。

③ src 文件夹：这是前端应用的源代码目录。在这里，可以找到 HTML、CSS 和 JavaScript 文件，这些文件共同构建了用户界面。与区块链进行互动的前端代码也位于这个目录中。此外，使用者可能还会发现其他前端资源，如图像和字体等。

④ package-lock.json 文件：这个文件是 npm 的锁定文件，有助于确保在不同的开发环境中安装的依赖包版本是一致的。它记录了确切的依赖关系和版本号，确保团队协作或在不同环境中的一致性。

⑤ package.json 文件：这是 Node.js 项目的配置文件，包含了项目的元数据和依赖包列表。其中，scripts 部分定义了一些命令，如启动开发服务器、运行构建脚本等。这个文件是前端项目的核心配置文件。

（2）build：该文件夹用于存储 Solidity 编译器编译智能合约后生成的构建文件。这包括 ABI（Application Binary Interface）和合约的部署信息。Truffle 会在 build/contracts 下生成这些文件，以便在前端应用中使用。如果已经对合约进行过编译，则 build 文件夹中分别包含 ConvertLib.json、MetaCoin.json 和 Migrations.json 三个文件，如果没有生成 json 文件，则需要对合约进行编辑后才能够生成。

（3）contracts：这个文件夹包含 Solidity 智能合约的源代码。可以在这里编写、修改和存储使用者的智能合约。Truffle 编译器会将这些合约编译成字节码，并在构建过程中生成相关的 ABI 和部署信息。在本例中，有三个合约文件，ConvertLib.sol、MetaCoin.sol 和 Migrations.sol。

① ConvertLib.sol 提供了一个用于执行货币转换的简单函数。用户可以调用 convert 函数，提供要转换的金额和转换率，然后得到转换后的金额。

```
// SPDX-License-Identifier: MIT

// Solidity 版本声明
pragma solidity >=0.4.21;

// 用于执行货币转换的库。
library ConvertLib {
// 通过提供的转换率，将给定的金额进行转换的函数。
// 该函数声明为public，pure，并返回转换后的金额。
    function convert(uint amount, uint conversionRate) public pure returns (uint convertedAmount) {
// 通过将金额乘以转换率来执行转换。
```

```
            return amount * conversionRate;
        }
}
```

② MetaCoin.sol 主要用于模拟一个简单的代币系统，可以向指定接收者账户发送一定数量的代币，返回指定地址的代币余额。

```solidity
// SPDX-License-Identifier: MIT
// Solidity 版本声明
pragma solidity >=0.4.21;

// 导入 ConvertLib.sol 合约，用于转换货币
import "./ConvertLib.sol";

// 定义 MetaCoin 合约
contract MetaCoin {
// 使用映射存储地址和余额的关系
    mapping (address => uint) balances;

// 定义 Transfer 事件，用于记录转账信息
    event Transfer(address indexed _from, address indexed _to, uint256 _value);

// 构造函数，在智能合约部署时执行
    constructor() public {
// 将智能合约创建者的账户初始化为 10000 个 MetaCoin
        balances[msg.sender] = 10000;
    }

// 定义发送 MetaCoin 的函数
    function sendCoin(address receiver, uint amount) public returns(bool sufficient) {
// 检查发送者的余额是否足够，不足则返回 false
        if (balances[msg.sender] < amount) return false;

// 更新发送者和接收者的余额
        balances[msg.sender] -= amount;
        balances[receiver] += amount;

// 发送 Transfer 事件，记录转账信息
        emit Transfer(msg.sender, receiver, amount);

        return true;
    }

// 定义获取指定地址余额的以太币价值的函数
    function getBalanceInEth(address addr) public view returns(uint) {
// 调用 ConvertLib 合约的 convert 函数，将余额转换为以太币价值
        return ConvertLib.convert(getBalance(addr), 2);
    }
```

```
// 定义获取指定地址余额的函数
    function getBalance(address addr) public view returns(uint) {
// 返回指定地址的余额
        return balances[addr];
    }
}
```

③ Migrations.sol 主要用于迁移管理，确保只有智能合约的所有者能够标记迁移的完成。setCompleted 函数的调用通常在智能合约迁移的过程中使用，以记录已完成的版本。

```
// SPDX-License-Identifier: MIT
// Solidity 版本声明
pragma solidity >=0.4.21;

// 定义 Migrations 合约
contract Migrations {
// 存储智能合约创建者的地址
    address public owner;

// 存储上一次完成迁移的值
    uint public last_completed_migration;

// 构造函数，在智能合约部署时执行，将合约创建者设置为 owner
    constructor() public {
        owner = msg.sender;
    }

// 修饰符：只有智能合约创建者才能调用被修饰的函数
    modifier restricted() {
        if (msg.sender == owner) _;
    }

// 设置完成迁移的函数，只有智能合约创建者才能调用
    function setCompleted(uint completed) public restricted {
// 更新 last_completed_migration 的值
        last_completed_migration = completed;
    }
}
```

（4）migrations：在这个文件夹中，包含用于迁移（部署）智能合约的脚本。这些脚本以数字顺序命名，用于确保按顺序执行合约的部署。每个迁移脚本定义了如何部署合约，以及在部署完成后执行的任何必要操作。该文件夹中包括 1_initial_migration.js 和 2_deploy_contracts.js 两个部署脚本，分别对编译后的 Migration、ConvertLib 和 MetaCoin 进行部署。

（5）test：用于存放智能合约的测试文件。在这里可以编写测试脚本，确保智能合约在

各种情况下都能正确工作。测试对于智能合约的开发至关重要，因为它们能够验证智能合约的行为和功能。

（6）truffle-config.js：这是 Truffle 的配置文件，其中包含与项目相关的配置选项，如编译器版本、网络设置、插件等。用户可以在这里配置 Truffle 以满足自己的项目需求。

4．编译智能合约和测试智能合约

完成代码的编写后需要对智能合约代码进行编译，直接在 VSCode 下面的终端中输入 truffle compile 即可完成对智能合约的编译，如图 3.22 所示。编译完成后会在 build\contracts 中生成对应的编译结果。

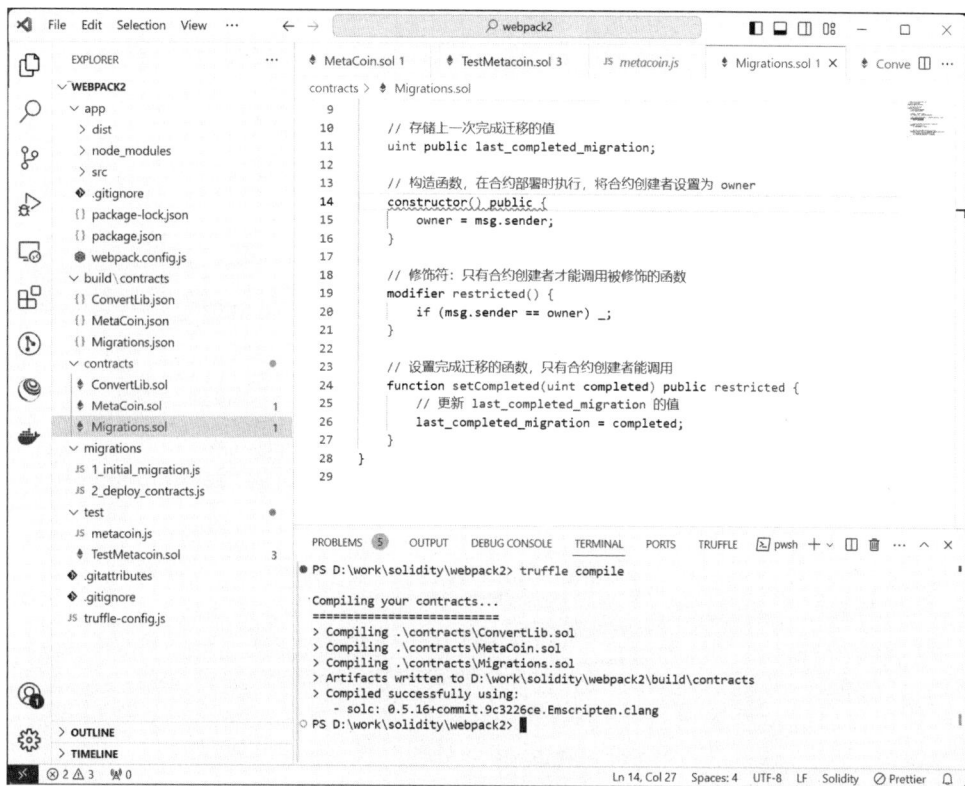

图 3.22　编译合约

编译成功后需要将编写测试脚本放到 test 目录下面，测试脚本主要会对合约中的方法进行验证。在本项目中有两个测试脚本 metacoin.js 和 TestMetacoin.sol，JavaScript 测试脚本用于编写更高级别的测试用例和调用 Solidity 合约的函数，而 Solidity 测试文件则包含智能合约级别的测试用例。

（1）metacoin.js：在这个脚本中，可以定义测试用例，如检查智能合约的初始状态、调用智能合约函数并验证其行为等。该脚本与 Truffle 框架一起工作，通过 Truffle 提供的断言库（Assert）执行各种断言以确保智能合约的正确性。

（2）TestMetacoin.sol：这是一个 Solidity 合约测试文件，其中包含 Solidity 合约 MetaCoin 的测试用例。该文件用于测试合约的各个方面，包括构造函数、合约函数的行为等。在测试文件中，可以通过 Solidity 的 Assert 断言库执行各种断言，用 Solidity 编写智能合约的测试用例，让我们可以在区块链层级进行测试。

对智能合约的测试可以在完成测试脚本之后，通过在 VSCode 终端中输入 truffle test 执行，测试智能合约如图 3.23 所示，该图表明测试运行成功，所有的测试用例都通过了测试。

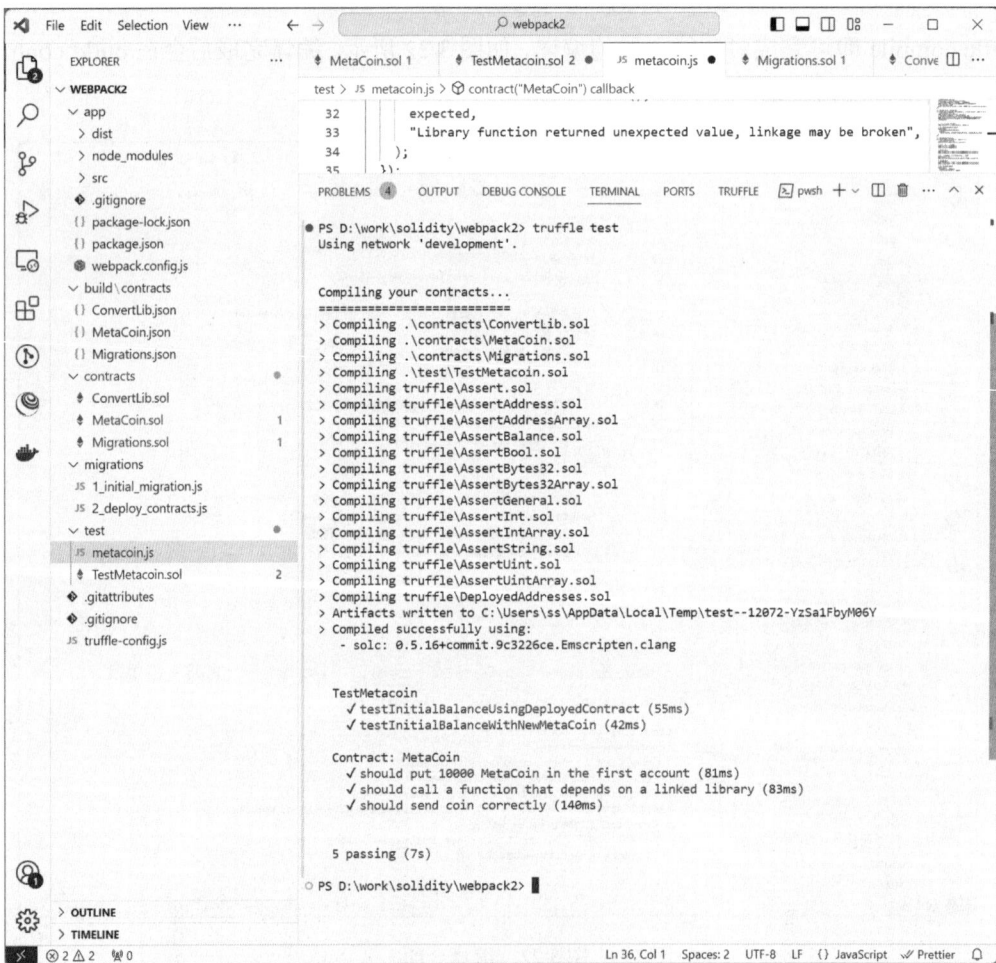

图 3.23　测试智能合约

5. 合约的部署

合约的部署需要启动 Ganache，如图 3.24 所示，该图界面的最上方是账户、区块、交易、合约、日志等信息。第 2 行内容包括当前区块、Gas 费用信息和网络信息等，可以看到 RPC SERVER 是 http://127.0.0.1:7545。在 Accounts 目录下可以看到助记词，助记词可以用来导入钱包，还有 10 个测试账户，每个账户有 100 个 ETH，每行的最右方是各账户的私钥信息。在 Blocks 目录下可以看到第一个区块为区块 0，由于没发生交易，所以

Transactions 中内容为空。Contracts 界面可以添加当前的 Truffle 项目，选择 Link Truffle projects 选项卡，在对话框中选择项目中的 turffle-config.js，可以看到 3 个没有部署的合约，查看合约如图 3.25 所示。

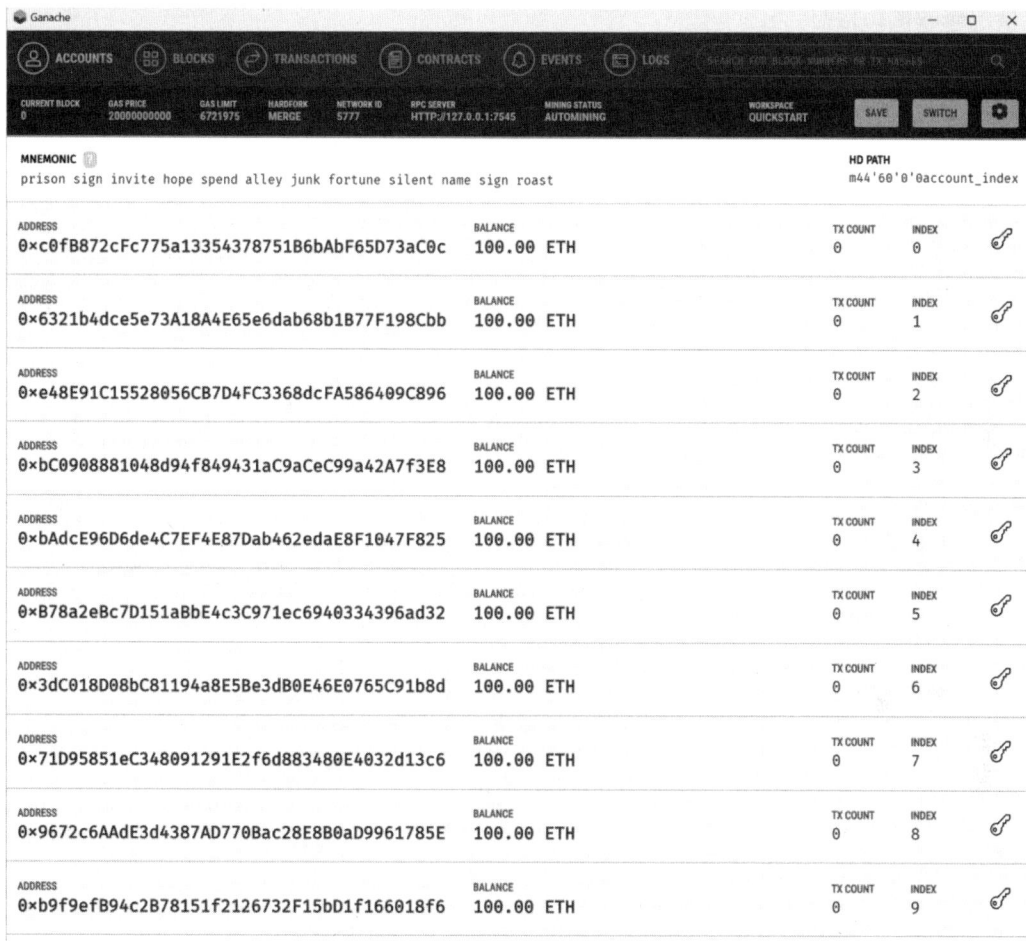

图 3.24　启动 Ganache

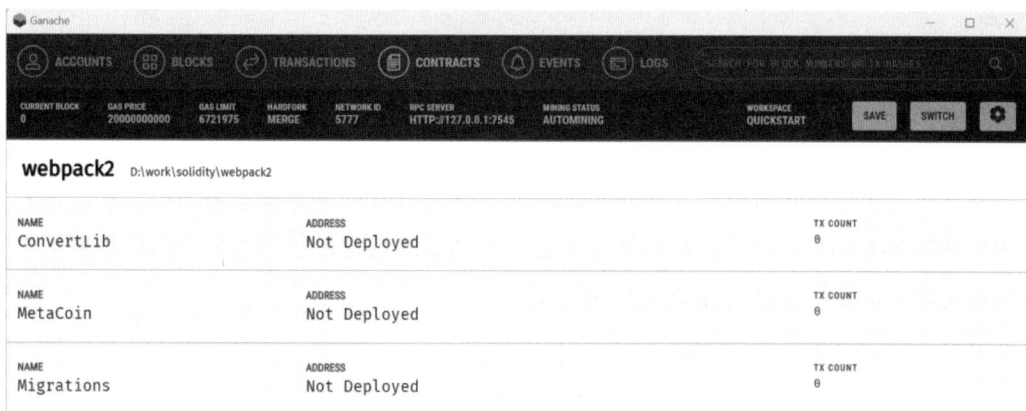

图 3.25　查看合约

部署智能合约之前需要把 truffle-config.js 中的 development 网络注释去除，truffle-config.js 文件如图 3.26 所示，去除后则表明合约已经部署到 development 这个网络中，也就是 Ganache 启动的默认网络。注意，如果是用 ganache-cli 启动，默认端口是 8545，需要根据情况修改端口信息。

图 3.26 truffle-config.js 文件

完成以上步骤后，可以在 VSCode 的终端中输入 turffle migrate 部署智能合约，部署过程中生成的脚本如下，这些信息总结了智能合约部署的过程，包括每个合约的部署地址、交易费用等。部署智能合约如图 3.27 所示。

```
1_initial_migration.js
======================

   Replacing 'Migrations'
   ---------------------
   > transaction hash:    0x7a775782fa2c37b3851532062d6933eaf473b3cd3e43e2ed1b86c7cbf739c377
   > Blocks: 0            Seconds: 0
   > contract address:    0x63A25801e359ad9713c00A2C41ab5BbAF7138a02
   > block number:        1
   > block timestamp:     1705570064
   > account:             0xBe7307a47c519ED185405DCF8D56B1f00DEbd70B
   > balance:             99.999441521875
   > gas used:            165475 (0x28663)
   > gas price:           3.375 gwei
   > value sent:          0 ETH
 ▸ > total cost:          0.000558478125 ETH

   > Saving migration to chain.
   > Saving artifacts
   ------------------------------------
   > Total cost:          0.000558478125 ETH


2_deploy_contracts.js
======================

   Replacing 'ConvertLib'
   ---------------------
   > transaction hash:    0x8a41387cdce165a36e33e370f47a00351476ca4eb0ade8364f9f8bc3535b0a21
   > Blocks: 0            Seconds: 0
   > contract address:    0x788A84949a673834a74375CF7F6492D36D7c713f
   > block number:        3
   > block timestamp:     1705570064
   > account:             0xBe7307a47c519ED185405DCF8D56B1f00DEbd70B
   > balance:             99.998988695105073555
   > gas used:            95470 (0x174ee)
   > value sent:          0 ETH
   > total cost:          0.00030320750265997 ETH


   Linking
   -------
   * Contract: MetaCoin <--> Library: ConvertLib (at address: 0x788A84949a673834a74375CF7F6492D36D7c713f)

   Replacing 'MetaCoin'
   -------------------
   > transaction hash:    0xe9ca4d453eb4525b778d7cd7af335dba3d76a7611204455d722d9611ad06b519    > Blocks: 0          Seconds: 0
   > contract address:    0x39C6161Cbe0D0f4A3a68Ca7E1009eD0c9A1c188E
   > block number:        4
   > block timestamp:     1705570064
   > account:             0xBe7307a47c519ED185405DCF8D56B1f00DEbd70B
   > balance:             99.998095608248213955
   > gas used:            288665 (0x46799)
   > gas price:           3.09385224 gwei
   > value sent:          0 ETH
   > total cost:          0.0008930868568596 ETH

   > Saving migration to chain.
   > Saving artifacts
   ------------------------------------
   > Total cost:          0.00119629435951957 ETH

Summary
=======
> Total deployments:   3
> Final cost:          0.00175477248451957 ETH
```

图 3.27　部署智能合约

上述脚本表明：

（1）1_initial_migration.js。

① 这是 Truffle 框架生成的默认迁移脚本，用于部署 Migrations.sol 合约。

② 合约地址（contract address）：0x63A25801e359ad9713c00A2C41ab5BbAF7138a02。

③ 交易费用（gas used）：165475。

④ 交易费用（total cost）：0.000558478125 ETH。

（2）2_deploy_contracts.js。

① 这是 Truffle 框架生成的第二个迁移脚本，用于部署 ConvertLib.sol 和 MetaCoin.sol 合约。

② ConvertLib.sol 合约地址：0x788A84949a673834a74375CF7F6492D36D7c713f。

③ MetaCoin.sol 合约地址：0x39C6161Cbe0D0f4A3a68Ca7E1009eD0c9A1c188E。

④ MetaCoin.sol 合约调用了 ConvertLib.sol，它们之间通过链接（Linking）建立关联。

⑤ 交易费用（gas used）：95470。

⑥ 交易费用（total cost）：0.00030320750265997 ETH。

（3）Summary。

① 总部署次数：3。

② 最终费用：0.00175477248451957 ETH。

部署完成后 Ganache 客户端中的 Blocks、Transactions、Contracts 都会显示对应的部署信息，部署后区块信息如图 3.28 所示。经过部署 Blocks 由原来的第 0 个变为当前的第 5 个，Transactions 也由原来的空变为 5 个（其中有 3 个是创建合约，有 2 个是调用合约），部署后交易信息如图 3.29 所示。Contracts 中原来没有部署的 3 个合约变为已经完成部署的合约，部署后合约信息如图 3.30 所示。

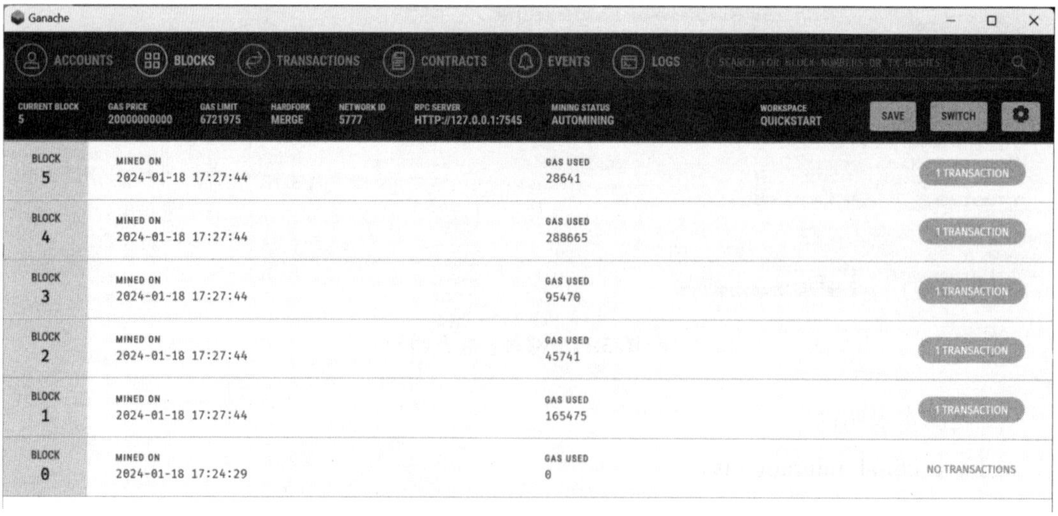

图 3.28 部署后区块信息

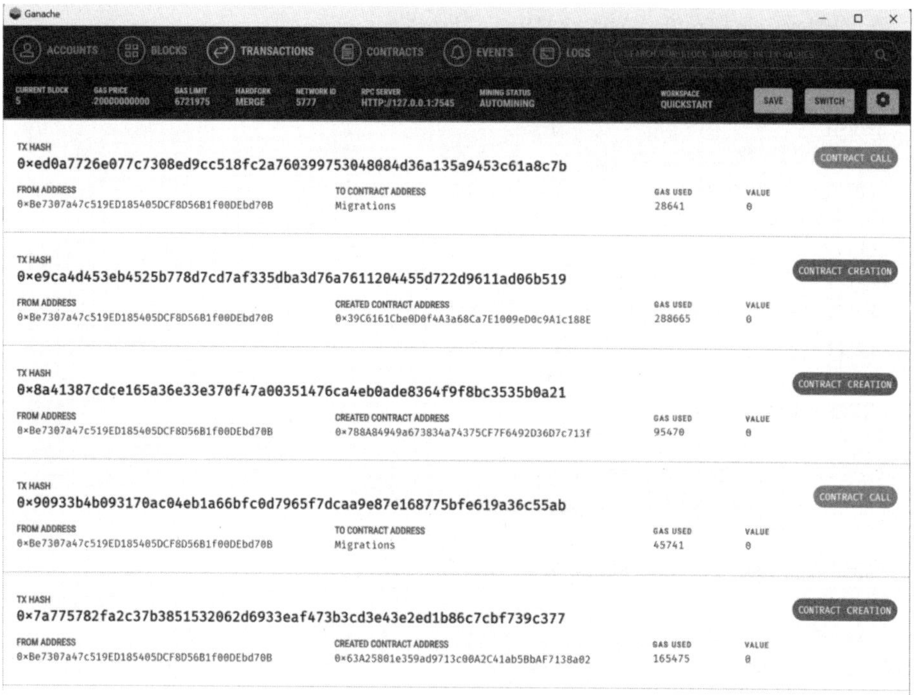

图 3.29　部署后交易信息

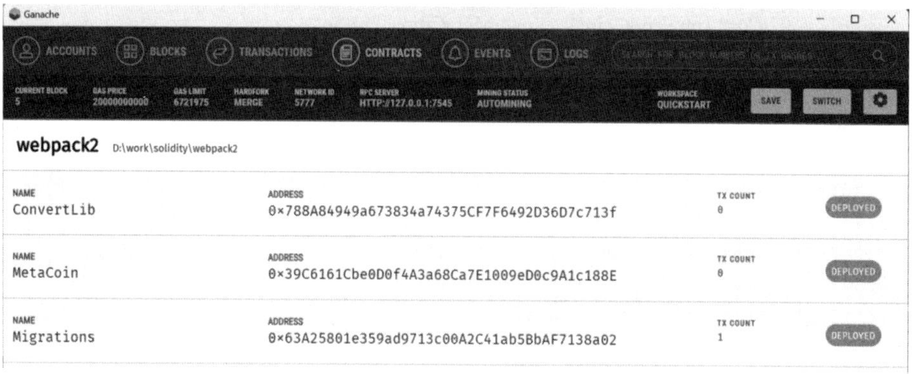

图 3.30　部署后合约信息

6. 开发前端应用

开发前端应用以实现前端对合约的调用，webpack 中已经完成了前端代码的编写，app\src 中的 index.html 和 index.js 是一个简单的前端界面。前端允许用户查看余额、发送 MetaCoin，并在交易完成时更新界面状态和余额。它还适配了 MetaMask 插件的提供者，并提供了本地节点的回退选项。index.html 内容和 index.js 内容分别如下。

index.html：

```
<!DOCTYPE html>

<html>
  <head>
```

```html
        <title>MetaCoin | Truffle Webpack Demo w/ Frontend</title>
      </head>
      <style>
        input {
          display: block;
          margin-bottom: 12px;
        }
      </style>
      <body>
        <h1>MetaCoin  —  Example Truffle Dapp</h1>
        <p>You have <strong class="balance">loading... META</p>

        <h1>Send MetaCoin</h1>

        <label for="amount">Amount:</label>
        <input type="text" id="amount" placeholder="e.g. 95" />

        <label for="receiver">To address:</label>
        <input
          type="text"
          id="receiver"
          placeholder="e.g. 0x93e66d9baea28c17d9fc393b53e3fbdd76899dae"
        />

        <button onclick="App.sendCoin()">Send MetaCoin</button>

        <p id="status"></p>
        <p>
          Hint: open the browser developer console to view any
          errors and warnings.
        </p>
        <script src="index.js"></script>
      </body>
    </html>
```

index.js：

```javascript
import Web3 from "web3";
import metaCoinArtifact from "../../build/contracts/MetaCoin.json";

// 定义应用程序对象
const App = {
  web3: null,
  account: null,
  meta: null,

// 启动应用程序
  start: async function() {
    const { web3 } = this;

    try {
// 获取智能合约实例
      const networkId = await web3.eth.net.getId();
```

```
        const deployedNetwork = metaCoinArtifact.networks[networkId];
        this.meta = new web3.eth.Contract(
            metaCoinArtifact.abi,
            deployedNetwork.address,
        );
```

// 获取账户
```
        const accounts = await web3.eth.getAccounts();
        this.account = accounts[0];
```

// 刷新余额
```
        this.refreshBalance();
    } catch (error) {
        console.error("无法连接到智能合约或区块链。");
    }
},
```

// 刷新余额
```
    refreshBalance: async function() {
        const { getBalance } = this.meta.methods;
        const balance = await getBalance(this.account).call();

        const balanceElement = document.getElementsByClassName("balance")[0];
        balanceElement.innerHTML = balance;
    },
```

// 发送 MetaCoin
```
    sendCoin: async function() {
        const amount = parseInt(document.getElementById("amount").value);
        const receiver = document.getElementById("receiver").value;
```

// 设置状态信息
```
        this.setStatus("正在初始化交易...（请稍候）");

        const { sendCoin } = this.meta.methods;
        await sendCoin(receiver, amount).send({ from: this.account });
```

// 设置状态信息
```
        this.setStatus("交易完成！");
        // 刷新余额
        this.refreshBalance();
    },
```

// 设置状态信息
```
    setStatus: function(message) {
        const status = document.getElementById("status");
        status.innerHTML = message;
    },
};
```

// 将应用程序对象绑定到全局对象
```
window.App = App;
```

```
// 在页面加载完成后执行初始化操作
window.addEventListener("load", function() {
  if (window.ethereum) {
// 使用 MetaMask 插件提供者
    App.web3 = new Web3(window.ethereum);
    window.ethereum.enable(); // 获取访问账户的权限
  } else {
    console.warn(
      "未检测到 web3。正在回退到 http://127.0.0.1:7545。在部署生产环境时，请移除此回退。",
    );
// 回退到本地节点 - 使用你的回退策略（本地节点 / 托管节点 + dapp 内部 id 管理 / 失败）
    App.web3 = new Web3(
      new Web3.providers.HttpProvider("http://127.0.0.1:7545"),
    );
  }

// 启动应用程序
  App.start();
});
```

index.js 内容主要包括：

（1）导入模块。

① import Web3 from "web3"; 导入 Web3.js 库，用于与以太坊区块链进行交互。

② import metaCoinArtifact from "../../build/contracts/MetaCoin.json"; 导入 MetaCoin 智能合约的 ABI 和网络信息。

（2）App 对象定义。App 对象包含了与智能合约交互所需的方法和属性。

（3）start 方法。

① start 方法用于初始化应用程序，获取以太坊网络和智能合约的相关信息。

② 通过 web3.eth.net.getId()获取当前网络的 ID。

③ 通过合约 ABI 和网络地址创建合约实例。

④ 获取当前账户，并调用 refreshBalance 方法更新余额。

（4）refreshBalance 方法。refreshBalance 方法用于调用合约中的 getBalance 方法获取账户余额，并更新界面上显示的余额。

（5）sendCoin 方法。

① sendCoin 方法用于发送 MetaCoin 到指定地址。

② 获取输入框中的金额和接收地址。

③ 调用合约的 sendCoin 方法发送交易，并更新界面状态和余额。

（6）setStatus 方法。setStatus 方法用于更新界面上的状态信息。

（7）界面加载事件监听。

① window.addEventListener("load", function() {...} 用于在界面加载完成后执行初始化操作。

② 检查是否存在 Ethereum 提供者（MetaMask），如果存在则使用 MetaMask 插件的提供者，否则使用本地节点。

③ 调用 App.start()启动应用程序。

7. 前端应用部署

完成前端应用的开发后，可以在 VSCode 终端中进入 app 目录，分别输入 npm install 和 npm run dev 安装依赖和部署前端代码，部署前端界面如图 3.31 所示，完成后可以在浏览器中输入 http://localhost:8080/访问部署后区块信息，如图 3.32 所示。

169

图 3.31　部署前端界面

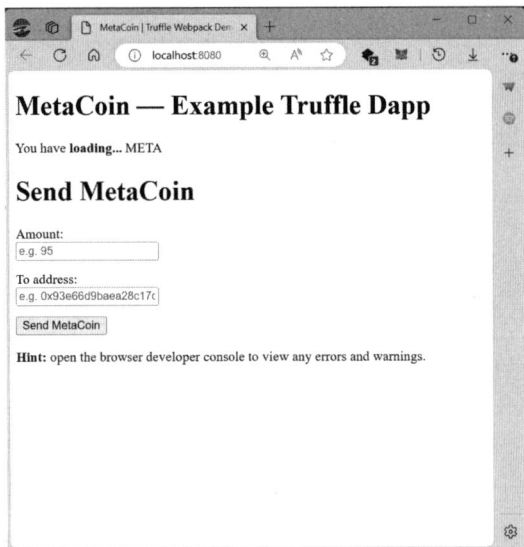

图 3.32　部署后区块信息

此时的前端界面还没有连接 MetaMask 插件，需要通过 MetaMask 插件连接 Ganache 创建的网络。单击 MetaMask 插件左上角的按钮，执行"网络"→"添加网络"→"手动添加网络"菜单命令，如图 3.33 所示，按图中内容填写 RPC URL 和链 ID。在网络添加成功后，切换到新添加的网络，单击 MetaMask 插件最上方中间的"账户"按钮，单击"添加账户"或"钱包"按钮，在弹出的对话框中选择"导入账户"选项卡，导入 Ganache 中账户，如图 3.34 所示，在输入框中输入 Ganache 为账户 0 生成的私钥，如图 3.35 所示。

图 3.33　手动添加网络

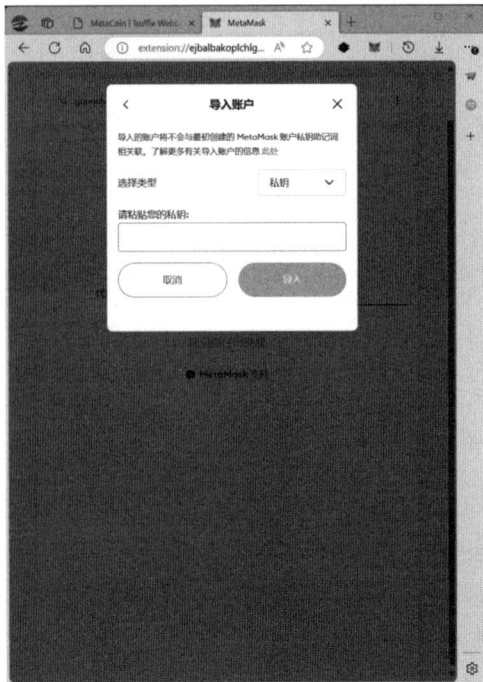

图 3.34　导入 Ganache 中账户

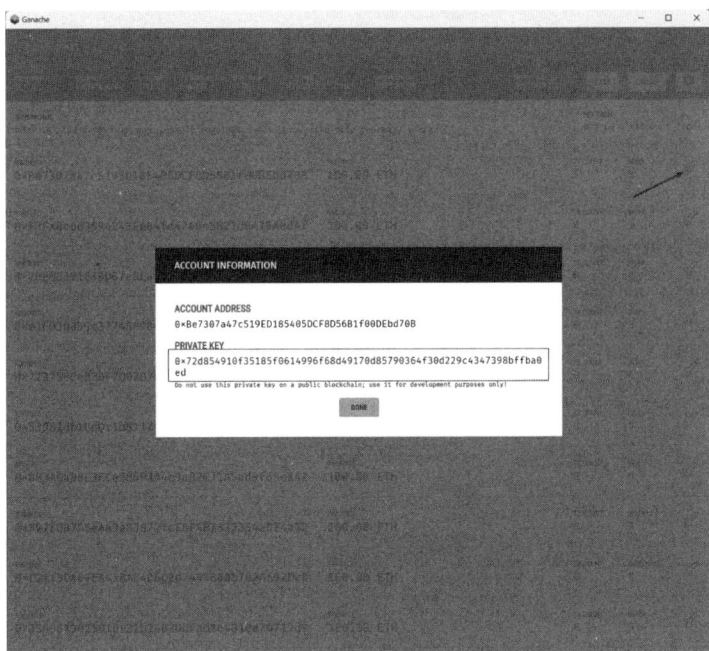

图 3.35　账户私钥

完成导入后可以看到账户中的余额，如图 3.36 所示。此时刷新 http://localhost:8080，再单击 MetaMask 插件选择导入的账户（Account 5）进行连接，再刷新 http://localhost:8080，此时可以看到目前余额有 10 000 个 MetaCoin，这 10 000 个 MetaCoin 是 MetaCoin.sol 中智能合约创建者用于初始化的余额，连接导入的账户 1 如图 3.37 所示。

171

图 3.36　导入后的账户

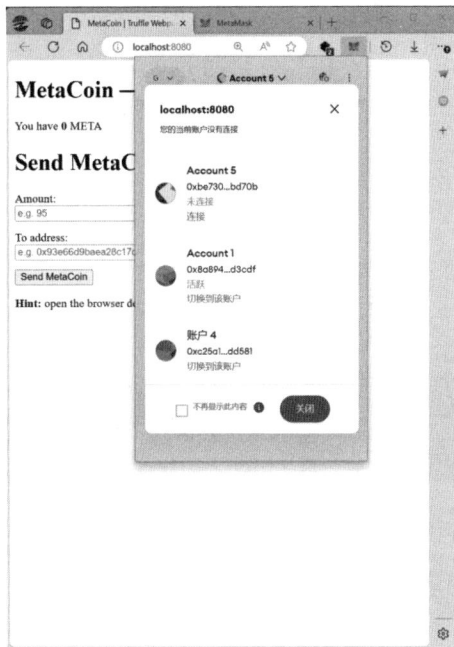

图 3.37　连接导入的账户 1

8．测试和调试

在此步骤前，智能合约已经部署完成，前端也已经部署完成，MetaMask 钱包也已经连接 Ganache 生成的区块链网络。在此基础上，开发者可以通过前端向其他用户发送 MetaCoin，如我们给账户 1 发送 500 个 MetaCoin，在 Amount 输入框中输入 500，并将账户 1 的地址粘贴到 To address 输入框，可以直接发送 MetaCoin。此时需要我们在 MetaMask 钱包中确认该交易是否在进行（因为需要消耗 Gas 费用），确认后会消耗部分 Gas 费用，并完成交易。用同样的方式导入 Ganache 生成的账户 2，可以看到账户 2 的 MetaCoin 余额为 500，连接导入的账户 2 如图 3.38 所示，账户 2 MetaCoin 余额如图 3.39 所示。此时交易的信息在 Ganache 中也可以看到，Ganache 中显示增加了一个区块，Events 中增加了一个 Transfer。Ganache 中 Events 信息如图 3.40 所示。

图 3.38　连接导入的账户 2

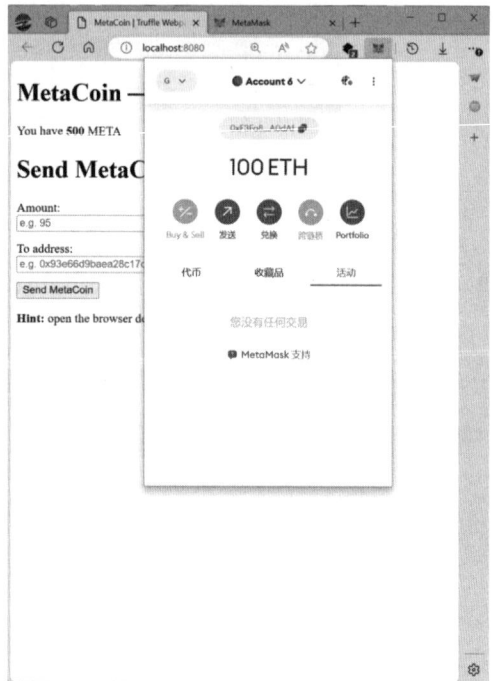

图 3.39　账户 2 MetaCoin 余额

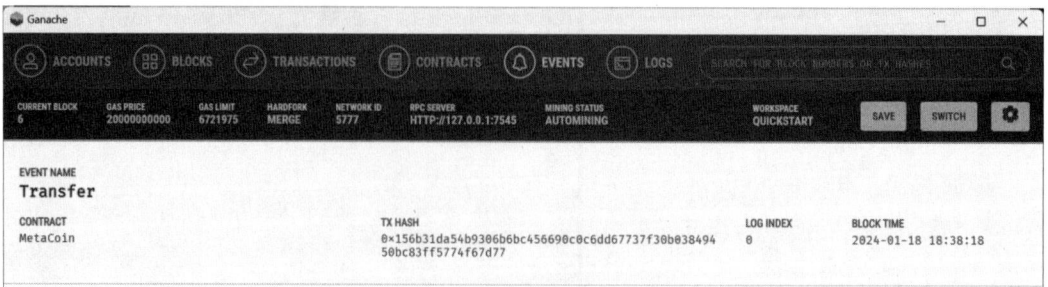

图 3.40　Ganache 中 Events 信息

到此为止，我们通过 Truffle 框架成功构建了一个完整的 DApp，在开发和测试阶段，我们使用了 Ganache 作为本地区块链环境。Ganache 模拟了以太坊区块链，为开发人员提供了一个快速且可靠的测试环境，使得调试和测试变得轻松且高效。

在 DApp 的开发过程中，Truffle 框架极大地简化了智能合约的编写、测试和部署。首先，我们使用 Solidity 编程语言编写了智能合约，定义了 DApp 的核心逻辑。其次，我们通过 Truffle 的支持，得以在高效的开发环境中进行智能合约的编写和调试，提高了开发效率。再次，我们编写了智能合约的测试脚本，进行了智能合约测试，确保智能合约在各种情况下表现正常。Truffle 内置的测试工具让测试用例的编写和执行变得简单，帮助我们提高了合约的质量和可靠性。最后，我们利用 Truffle 框架轻松地将智能合约部署到 Ganache 的区块链网络上。这一步骤涉及选择目标网络、配置合约参数及执行部署操作。

开发前端应用，通过集成 MetaMask 插件，让用户能够使用自己的数字钱包对 DApp 进行操作。这包括在前端代码中集成 MetaMask 插件提供的 Web3.js 库，以便与以太坊区块链进行通信。

综合而言，通过 Truffle 框架的支持，我们成功构建了一个完整的 DApp。构建 DApp 的过程不仅为开发人员介绍了如何使用便捷的工具，同时也展示了 DApp 开发的关键步骤，包括智能合约编写、测试、部署，以及前端与 MetaMask 插件、本地区块链的集成。通过这个实际案例，读者可以学到如何使用 Truffle 框架进行全方位的区块链应用开发。

习题

一、简答题

1. 什么是 DApp，其主要特点是什么？

2. 介绍比较传统的中心化应用与去中心化应用的架构区别。

3. 解释智能合约在去中心化应用中的作用，并举例说明一个实际应用场景。

4. 描述以太坊平台在去中心化应用开发中扮演的角色和重要性。

5. 列举并简要描述三种常见的去中心化存储解决方案。

6. 什么是 Web3.0？与 Web2.0 相比，Web3.0 有哪些主要的创新和改进？

7. 讨论去中心化应用开发中面临的主要挑战，并提出可能的解决方案。

8. 描述去中心化应用的经济激励机制是如何设计的，以及它们对用户和开发者的影响。

9. 什么是 DeFi？其主要应用场景和优势是什么？

10. 解释 DAO 的概念及其在去中心化应用中的实践。

二、选择题

1. 下列哪一项不是 DApp 的主要特点？

    A．开源代码   B．依赖单一服务器

    C．使用区块链技术   D．具有经济激励机制

2. 智能合约在以太坊平台上主要通过哪种编程语言编写？

    A．Python   B．Java   C．Solidity   D．C++

3. 下列哪一种不属于去中心化存储解决方案？

    A．IPFS   B．Swarm   C．Sia   D．AWS S3

4. Web3.0 的主要创新之一是（   ）。

    A．更高的集中化程度   B．用户对数据的更高控制权

    C．更快的网络速度   D．更低的存储成本

5. 下列哪一项是 DeFi 的主要应用场景？

    A．在线广告   B．视频流媒体   C．去中心化借贷   D．在线购物

三、判断题

1. DApp 必须依赖单一的中央服务器运行。   （   ）

2. 智能合约在去中心化应用中可以自动执行预定义的条款和条件。   （   ）

3. IPFS 是一种去中心化的存储解决方案。   （   ）

4. Web3.0 的一个重要特征是用户对其数据拥有更大的控制权。   （   ）

5. DAO 是一种没有集中领导的组织形式。   （   ）

四、讨论题

1. 讨论 DApp 的优缺点，并分析其在实际应用中可能面临的挑战。

2. 分析智能合约在各行业中的潜在应用，并讨论它们可能带来的变革。

第 4 章

超级账本开发

4.1 超级账本简介

超级账本（Hyperledger）项目是旨在推动跨行业区块链技术的开源合作项目。它由 Linux 基金会于 2015 年年底发起，目的是支持并促进企业级的区块链技术的发展和应用。超级账本项目的核心理念是提供一个非中心化的、性能强大的、企业级的区块链平台，以帮助不同行业的企业和组织构建它们自己的区块链应用和解决方案。

4.1.1 超级账本项目概述

在 2015 年 12 月，Linux 基金会牵头联合 30 家初始企业成员（包括 IBM、Accenture、Intel、J.P. Morgan、R3、DAH、DTCC、FUJITSU、HITACHI、SWIFT、Cisco 等）共同宣布了超级账本项目的成立。这标志着区块链技术在企业应用领域步入了新阶段。超级账本项目旨在为企业级分布式账本技术提供一个透明、公开、去中心化的开源参考实现，并推动相关协议、规范和标准的发展。成立之初，超级账本项目得到了众多开源技术的帮助，其中 IBM 贡献了 4 万多行 Open Blockchain 代码，Digital Asset、R3 和 Intel 也分别贡献了企业和开发者相关资源，以及新的金融交易架构和分布式账本相关的代码。

超级账本项目作为一个联合项目，由多个面向不同目的和场景的子项目构成，包括 Fabric、SawToothLake、Iroha、Blockchain Explorer、Cello 等。超级账本顶级项目如图 4.1 所示。所有项目都遵守 Apache v2 许可，并强调模块化设计、代码可读性和可持续的演化路线。超级账本项目已经建立了成熟的技术社区，社区目前拥有近 300 家全球知名企业和机构会员，包括来自中国的多家企业，如华为、百度、腾讯等行业领军企业，以及研究机构和高校，如英格兰银行、MIT、UCLA 区块链实验室、北京大学、浙江大学等。

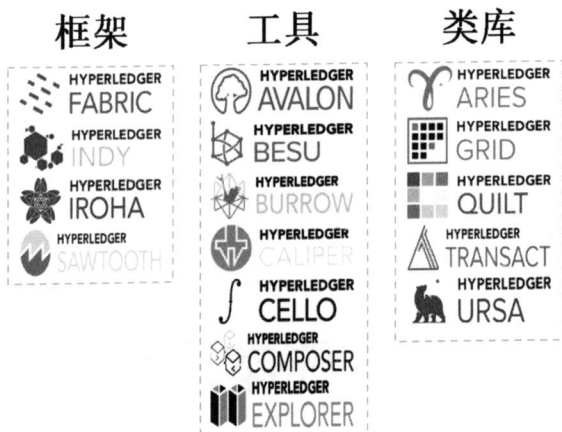

图 4.1 超级账本顶级项目

超级账本项目开启了区块链技术在联盟账本应用场景中的新篇章，引入了权限控制和安全保障的功能。它的出现证明了区块链技术不再局限于单一应用场景或公有链模式，而是已被主流企业市场正式认可，并将其应用于实践。超级账本项目中提出和实现了许多创新设计和理念，包括权限和审查管理、多通道、细粒度隐私保护、背书-共识-提交模型，以及可拔插、可扩展的实现框架，对区块链技术的发展产生了深远影响。超级账本项目作为企业级区块链平台，专为满足商业环境中的特定需求而设计，提供的可靠和可扩展的框架，使企业能够构建和部署区块链应用，这对推动区块链技术在企业中的应用至关重要。超级账本项目支持创建私有或许可的区块链网络，适合处理敏感数据和进行内部交易，其去中心化记录的保持和自动化的智能合约有助于提高企业的交易处理效率，减少成本。同时，超级账本项目能够促进不同组织间的协作，开辟了新的业务模式和合作机会。

4.1.2 超级账本架构

超级账本架构是专门为企业级区块链解决方案设计的，结合了模块化、灵活性和安全性等关键特性。这种架构旨在支持多种区块链技术和工具的整合，以适应各种企业需求。在超级账本架构中，关键的架构元素包括多种类型的身份和权限、分类账本、智能合约（链码）、共识机制、权限管理和通信协议等。超级账本技术架构如图4.2所示。这些元素共同工作，不仅确保了网络的高效运行和数据的完整性，还提供了必要的灵活性以适应不同的应用场景和业务需求。超级账本项目与以太坊等公有链平台相比，它拥有一系列独特的概念和功能。其中包括通道（Channels）的概念，即允许在同一网络内创建隔离的子网络，实现私密交易和通信；私有数据集合（Private Data Collections），即用于在指定成员间保密共享数据；系统链码（System Chaincode），即用于管理网络的核心系统功能；端到端安全性，即确保数据传输的安全性和隐私；插件架构，即提高网络的灵活性和可扩展性；事件处理功能，即支持基于事件的编程模型；丰富的工具和库，即简化了网络的创建和管理。这些特性使超级账本项目特别适合处理企业级的隐私需求，以及企业对安全性和定制化的

176

需求，与以太坊等公有链平台在企业应用场景中的适用性和功能实现上有着显著区别。接下来，本节将进一步探讨这些概念和功能，以及它们如何塑造超级账本的技术架构，使它成为一个强大的企业级区块链解决方案。

图 4.2　超级账本技术架构

身份和权限服务是超级账本技术架构中 Fabric 网络安全和访问控制的关键，只有经过授权的用户和节点才能访问网络、执行交易或部署链码。在身份和权限服务中，证书授权机构（Certificate Authority，CA）和成员服务提供者（Membership Service Provider，MSP）是两个重要的组成部分。CA 是负责发放、吊销和管理数字证书的机构，它用于在网络中验证用户和节点的身份，处理注册、颁发数字证书、证书续期和吊销等任务，为网络参与者提供身份验证。MSP 是 Fabric 中的一个关键组件，用于管理网络中实体的身份信息。MSP 定义了网络中实体（用户、节点、应用程序）的身份属性，包括证书的验证和成员资格的管理。Fabric 中的每次交易请求都需要借用用户的数字证书签名，验证交易的发起者身份。另外，网络策略和背书策略决定了不同身份的用户和节点可以执行哪些操作，如谁可以加入网络、谁可以安装和实例化链码。在 Fabric 中权限可以分网络级别和通道级别：在整个网络级别，身份和权限服务决定了哪些节点可以参与网络；在特定通道级别，这些服务管理通道成员的权限和访问控制。

交易和共识服务主要用于确保网络正确运行和维护数据一致性。这些服务协同工作，处理和验证交易，同时保证网络中不同节点间的交易顺序一致。交易流程包括交易提案、交易背书、交易提交和交易验证等过程，需要了解排序服务、共识算法、交易验证、背书策略等内容。交易事务开始于客户端向背书节点发送交易提案，背书节点执行交易中的链码（智能合约），并对结果进行背书（签名），经背书的交易被发送到排序服务，等待进一步处理。在交易最终写入区块链之前，需经过验证过程，确保其符合背书策略和网络规则。在交易的提交过程中还需要结合排序服务，为网络中的交易建立顺序，将交易打包成区块，确保所有节点对账本状态保持一致。Fabric 提供了多种共识选项，包括简单的 SOLO、基于 Kafka 的 Crash Fault Tolerant（CFT）和 Raft 等，这些共识机制可根据网络的需求进行灵活选择和配置。在背书策略中定义了哪些节点必须背书一个特定的交易，策略可以根据链码的特性和业务需求定制。在 Fabric 中，交易和共识服务紧密协作，从交易的发起、执行、背书到排序，以及最终的验证和提交，共同确保了网络的正确性和一致性。这种设计允许 Fabric 在保持高效率的同时，确保网络的安全性和数据的不可篡改性。

数据和账本管理服务是 Fabric 中网络数据管理和存储的核心，负责记录所有交易的详细信息和维护网络的当前状态，并确保数据的完整性和不可篡改性。这些服务的核心组成部分是分类账服务，它由两个主要部分构成：区块链和世界状态（World State）。区块链部分是一个不可变的交易记录序列，以区块的形式被安全地存储。每个新的区块都被链接到前一个区块上，形成一个连续的链。这种结构不仅确保了交易历史的不可篡改性，也提供了对整个网络历史的完整视图。世界状态是一个动态的数据库，存储着系统的当前状态，包括所有账户和资产的最新值。世界状态为系统的当前状态提供了快速查询的功能，是动态交易数据和静态区块链记录之间的桥梁。为了支持不同的应用场景和数据需求，Fabric 提供了两种类型的状态数据库：LevelDB 和 CouchDB。LevelDB 是一个轻量级的键值存储数据库，适用于处理简单的数据结构和快速的读/写操作。相对而言，CouchDB 是一个更复杂的文档型数据库，它支持丰富的查询功能和复杂的数据结构处理，非常适合于需要进行复杂查询和数据关系管理的场景。除此之外，数据和账本管理服务在 Fabric 中还承担着确保数据完整性和一致性的责任。通过通道和私有数据集合的机制，Fabric 允许不同的组织在保持数据隐私的同时进行合作和数据共享。这意味着组织可以在不泄露信息给网络中其他成员的情况下，私密地共享和处理数据。Fabric 中的数据和账本管理服务通过强大的功能和灵活性，为企业级区块链应用提供了一个可靠、安全且高效的数据管理和存储解决方案。这些服务是 Fabric 网络运行的基础，保证了网络的稳定性和数据的安全性。

Fabric 中的链码服务是实现智能合约的核心机制，它使得开发者能够在区块链网络中定义复杂的业务逻辑和资产管理规则。作为 Fabric 的智能合约，链码是部署在区块链网络上的程序，专门用于定义资产的结构、管理资产状态的转换及执行业务逻辑。链码的编写支持多种编程语言，如 Go、Java 和 Node.js，这为开发者提供了广泛的应用适用性和灵活性。为了确保安全和隔离，链码在 Docker 容器中运行，每个链码都拥有自己独立的执行环境。链码的执行过程通常由网络中的交易触发，这些交易由客户端应用提交。为了在 Fabric 网络中使用链码，它们首先需要被安装在网络节点上，然后在一个或多个通道上实例化。

Fabric 还允许对链码版本进行控制，确保网络中所有节点使用相同版本的链码，以维护网络的一致性。在执行过程中，链码能够查询和修改账本的世界状态，允许对关键业务数据进行读取和更改。此外，链码执行的每一步操作都被记录在区块链上，形成交易记录，从而保证了数据的不可篡改性和可追溯性。链码执行还需遵循特定的背书策略，这是 Fabric 中确保交易有效性和一致性的关键机制。这种策略可能要求一个或多个特定组织的节点执行并验证交易，以达成网络共识。Fabric 提供的 API 使客户端应用能够查询链码状态或提交新的交易。链码还可以生成事件，供客户端应用程序监听和响应，这对于实现复杂的业务流程至关重要。链码服务在 Fabric 架构中扮演着至关重要的角色，它不仅使企业能够在区块链网络中定制复杂的业务逻辑和资产管理规则，还确保了交易的安全性、透明性和一致性，这些特性对于企业级区块链应用来说是不可或缺的。

Fabric 的通信服务是网络中各个组成部分之间进行数据传输和信息交换的基础，关键在于确保网络中的节点能够有效且安全地沟通，从而保障整个 Fabric 架构的顺畅运行。通信服务使得网络中的不同节点，包括对等节点（Peer Nodes）、排序节点（Ordering Nodes）和客户端应用，能够交互和协作。为了保证这些交互和协作的安全性和隐私性，Fabric 采用了先进的加密技术，如 TLS（传输层安全性协议）。此外，通信过程中还涵盖了严格的身份验证过程，确保信息仅在授权节点间传递。在处理大量的消息传递时，Fabric 的通信服务采用了高效的通信协议，这对于保持网络的高吞吐量和低延迟至关重要。通信服务不仅在交易的背书和排序过程中扮演着核心角色，用以协调各个节点的活动，确保交易得到正确处理并依序加入区块链，还支持事件的广播机制，允许节点根据网络中发生的特定事件（交易完成或链码执行）接收通知。这一服务也是网络配置更新的传播渠道，包括通道配置或共识参数的更改。为了支持网络的扩展，Fabric 的通信服务设计得足够灵活，允许新节点的加入并协助同步数据。在面对网络中断或节点故障的情况时，它还提供了必要的容错机制以保持网络的稳定性。作为一个复杂而强大的系统，Fabric 的通信服务在网络内部各组件间进行高效、安全的数据交换方面发挥着至关重要的作用，是维持 Fabric 网络正常运行和高效能的关键。

Fabric 提供了一系列工具和辅助服务，这些工具对于开发者和网络管理员来说，在部署、管理和维护 Fabric 网络的过程中至关重要。其中，Configtxgen 是一个关键工具，用于生成通道配置交易和创世块，这对于创建新通道和设定网络配置是必不可少的步骤。另一个重要的工具是 Cryptogen，它用于生成 Fabric 网络所需的加密材料，包括节点的身份证书和密钥，确保网络的安全性和节点的可信度。Configtxlator 工具提供了对网络配置交易的编码、解码和更新计算，是网络配置更新和维护的关键环节。为了更好地监控和理解网络活动，Hyperledger Explorer 这一区块链浏览器工具提供了对 Fabric 网络的可视化展示，包括查看区块、交易和链码数据，增强了网络透明度和可追溯性。这些工具共同构成了 Fabric 工具箱的核心，使网络的创建和管理变得更加高效和直观。

4.2 Fabric 关键概念

4.2.1 账本

在 Hyperledger Fabric 中，账本由两个主要部分组成：区块链和状态数据库。链码与这些结构紧密集成，使得账本不仅记录了所有交易的历史，也反映了每个时点上的系统状态，账本信息如图 4.3 所示。

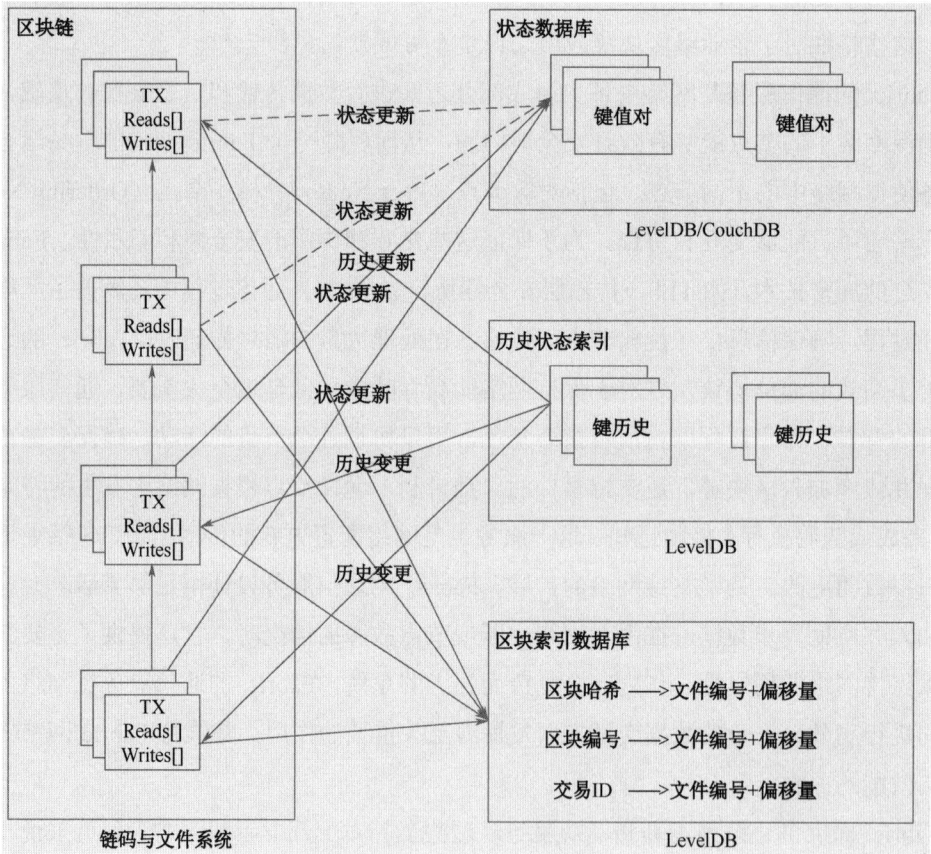

图 4.3 账本信息

1. 链码与文件系统

（1）链码运行在 Peer 节点中，是 Hyperledger Fabric 中定义业务逻辑的核心组件。链码对文件系统中存储的区块链数据进行操作，确保交易按照既定规则执行。

（2）每个区块包含区块头、区块数据和区块元数据。区块头含有指向前一个区块哈希值的引用，形成了一个持久的、不可篡改的区块链结构。

2．状态数据库

状态数据库是键值存储系统，它以高效的方式存储系统中所有资产的最新状态。它支持两种类型的数据库实现：LevelDB 和 CouchDB。

（1）LevelDB：作为默认数据库，适合于那些结构简单的键值数据模型。它嵌在 Peer 进程中，对于大多数应用场景已经足够。

（2）CouchDB：用于更复杂的数据模型和需要丰富查询功能的场景。CouchDB 将数据作为 JSON 文档存储，提供了基于字段的查询和对更复杂的数据类型的处理能力。

3．历史状态索引

历史状态索引提供了对整个区块链历史的查阅，记录了每个交易及内容在何时被记录。这一历史记录是不可变的，确保了网络中交易的不可抵赖性和数据的完整性。

4．区块索引数据库

区块索引数据库是一个专门用于索引和管理区块元数据的系统，如区块哈希、区块高度和时间戳等。它允许快速检索和查询区块信息，这对于需要快速访问特定区块或交易的应用至关重要。

这种账本结构通过状态数据库、历史状态索引和区块索引数据库的协同工作，创造了一个高效、可靠、透明的区块链系统。链码的存在可以进一步扩展系统功能，如通过链码实现与文件系统的交互，为更多实际应用场景提供支持。

4.2.2　链码

在 Hyperledger Fabric 中，链码（Chaincode）是定义业务逻辑的核心，负责处理对账本的所有请求。链码使得商业合约能够以编程方式表达，并自动执行这些合约代码处理业务流程。

1．链码的分类

（1）用户链码：是网络成员根据业务需求开发和部署的，用于处理特定业务逻辑。

（2）系统链码：由 Fabric 内部提供，用于执行网络内部的核心操作，如链码生命周期管理和通道配置。

2．链码的关键特性

（1）状态管理：链码在执行过程中可以创建和修改状态（State），这些状态存储于状态数据库中，并与链码的命名空间绑定。

（2）链码间调用：链码可以在必要的权限下，调用其他链码，实现模块化和逻辑分层。

（3）历史查询：链码支持查询状态的历史变化，这对于需要审计和交易验证的应用场景至关重要。

（4）执行环境：原生链码在 Docker 容器中执行，Fabric2.0 引入了外部链码执行器，提高了链码的灵活性和安全性。

（5）gRPC 通信：链码通过 gRPC 协议与 Peer 节点进行通信，确保了网络中的节点可以高效安全地协作。

3．链码开发

（1）支持多种编程语言，包括 Go、JavaScript 和 Java，开发者可以选择最适合其业务场景的语言。

（2）开发文档和资源丰富，可供参考。

4．链码生命周期管理

（1）打包（Package）：开发完成的链码需要打包成特定格式以便部署。

（2）安装（Install）：打包后的链码需要在每个使用的 Peer 节点上进行安装。

（3）实例化/批准（Instantiate/Approve）：链码需要被实例化或者获得通道内足够多组织的批准。

（4）更新（Upgrade）：当链码需要更新时，可以通过升级流程部署新版本。

（5）启动/停止（Start/Stop）：可以控制链码的运行状态，以响应网络需求。

链码部署涉及跨组织的协作，每个组织都需要参与链码的批准和部署流程，确保链码的一致性和业务流程的正确执行。

通过链码，Hyperledger Fabric 实现了一个灵活、安全且高效的企业级区块链解决方案，为各种复杂的业务场景提供了支持。链码的智能合约功能不仅提高了业务处理的自动化水平，也为区块链的透明度和可信度提供了保障。

5．链码的工作流程

链码工作流程如图 4.4 所示。

从图 4.4 中可以看到，链码的工作流程分为以下几个步骤。

（1）SDK/CLI 提交提案：用户或应用程序使用软件开发工具包（SDK）或命令行接口（CLI）发起一个交易提案（Transaction Proposal）。这是整个链码执行流程的起点。

（2）Fabric 核心处理：Fabric 网络接收到提案后，进行访问控制列表（ACL）检查，以确认提案发起者是否有权发起交易，并检查指定的链码是否存在且可执行。如果链码不存在或有其他错误，流程会在此终止并返回错误。

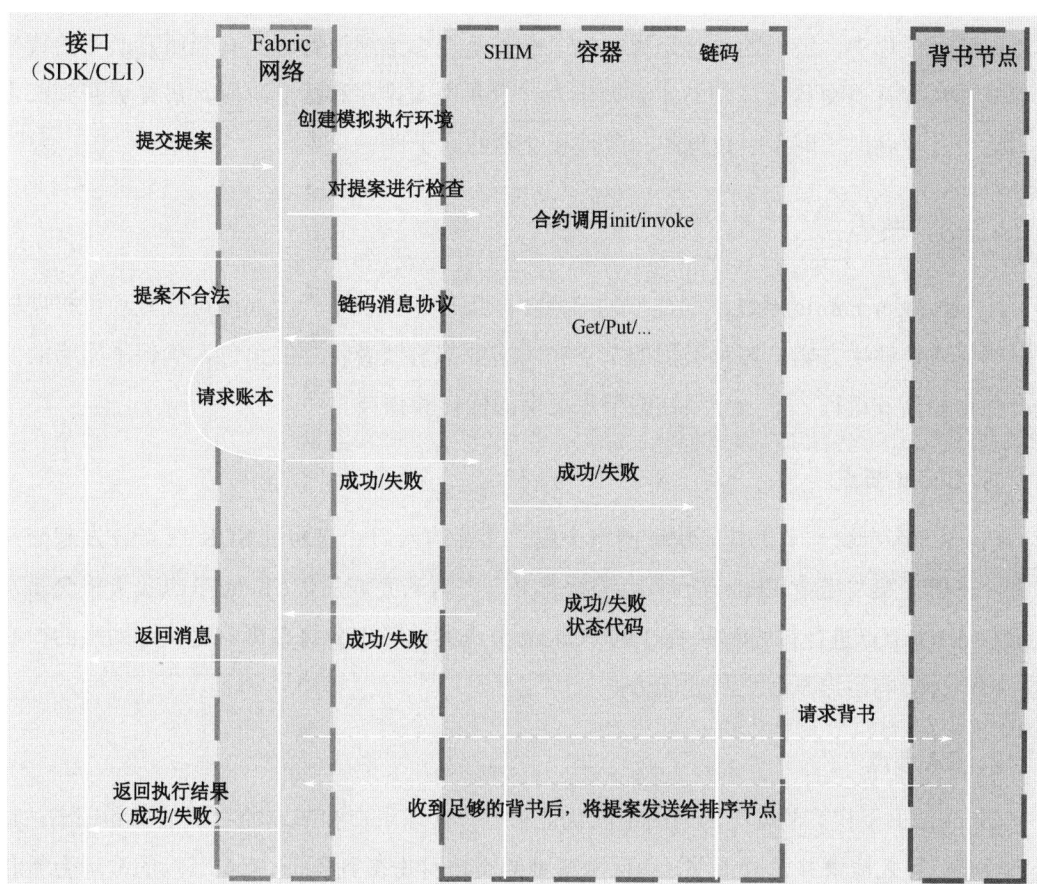

图 4.4　链码工作流程

（3）SHIM 接口调用：SHIM 是链码与 Fabric 底层区块链基础设施之间的接口，如果提案通过了 Fabric 层的检查，下一步是通过 SHIM 接口。SHIM 是链码与 Fabric 底层账本的桥梁，它构造了链码交易的上下文，并处理链码消息协议。

（4）链码执行：交易请求被转发给链码，链码中的 init()或 invoke()方法被调用。这些函数包含了用户定义的业务逻辑，如对账本状态的获取（Get）或更新（Put）操作。

（5）背书节点的链码：执行链码的 Peer 节点，也称为背书节点（Endorser），模拟执行交易，不会实际更新账本，而是生成交易的结果和读/写集（Read/Write sets）。如果执行成功，它将生成一个带有成功状态的背书响应；如果执行失败，则返回错误。

（6）交易响应：背书节点将执行结果返回给 SDK/CLI。这个结果可以是成功响应，也可以是失败的错误消息。如果是成功响应，提案就会被转换成一个完整的交易并发送回网络以进行进一步处理（排序、提交）；如果是错误响应，交易就会被终止。

（7）处理结果：背书结果将被发送回提案发起者。如果交易被背书并成功执行，客户端会收到一个包含执行结果的成功消息；如果链码执行中发生错误，客户端会收到错误消息。

在整个流程中，链码的执行结果决定了交易是否会继续进行。只有当所有必要的背书节点成功执行背书交易后，交易才会被认为有效并进入排序和提交阶段，最终更新到账本中。这个过程确保了网络中数据的一致性和交易的原子性。

4.2.3　节点

Hyperledger Fabric 通过不同类型的节点协同工作，提供了一个高度可配置和可扩展的企业级区块链解决方案。每种类型的节点在网络中都扮演着特定的角色，确保了网络的安全、稳定和高效运行。下面介绍这些节点类型的优化和拓展。

1．Client 节点

Client（客户端）节点是区块链网络中用户交互的入口。它通过 SDK 或 CLI 发起交易提案，并将提案发送给 Endorser 节点进行背书。在背书完成后，Client 节点负责将交易发送给 Orderer 节点进行排序和区块打包。Client 节点的故障不会直接影响区块链网络的核心运行，但会影响用户发起交易的能力。

2．CA 节点

CA（证书授权）节点作为网络中的认证中心，管理用户和节点的身份信息和证书。它处理注册、登入请求并发放证书，确保网络中的实体身份得到验证。CA 节点的故障会暂时影响新用户的注册和登录，但不会影响已注册用户的正常操作。

3．Orderer 节点

Orderer（排序服务）节点在 Fabric 中是维持交易顺序和生成区块的关键。它接收来自 Client 节点的交易，并负责将它们排序和打包成区块，然后广播给所有 Peer 节点。Orderer 节点的稳定性对网络的运行至关重要，因为它影响着交易的最终确认。

4．Peer 节点

Peer 节点（对等节点）通常充当 Committer 节点，负责持久化和维护区块链账本，但 Peer 节点还可能承担其他角色。

（1）Endorser 节点：特定的 Peer 节点可以配置为 Endorser 节点，它们负责对交易进行背书，执行交易模拟并生成背书签名。

（2）Leader 节点：Leader 节点负责与 Orderer 节点通信，并将新区块传播给其他 Peer 节点。

（3）Anchor 节点：在通道中，Anchor 节点允许不同组织的 Peer 节点发现彼此，促进网络中的交流和同步。

5．Committer 节点

Committer 节点（记账节点）是负责最终将交易写入账本的 Peer 节点。它们使用基于 Gossip 的协议与其他 Peer 节点交换信息，即使出现节点故障，它们也能通过网络中的其他节点进行数据同步，保证网络的持续运作。

在实际应用中，每个节点类型的设计都考虑了可靠性和容错能力。例如，Orderer 节点可以配置为使用 Kafka 或 Raft 等高可用性的共识机制，进而提供更稳定的排序服务。而 Peer 节点则通过 Gossip 协议保持数据的一致性，即便在节点故障后也能恢复原本状态。

4.2.4　通道

Hyperledger Fabric 的通道是强大的隐私和安全机制，允许区块链网络中的一组特定成员彼此进行私密和加密的通信。以下是对通道概念的优化说明。

1．通道的核心概念与作用

通道在 Hyperledger Fabric 中充当一个重要的隐私保护工具。它实质上是一个封闭的子网络，确保了网络中的敏感交易和数据只对授权的网络成员可见。

（1）成员与锚点节点：每个通道由一组指定的成员（组织）组成，这些组织通过锚点节点加入通道。锚点节点是通道中具有特殊职责的节点，负责为其他节点提供通道的可发现性和数据交换。

（2）共享账本：加入通道的每个 Peer 节点都会保持通道共享账本的副本。账本包含了通道内的所有交易记录和当前状态。

（3）链码应用程序：通道中运行的链码应用程序允许成员在通道内执行业务逻辑并进行交易。

（4）排序服务节点：Orderer 节点在通道中的作用是对交易进行排序并创建区块，然后将它们传递给通道内的所有 Peer 节点。

2．通道的创建与管理

创建新通道涉及一系列配置和共识步骤，以确保所有通道成员对通道的属性和成员达成一致。

（1）创世区块：创建通道的首个区块称为创世区块，它包含了关于通道的所有配置信息，包括通道策略、成员资格和锚点节点的信息。

（2）主节点与 Gossip 协议：主节点负责接收来自 Orderer 节点的区块，并通过 Gossip 协议将区块分发给其他 Peer 节点。

3．通道隔离的实现机制

通道的隔离性是通过一系列组件和协议来实现的。

（1）配置链码与MSP：配置链码定义了通道的配置和策略，而成员服务提供者（MSP）管理通道内节点的身份证书。

（2）Gossip协议：Gossip协议负责在通道内的节点之间安全地传递账本数据。

（3）数据隔离：数据只能在通道内部流通，通道外的实体无法访问通道内的数据，保障了交易的隐私性和安全性。

4．系统通道与应用通道

（1）系统通道：系统通道是Orderer节点用来管理网络的特殊通道，包括创建和管理应用通道的配置。

（2）应用通道：应用通道是用户交易发生的地方，每个通道都有独立的账本和链码，由参与的组织共同管理。

5．通道中的角色和流程

（1）组织角色：组织通过其身份证书和MSP定义在通道中的角色，负责参与和管理通道。

（2）锚点节点：锚点节点是通道中的关键组件，它们在组织之间建立起信任和数据交换的桥梁。

通过通道，Hyperledger Fabric不仅能够为不同的商业实体提供一个共同的区块链平台，同时还确保了各实体间交易的隐私性和机密性。

4.2.5 背书策略

Hyperledger Fabric中的背书策略是网络治理和事务处理的关键组成部分。它们确保网络中的交易符合成员间预先协商的规则。类比于日常生活中的保险策略，背书策略在区块链中扮演类似保险单中条款的角色，定义了哪些条件下才能执行某个操作。就像保险策略保护我们的资产一样，背书策略在Fabric中保护数据的完整性和交易的可信度。背书策略定义了一组规则，用于指导交易在被认可并记录到账本之前必须经过的过程。背书策略规定了哪些参与者（或者组织）必须对交易进行验证和支持，以及验证的具体要求。这些策略在网络最初的配置中由联盟成员共同决定，并且可以在网络演进过程中进行修改。

背书策略的作用。背书策略用于确定网络中哪些实体有权进行重要操作，如添加或移除通道成员、更改区块结构，或指定哪些组织的节点需要参与智能合约的背书。这为网络提供了一个清晰的权限和责任结构。

背书策略的组成。背书策略由两个主要部分构成：主体（Principal）和门槛（Threshold）。主体指可以发起或参与交易验证的实体，而门槛则指在一组主体中必须获得的最小签名数量，以满足背书条件。

链码和背书策略。当实例化链码（智能合约）时，必须明确指定其背书策略。这决定了哪些节点需要参与该链码的验证过程。

交易过程中的背书。当交易发起时，客户端（通常通过 SDK 操作）需要明确指出哪些节点将参与背书验证。这些背书节点对交易进行验证并返回结果。客户端收集这些背书信息后，发送给 Orderer 节点，Orderer 节点负责对交易进行排序、打包和分发。

最终的验证。当 Peer 节点接收到区块后，它们会验证区块内的每笔交易是否符合背书策略。任何不符合策略的交易都不会被记录到账本中。

总结来说，背书策略在 Fabric 网络中扮演着至关重要的角色，它不仅确保了交易的合法性和安全性，也为网络治理提供了一个清晰和可控的框架。通过这种方式，Fabric 能够在保持高度安全性的同时，提供灵活的网络管理和操作能力。

4.2.6　网络拓扑与组件关系

1. Fabric 组织结构

接下来介绍 Fabric 的关键概念的组织结构，Fabric 组织结构如图 4.5 所示。

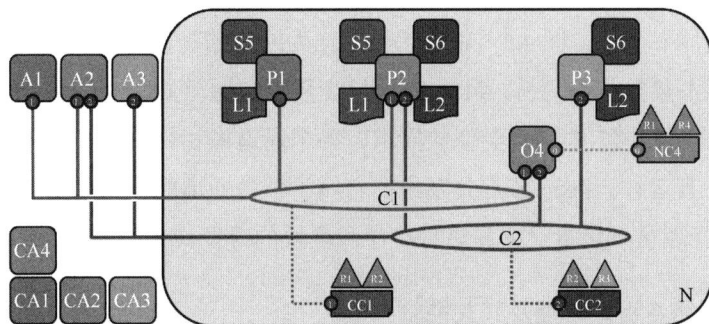

图 4.5　Fabric 组织结构

（1）Client 节点（图 4.5 中的 A1, A2, A3）：这些代表用户的应用程序，是客户端或者客户端应用程序的节点。用户通过这些应用程序与 Fabric 进行交互。

（2）CA 节点（图 4.5 中的 CA1, CA2, CA3, CA4）：CA 节点是证书授权中心，负责向网络中的实体发放数字证书。这些证书用于在网络中验证实体的身份，确保交互的安全性。

（3）Peer 节点（图 4.5 中的 P1, P2, P3）：Peer 节点是网络的主要组件之一，负责维护账本的副本和执行智能合约（链码）。它们处理客户端提交的交易，并对这些交易进行验证和提交。

（4）Orderer 节点（图 4.5 中的 O4）：Orderer 节点或排序服务节点，负责在网络中创建共识，将交易打包成区块，并分发给各个 Peer 节点。

（5）账本（图 4.5 中的 L1, L2）：L1 和 L2 代表了网络中的账本。在 Hyperledger Fabric

中，账本记录了所有交易的历史及系统的当前状态。

（6）通道（图 4.5 中的 C1，C2）：通道是 Hyperledger Fabric 的独特功能，它允许一组特定的组织之间进行私密交互。每个通道都有自己独立的账本，C1 和 C2 可能代表两个不同的通道。

（7）通道配置（图 4.5 中的 CC1，CC2）：这些代表通道的配置，它决定了通道的参与者、策略和权限等。CC1 和 CC2 可能对应 C1 和 C2 两个通道的配置。

（8）组织（图 4.5 中的 R1，R2，R3，R4）：R 标识表示组织，组织是 Fabric 网络中的一个成员单位，可以拥有 Peer 节点、Orderer 节点，也可以执行智能合约。

（9）智能合约（图 4.5 中的 S5，S6）：智能合约，在 Fabric 中称为链码，是部署在网络中执行业务逻辑的代码。S5 和 S6 可能代表部署在不同 Peer 节点上的智能合约。

（10）Fabric 网络配置（图 4.5 中的 NC4）：NC 代表网络配置，它包含了网络的整体配置信息，如共识类型、网络成员和安全配置。

图 4.5 展示了一个由四个组织构成的复杂 Hyperledger Fabric 区块链网络架构，它详细描述了网络的操作节点、客户端应用、证书授权中心、Peer 节点、账本、通道及智能合约的布局和交互。各组织在网络中扮演特定的角色，管理不同的通道和账本，以实现不同的业务需求和数据隐私保护。图 4.5 中的组织 R4 作为网络的初始创建者，拥有配置网络初始版本的权力，但不参与业务交易。组织 R1 和 R2 需要在通道 C1 中进行私有通信，同样地，组织 R2 与 R3 在通道 C2 中也有类似的需求。各个通道由相关组织共同管理，并根据特定的通道配置维护其运行。Peer 节点分别维护着属于各自通道的账本副本，而排序服务节点 O4 作为网络的管理员，负责对交易进行排序和区块的分发。

2. Fabric 网络各组件功能及其关系

（1）组织 R4 的角色。组织 R4 是网络的初始创建者，负责设置网络的初始配置，即网络配置 NC4。尽管组织 R4 拥有网络配置的设置权限，但它不参与任何业务交易。

（2）组织 R1 和 R2 的通信需求。组织 R1 和 R2 之间需要在通道 C1 中进行私有交易。为此，它们通过通道 C1 进行通信，这个通道由组织 R1 和 R2 共同管理，并根据通道配置 CC1 操作。

（3）组织 R2 和 R3 的通信需求。类似地，组织 R2 和 R3 在通道 C2 中也有私有通信的需求。通道 C2 允许它们彼此进行交易，这个通道由组织 R2 和 R3 共同管理，遵循通道配置 CC2 的规则。

（4）组织 R1 的客户端应用。组织 R1 拥有一个客户端应用，能够在通道 C1 中进行业务交易。这表示组织 R1 可以通过其客户端节点 A1 访问通道 C1，并进行交易。

（5）组织 R2 的客户端应用。组织 R2 的客户端应用不仅可以在通道 C1 中进行交易，还可以在通道 C2 中进行操作，这通过客户端节点 A2 实现。

（6）组织 R3 的客户端应用。组织 R3 可以通过其客户端节点 A3 在通道 C2 中进行业务交易。

（7）Peer 节点与账本。

① 节点 P1、P2 和 P3 是网络中的 Peer 节点，负责维护通道的账本副本。

② 节点 P1 维护通道 C1 的账本 L1 的副本。

③ 节点 P2 同时维护通道 C1 的账本 L1 和通道 C2 的账本 L2 的副本。

④ 节点 P3 维护通道 C2 的账本 L2 的副本。

（8）排序服务节点 O4。O4 作为排序服务节点，对网络中所有通道的交易进行排序、打包进区块，并分发给相应的 Peer 节点。O4 使用系统通道，支持应用通道 C1 和 C2 的交易处理。

（9）网络管理。整个网络 N 由组织 R1 和 R4 共同管理，而通道 C1 和 C2 则由相应的组织管理，这确保了通道的独立性和隐私保护。

（10）CA 节点。每个组织都有首选的 CA 节点，用于管理组织内部和客户端应用的身份证书。这些 CA 节点（CA1、CA2、CA3、CA4）为网络中的实体提供身份认证和授权。

4.3　超级账本的交易流程

4.3.1　网络架构与通道

网络架构与通道流程如图 4.6 所示，该网络架构与通道流程说明了用户如何通过应用程序、客户端和证书授权发起交易，经过排序和智能合约处理，最终将交易记录在 Hyperledger Fabric 网络的账本中。

图 4.6 的实际运行流程如下。

（1）用户发起请求：用户通过界面（应用）发起交易请求。这个界面可以是任何类型的客户端软件，如网页应用或移动应用。

（2）应用程序处理：应用程序接收到用户的请求后，将其转化为区块链网络可以识别的交易格式，并将其传递给客户端。

（3）客户端签名：客户端使用用户的私钥对交易请求进行签名，这一步骤确保了交易的安全性和不可抵赖性。

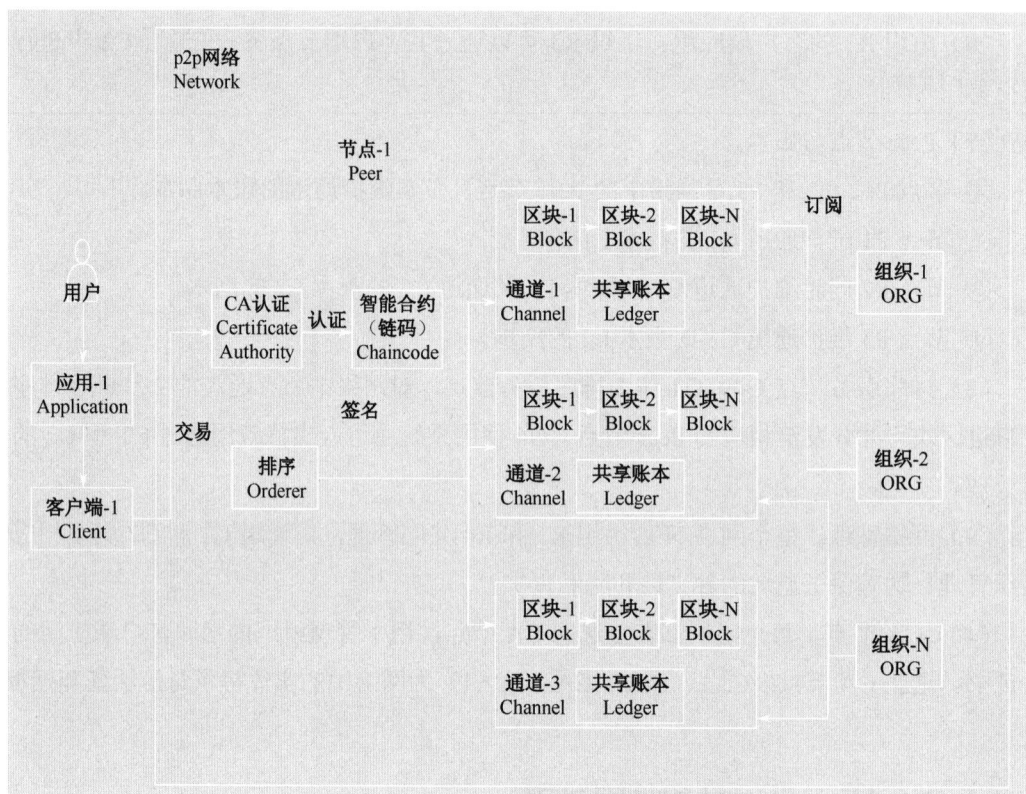

图 4.6　网络架构与通道流程

（4）身份认证：客户端与证书授权机构（CA 证书）进行交互，以验证用户的身份并确保交易发起者拥有合法的访问权限。

（5）交易提交：经过签名和身份验证的交易被提交给排序服务。排序服务负责将来自不同客户端的多个交易按照特定的顺序排序。

（6）区块打包：排序服务将排序后的交易打包成一个区块，并将这个区块广播给网络中的 Peer 节点。

（7）交易执行与验证：Peer 节点接收到区块后，智能合约会被触发执行交易内容对应的业务逻辑，并对交易进行验证。

（8）账本更新：一旦交易验证无误，并且智能合约执行成功，Peer 节点会将新的区块写入相应通道的账本中。

（9）通道隔离：Fabric 网络支持创建多个通道，每个通道都是一个独立的子网络，具有独立的账本和智能合约。这使得不同组织间可以在保证隐私的情况下进行交易。

（10）组织间同步：交易完成并记录到账本后，相关组织（ORG）中的所有 Peer 节点会同步这一信息，以确保每个节点的账本数据是一致的。

（11）账本结构：账本由一系列区块组成，每个区块包含一组交易记录。区块链的结构确保记录的不可篡改性和历史的连贯性。

整个流程体现了 Hyperledger Fabric 作为一个许可链（Permissioned Blockchain）是如何允许网络中特定成员参与网络活动的，同时提供隐私保护和高效的交易处理机制。通过通道的设计，Hyperledger Fabric 还可以在同一网络中创建隔离的子网络环境，以适应不同业务场景的需求。

4.3.2　交易提案与背书流程

Fabric 中的交易提案与背书流程如图 4.7 所示。

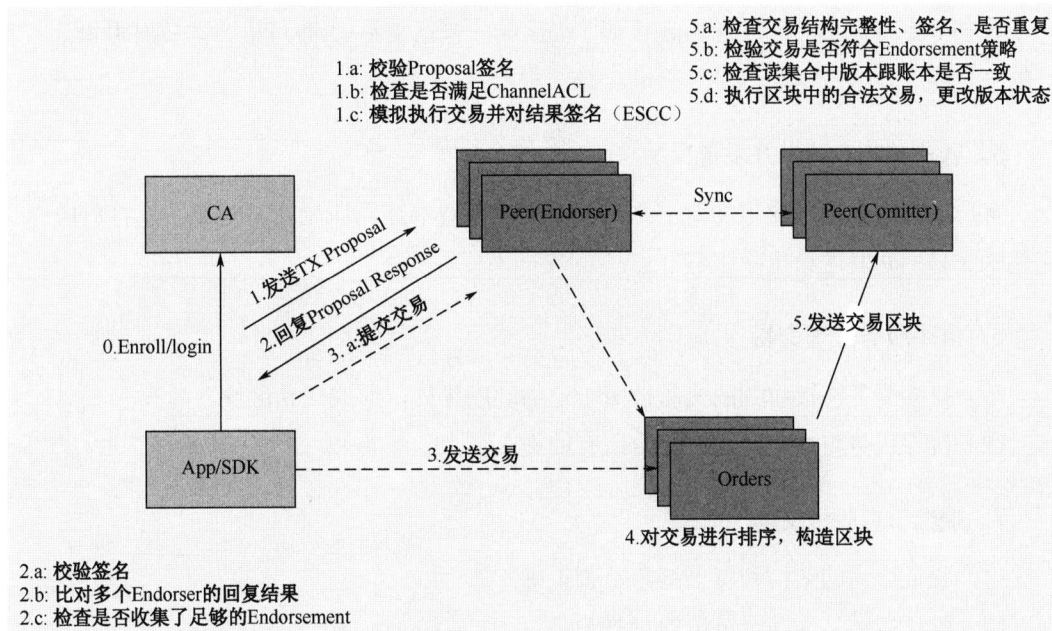

图 4.7　交易提案与背书流程

图 4.7 的具体流程如下。

1. 用户注册与登录

用户首先需要与 CA 进行交互来注册（Enroll）和登录（Login），在这个过程中，用户会获得一对密钥（公钥和私钥）和相应的数字证书。这些凭证将用于后续的交易中，以确认用户的身份。

2. 交易提案（Transaction Proposal）

用户通过应用程序或 SDK 发起一笔交易提案。这个提案包含了用户想要执行的链码（智能合约）信息，包括通道 ID、链码的名称、传入链码的参数及用户的数字签名。

3. 背书节点处理提案

提案被发送到一个或多个背书节点。

191

（1）背书节点运行链码，模拟交易执行结果，产生读/写集（即交易将读取和修改的数据集）。

（2）背书节点会检查提案请求是否符合通道访问控制列表（Channel ACL），确保提案者有权执行提案中的链码操作。

（3）背书节点使用执行链码的结果（读/写集）生成一个背书声明，并将其签名。这个背书声明证明了背书节点已按照背书策略执行并验证了交易。

4．交易提案响应（Proposal Response）

背书节点将提案响应发送回客户端。提案响应包括交易的读/写集、背书声明和背书节点的签名。

5．客户端收集背书并发送交易

客户端收集到足够数量的背书之后，会将这些背书连同原始交易提案一起打包成一个完整的交易，并发送给排序服务节点。

6．排序服务处理交易

（1）排序服务将接收到的交易按照一定的顺序排列，形成交易区块。

（2）排序服务将这些区块广播给所有的提交节点。

7．提交节点验证交易

（1）验证交易的结构和背书签名是否正确。

（2）验证交易是否满足链码的背书策略。

（3）确认自交易模拟执行以来，交易读集合中的数据未发生变化（即数据未被其他已提交的交易修改）。

8．交易提交到账本

如果交易通过了所有验证步骤，提交节点会将它写入区块链账本，并更新世界状态，这意味着交易已经正式提交并执行。

4.3.3　交易网络架构

交易网络架构图如图 4.8 所示，该架构图详细说明了 Hyperledger Fabric 中的交易处理机制，其中集成了 Kafka 作为消息中间件的 Orderer 服务。

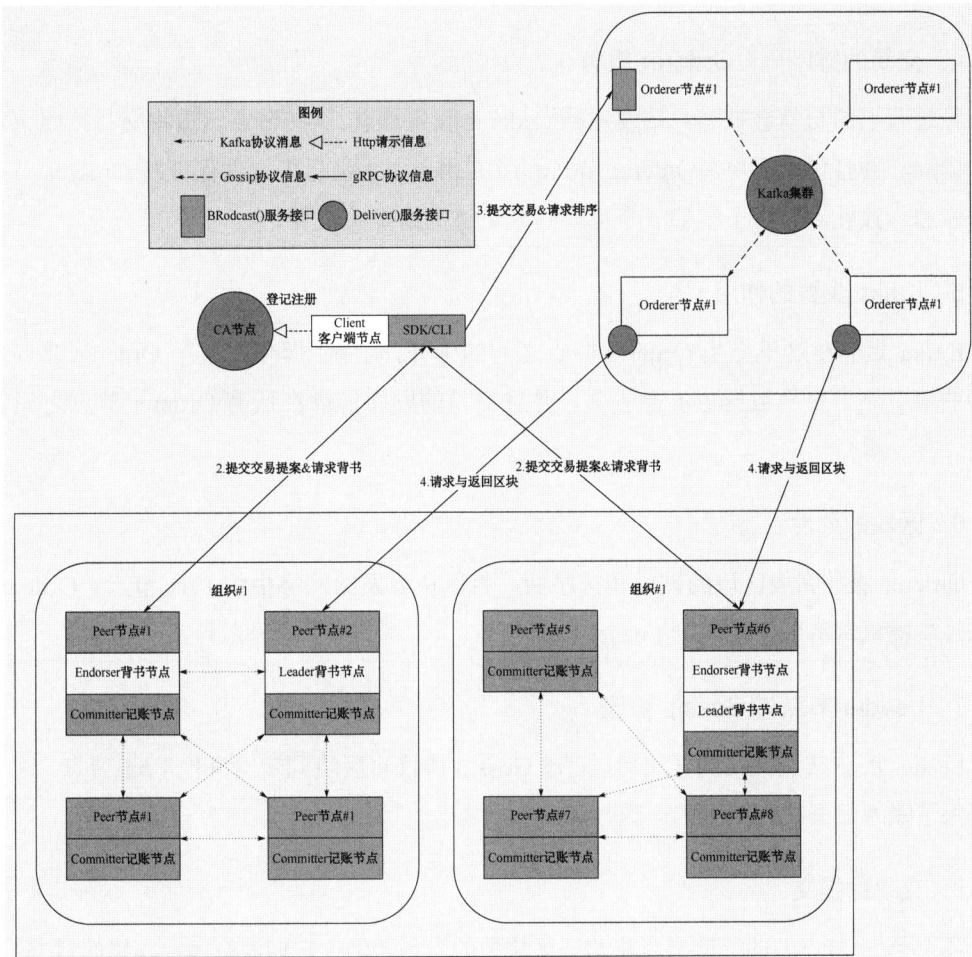

图 4.8　交易网络架构图

图 4.8 的交易流程如下。

1. 交易的起始——客户端

客户端是交易流程的起点。客户端通过应用程序/SDK 发起交易，这些交易会被打包成交易提案。然后，客户端将这些提案发送到网络中的背书节点以获得必要的背书。

2. 证书授权中心

在交易发起之前，客户端需要从证书授权中心（CA）获取有效的证书，以确保交易可以被网络识别和信任。CA 负责管理所有网络参与者的身份和密钥。

3. 背书节点的角色

背书节点对交易提案进行评估，执行相关的智能合约，并生成交易的读/写集。这一步确保了交易在逻辑上是正确的，并符合业务规则。

4．交易的排序——Orderer 服务

经过背书的交易会被客户端发送给 Orderer 服务节点。这些节点负责将交易按照一定的顺序排列，并打包成区块。Orderer 节点利用 Kafka 作为消息中间件保证跨 Orderer 节点交易顺序的一致性，这对于维护一个可靠的区块链网络至关重要。

5．Kafka 集群的作用

Kafka 集群在这里充当 Orderer 节点之间的中介，确保了即使在某个 Orderer 节点发生故障的情况下，交易数据也不会丢失，并且交易的顺序能够在所有 Orderer 节点之间保持一致。

6．区块的分发

Orderer 服务完成区块的创建和排序后，将区块分发给网络中的 Peer 节点。Orderer 节点通过广播机制将区块发送到 Leader Peer 节点。

7．Leader 节点与 Gossip 协议

Leader Peer 节点接收到区块后，通过 Gossip 协议将区块同步给其他 Peer 节点。这个协议确保了账本数据在网络中的一致性和最新状态。

8．交易的提交

各个 Peer 节点中的提交节点将验证区块中的交易，确认它们没有违反网络的背书策略。一旦验证通过，交易就会被提交到各自的账本中，即完成整个交易流程。

Hyperledger Fabric 是一个先进的企业级区块链平台，旨在为各种行业的企业提供一个安全、可扩展且高度可配置的区块链解决方案。通过其独特的设计，Fabric 支持智能合约（链码）、私有交易和通道，以及细粒度权限控制的功能，使其成为构建企业应用的理想选择。Fabric 的架构设计允许参与方在保持数据隐私和安全性的同时，有效地进行交易和协作。

在 Fabric 中，交易流程从客户端发起交易提案开始，通过证书授权中心（CA）进行身份验证，然后由背书节点执行相应的智能合约并对交易进行背书。经过排序服务处理后，交易被打包成区块并分发给网络中的 Peer 节点。通过 Gossip 协议，区块在 Peer 节点之间进行同步，最终交易被验证并提交到账本中。该流程不仅确保了交易的安全性和一致性，也提高了网络的效率和可扩展性。Fabric 的强大功能和灵活性，使其在金融服务、供应链管理、医疗保健等多个行业中得到应用。

习题

一、简答题

1．超级账本项目的核心目标是什么？

2．Hyperledger Fabric 的链码是什么？

3．什么是 Fabric 中的世界状态？

4．Hyperledger Fabric 中的通道有什么作用？

5．Fabric 的背书机制是如何工作的？

6．什么是 Hyperledger Fabric 的共识机制？

7．Fabric 中的身份管理是如何实现的？

8．如何在 Fabric 中处理交易的隐私性？

9．Hyperledger Fabric 的交易处理流程是什么？

10．Fabric 中的排序服务有什么作用？

二、选择题

1．Hyperledger Fabric 中的链码运行在哪种环境中？

    A．本地计算机　　B．虚拟机　　　　C．Docker 容器　　D．云端服务器

2．在 Hyperledger Fabric 中，哪个组件负责管理交易的顺序并生成区块？

    A．背书节点　　　B．排序服务　　　C．同步节点　　　D．账本管理器

3．Hyperledger Fabric 中用于管理身份和权限的系统基于的是什么技术？

    A．基于密码的身份验证　　　　　B．生物识别技术

    C．公钥基础设施（PKI）　　　　D．角色访问控制

4．Hyperledger Fabric 中的世界状态通常使用哪种类型的数据库实现？

    A．关系型数据库　　　　　　　　B．文档型数据库

    C．键值存储数据库　　　　　　　D．图数据库

5．在 Hyperledger Fabric 中，通过什么机制能够实现数据的隐私性和隔离？

    A．加密技术　　　　　　　　　　B．通道和私有数据集合

    C．虚拟私有网络（VPN）　　　　D．防火墙和访问控制列表（ACL）

三、判断题

1．在 Hyperledger Fabric 中，链码必须用 Go 语言编写。　　　　　　　　（　　　）

2．Hyperledger Fabric 使用基于角色的访问控制（RBAC）管理用户权限。　（　　　）

3．排序服务在 Hyperledger Fabric 中负责将交易打包成区块，并按顺序添加到区块链中。　　　　　　　　　　　　　　　　　　　　　　　　　　　（　　　）

4．在 Hyperledger Fabric 中，每个组织可以拥有多个背书节点。　　（　　）

5．Hyperledger Fabric 的账本数据和世界状态数据是分开存储的。　　（　　）

四、讨论题

1. Hyperledger Fabric 的模块化架构是如何提升区块链应用的灵活性和可扩展性的？请结合具体的组件（排序服务、背书节点、链码等）进行分析，并举例说明在实际应用中如何利用这些特性。

2．在 Hyperledger Fabric 中，如何实现跨组织的隐私保护和数据隔离？请结合链码、通道、隐私数据集合等概念进行讨论，并探讨在实际应用中的典型场景和挑战。

第5章

Web3.0 和数据资产生态系统

2023 年 12 月 29 日，上海市人民政府办公厅颁布了《上海市促进在线新经济健康发展的若干政策措施》，其核心内容涉及 Web3.0 生态系统的建设。该政策文件支持在线新经济企业面向 Web3.0 智能合约、网络操作系统、数字身份认证等技术进行研发。同时，鼓励企业开发分布式应用，开放数据资产确权等场景。在区块链方面，推动"浦江数链"城市区块链数字基础设施体系建设，构建专用算力集群和分布式开放网络。临港新片区国际数据港先导区的建设被提上日程，以支持上海数据交易所培育的在线新经济特色板块。在人工智能方面，上海市建设智能工厂网络、行业特色数据空间和人工智能大模型应用，鼓励在线新经济优质企业参与本市人工智能算力中心建设。此外，2023 年 9 月，上海市发布了《上海区块链关键技术攻关专项行动方案（2023—2025 年）》，方案指出加快实现创新突破的重要性，旨在形成可支撑 Web3.0 创新应用发展、可管可控、开源开放的新一代开放许可链技术体系与标准规范。这一系列的政策表明 Web3.0 在未来发展中占有举足轻重的地位。

本章旨在深入探讨 Web3.0 的核心概念、技术框架，以及它在数据资产领域的创新应用。本章的主要目的是向读者展示 Web3.0 如何作为一个全新的互联网范式，推动数据资产管理和流通的革新，同时展望区块链技术在未来数字经济中的潜在作用。通过本章的学习，读者将能够更好地把握 Web3.0 的潜力，以及在数字化转型中如何有效利用这些技术。

5.1 Web3.0 概述

5.1.1 Web3.0 的定义与特征

Web3.0 通常被定义为下一代互联网，它侧重于去中心化、开放性和更大程度的用户赋权。Web3.0 代表互联网的第三代发展阶段，标志着从中心化网络到去中心化网络的重大转变。它是一个更智能、互联且开放的网络环境，强调用户赋权、数据主权和技术透明度。目前基于区块链的 Web3.0 架构与实践基本都是基于公链体系实现的，Web3.0 技术堆栈以区块链技术为核心，并与其他可交互的扩展协议等一同搭建。Web3.0 融合了区块链技术、人工智能、机器学习、语义网等先进技术，旨在创造一个更加高效、安全且用户友好的网络体验。这一概念在技术、经济模式和社交互动方面都与前两代互联网（Web1.0 和 Web2.0）有显著不同。Web1.0（1991—2004 年）被称为"阅读网"，它主要由静态网页组成，用户通常只能浏览信息，而不能与之交互或贡献内容。Web2.0（2004 年至今）标志着从静态网页到互动和社会化网络的转变。在这一时期，用户开始能够直接在网站上发布内容，社交媒体、博客和维基等成为日常网络生活的一部分。但在该阶段，数据主要由少数大型企业控制，引发了对隐私和数据安全的担忧。

Web3.0 这一术语最早由 Ethereum 的创始人之一 Gavin Wood 在 2014 年提出。他描述了一个去中心化的网络环境，这个环境可以在不需要传统中介服务（银行或大型互联网公司）的情况下运行。在 Web3.0 的背景下，区块链技术、加密货币、智能合约、去中心化应用（DApp）等成为关键概念。这些技术旨在创建一个更加公平、透明、去中心化的网络环境。Web3.0 的主要愿景是摆脱对中央权威（大型互联网公司和金融机构）的依赖，实现数据和资源的分散管理。用户对自己的数据和数字身份拥有完全的控制权，这大幅增强了个人隐私和安全。Web3.0 倡导一个开放、互联的网络环境，任何人都可以参与和构建网络。Web3.0 具有以下特点。

1．去中心化和用户赋权

（1）去中心化结构：Web3.0 的核心特征之一是去中心化。与以平台或内容提供者为中心的 Web1.0 和 Web2.0 不同，Web3.0 鼓励的是所有用户共建、共治、共享价值的网络。这种去中心化的网络结构使得数据和网络运作分布在整个网络上，而不是集中于少数几家大型公司。

（2）用户控制数据：在 Web3.0 中，用户对自己的数据拥有完全的控制权，可以在没有平台机构干预的情况下完成网络交互。

2．技术支撑：区块链、智能合约和加密技术

（1）区块链和加密技术：区块链为 Web3.0 提供了一个安全、不可篡改的数据存储和交易基础。加密技术则确保了数据交易和通信的安全性。

（2）智能合约：智能合约在 Web3.0 中发挥着关键作用，允许在无中介的情况下自动执行合约条款，为经济和法律交易提供支持。

3．数据隐私和安全

增强的隐私保护：Web3.0 提供了更高级别的数据隐私和安全保护。用户可以更有效地控制自己的个人信息，减少数据泄露和被滥用的风险。

4．新经济模型和数字身份

（1）创作经济和用户参与：Web3.0 通过区块链激励机制和智能合约，促使平台将价值和权力重新分配给创作者，刺激创作经济的发展。

（2）数字原生应用：Web3.0 支持数字原生应用场景的发展，如数字藏品。Web3.0 将经济活动扩展至虚拟世界。

（3）数字身份管理：用户在 Web3.0 中可以创建和管理自己的数字身份，增强了对个人数据的控制。

5．互操作性和持久化数据

（1）互操作性：Web3.0 强调不同网络、应用和服务之间的互操作性，支持更广泛的信息共享和应用整合。

（2）持久化数据存储：Web3.0 中的数据被设计为永久存储，可以跨平台访问，提高了数据的可用性。

5.1.2　Web2.0 与 Web3.0 的对比

本节将深入探讨和比较 Web2.0 和 Web3.0 两个时代网络的核心特征和差异。这一对比不仅揭示了互联网发展的历史轨迹，而且对理解当前和未来网络的发展趋势至关重要。Web2.0 的主要特征包括：中心化的数据控制、用户生成的内容、基于广告的商业模式。在Web2.0 时代，互联网经历了从静态网页到社交媒体、博客和视频共享平台的转变，用户在网络上的参与度和创造力得到极大提升。然而，这一时代的发展带来了用户数据控制权的缺失和隐私泄露问题。Web3.0 是一个以去中心化、数据主权和增强的安全性为标志的新时代。Web3.0 通过区块链技术、智能合约、去中心化应用（DApp）、令牌经济模型，为用户提供了前所未有的数据控制权和隐私保护。此外，Web3.0 的网络结构和运作机制也推动着新的商业模式和创新形式的出现。Web2.0 与 Web3.0 对比如表 5.1 所示。

表 5.1　Web2.0 与 Web3.0 对比

特征	Web2.0	Web3.0
网络控制	中心化控制（大型公司主导）	去中心化（分布式网络）
数据所有权	用户数据被平台控制	用户对自己的数据拥有完全控制
用户互动	用户生成内容，社交互动为主	智能合约和去中心化应用（DApp）
商业模式	广告驱动和数据挖掘	令牌经济和加密货币
安全性和隐私	隐私泄露和安全风险较高	增强的安全性和隐私保护
技术应用	基于云计算的服务和应用	区块链、人工智能、机器学习等

5.1.3 Web3.0 中数据的作用与重要性

Web3.0 对数据所有权和控制方面有着重要作用。在 Web3.0 时代，用户对自己的数据拥有了前所未有的控制权和所有权。与 Web2.0 时代中数据主要被中心化平台控制和利用不同，Web3.0 利用区块链等去中心化技术，将数据的控制权还给了用户。这意味着用户可以决定自己的数据如何被存储、共享和使用，同时使用加密技术确保数据传输和存储的安全性和隐私性。去中心化的数据存储不仅降低了数据被篡改或被非法访问的风险，还增加了抗审查性，提高了数据的透明度和可追溯性。此外，Web3.0 还将数据视为一种经济资产，用户可以直接将自己的数据出售给感兴趣方，促进了创新的服务模式和新商业模式的出现。这一转变不仅加强了个人对数据的控制，也为隐私保护、数据安全及用户中心化的服务提供了新的可能性。

Web3.0 对于数据安全性和隐私保护有重要影响，采用区块链和加密技术，Web3.0 大幅增强了数据的安全性和用户的隐私保护。去中心化的数据存储机制意味着个人信息不再集中存储在易受攻击的中央服务器上，从而显著降低了数据泄露和被非法获取的风险。同时，区块链的不可篡改性确保了一旦数据被记录，就几乎无法被更改或删除，这增加了数据的可信度。加密技术的广泛应用保证了数据在传输过程中的安全性，确保只有授权用户才能访问相关信息。此外，智能合约为数据的交易和共享提供了一个透明且安全的平台，使得用户可以在不暴露个人身份的情况下进行交易。Web3.0 通过这些技术创新，为用户提供了一个更加安全、私密的数字空间，用户们可以自信地管理和分享自己的数据。

Web3.0 在数据透明度和可信任性方面的重要性不容忽视，区块链技术的应用已成为确保数据透明度和可信度的关键。每笔数据交易和记录都在区块链上以加密形式公开存储，使得任何参与者都能验证其真实性和完整性，从而大幅提升了网络中数据的可信度。这种透明且不可更改记录的机制减少了信息的误导和篡改的可能性，这种机制在金融交易、供应链管理、版权认证等领域至关重要。此外，通过使用智能合约，Web3.0 还能确保交易和协议的自动执行，进一步增强了网络环境中的信任度。这些特性共同构建了一个更加开放和透明的数字生态系统，其中数据的真实性和透明度令用户获得了更高层次的信任，且提供了安全保障。因此，在 Web3.0 时代，数据的透明度和可信任性成为维护网络健康和用户信任的基石。

Web3.0 的去中心化网络结构促进了数据的流通和共享，在 Web3.0 的框架下借助去中心化的网络结构和基于区块链的技术，数据可以在不同的系统、平台和应用之间自由流通，无须经过中心化的控制或仲裁。这种流通不仅加快了信息的传播速度，还提高了利用数据的效率和创新的可能性。同时，互操作性确保了各种系统和应用能够无缝对接，使得数据能够跨越原有的界限，因而促进了不同行业和领域之间的协同和创新。例如，在 DeFi 领域，互操作性允许不同的金融服务和产品相互集成，创造出全新的金融解决方案。此外，这种数据流通的自由性还为用户带来了更加个性化和优化的服务体验。

在 Web3.0 中，数据不仅是信息载体，也是价值交换的媒介，在催生新型经济模式方面扮演着关键角色，更成为价值创造和交易的中心。区块链技术和去中心化的原则使得数据能够转化为资产，如非同质化代币（NFTs）可以代表独特的数字所有权，这直接推动了数字艺术、收藏品等新兴市场的发展。此外，DeFi 领域利用智能合约和加密货币，创造了一系列新的金融产品和服务，这些都是在传统经济模式下无法实现的。这种基于数据的新经济模式不仅为创作者、投资者和消费者提供了更多的机会和自由，同时也挑战并重新定义了价值交换和资产管理的传统观念。在 Web3.0 时代，数据已成为连接不同行业、推动创新和促进经济增长的关键要素，展现出了对当前和未来经济模式的深远影响。

5.2　区块链技术与 Web3.0 的结合

5.2.1　区块链技术如何促进 Web3.0 的发展

区块链的去中心化特性对 Web3.0 有重要作用，区块链通过在网络的每个节点上复制整个数据集（或其一部分），实现数据的分布式存储。这种架构在 Web3.0 中至关重要，因为它降低了数据丢失或损坏的风险，提高了数据的可用性和持久性。在 Web3.0 中，由于没有中心化的处理点，每个区块链网络节点都参与数据处理和验证。这提高了网络的整体效率，并防止了任何单一实体对网络的控制。区块链网络的去中心化特性使它在面对外部攻击或内部故障时显示出极高的抗干扰性。在 Web3.0 中，这意味着应用和服务更加稳定可靠，即使部分网络节点失效，整个网络依然能够正常运行。区块链为所有事务提供了一个透明、不可篡改的记录系统。在 Web3.0 的背景下，这增加了系统的透明度和信任度，用户可以验证交易和数据的真实性，从而增强网络的整体信任。区块链通过共识机制，如工作量证明（PoW）或权益证明（PoS），确保了网络的去中心化治理。在 Web3.0 中，这意味着没有单一的权威机构决定网络规则，而是由整个网络的参与者共同决策，保证了网络的民主性和自主性。区块链网络通常通过代币或其他激励机制鼓励用户参与网络维护。在 Web3.0 中，这种参与和激励机制促进了更广泛的社区参与和协作，支持了一个更加去中心化和用户驱动的网络环境。

区块链在增强数据安全和隐私保护方面为 Web3.0 提供坚实的基础和支持，加密技术保证了在 Web3.0 环境中，用户数据能够进行安全传输和存储。这对于构建一个安全的数字生态系统至关重要，使得用户能够信任 Web3.0 平台，并在其中安全地交易和交流。数据的不可篡改性为 Web3.0 提供了一个可靠和真实的数据基础。在这样的环境中，用户可以确信他们所看到的信息是准确无误的，这对于建立在线交易和互动的信任至关重要。去中心化的数据存储不仅提高了数据的安全性，而且通过消除单点故障，为 Web3.0 提供了更高的系统

201

稳定性。这使得 Web3.0 成为一个更加可靠和持久的网络，用户可以依赖它存储和处理关键数据。在 Web3.0 中，区块链的透明性与匿名性相结合为互联网提供了一种独特的环境，用户在这个环境中能够在保持个人隐私的同时，进行透明的交易。这种平衡对于鼓励用户更自信和自由地参与 Web3.0 生态系统至关重要。

智能合约的应用也促进了 Web3.0 的发展。在 Web3.0 中，智能合约使得合同条款可以被编写成代码，当预定条件满足时自动执行。这种自动化操作减少了人为干预的需要，提高了交易效率和准确性。智能合约在 DeFi 和其他服务中起到了核心作用，允许在没有传统金融中介（银行和清算机构）的情况下进行复杂的财务交易。智能合约能够处理复杂的逻辑，为创新 Web3.0 应用（NFT、游戏、DAO）提供了可能。智能合约作为构建 DApp 的基石，为开发人员提供了强大的工具，以创建在 Web3.0 环境中更加多样化和功能丰富的应用。

区块链技术通过其核心特征——去中心化、不可篡改的数据记录、增强的数据安全和隐私保护，以及智能合约的应用，为 Web3.0 提供了坚固的基础。这些特征共同促进了一个更安全、透明且用户主导的数字生态系统的形成，其中去中心化不仅提高了网络的健壮性和抗干扰能力，而且确保了数据的安全性和完整性。智能合约进一步推动了自动化和去中心化服务的发展，从而在 Web3.0 中创造了一个创新、高效且开放的网络环境，促进了 Web3.0 的发展。Web3.0 生态如图 5.1 所示。

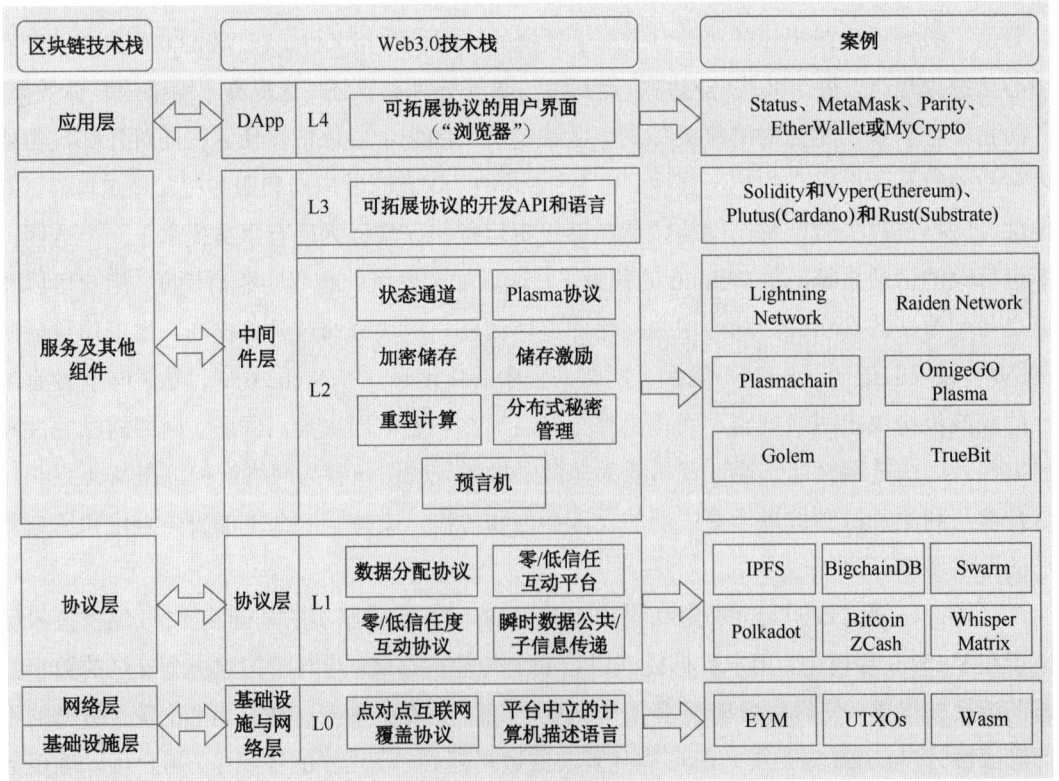

图 5.1　Web3.0 生态

5.2.2 DApp 与 Web3.0 的融合

DApp 对 Web3.0 的影响深远，DApp 不仅在当前阶段是 Web3.0 生态系统的核心组成部分，而且在 Web3.0 未来的发展中将继续扮演关键角色。DApp 通过提供去中心化的服务，直接支持了 Web3.0 关于去中心化的核心理念。这些应用不依赖中心化的服务器，而是运行在区块链这样的分布式网络上，从而增强了系统的透明度、安全性和抗审查性。DApp 强调用户对自己数据的控制权，与 Web3.0 中的数据主权和隐私保护原则相吻合。用户不是简单的服务使用者，而是数据的所有者和控制者。

DApp 通常建立在区块链技术之上，利用智能合约处理复杂的逻辑和交易。这种基础架构的选择使得 DApp 天然融入 Web3.0 的框架中，作为去中心化和创新的代表。许多 DApp 引入了基于代币的经济系统，激励用户参与和贡献。这种经济模型的创新是 Web3.0 的重要组成部分，推动了更加去中心化和民主化的财务体系的发展。DApp 是 Web3.0 生态中创新的主要驱动力之一。从 DeFi 到非同质化代币（NFTs），DApp 正推动着新的应用和服务模型的发展。许多 DApp 探索了去中心化的治理模型，如 DAO。这些实践为网络自治和集体决策提供了实际案例，对 Web3.0 的治理结构有重要影响。

虽然 Web3.0 的概念比 DApp 更加丰富，但 DApp 是实现 Web3.0 愿景的关键工具。没有 DApp，Web3.0 中的许多核心理念，如去中心化、用户数据控制权、网络自治都难以实现。随着技术的发展和用户接受度的提高，DApp 将继续推动 Web3.0 生态的发展。反过来，Web3.0 的成长也为 DApp 提供了更广阔的应用场景和更强大的技术支持。

5.3 数据资产在 Web3.0 中的发展

5.3.1 数据资产的概念、意义及其在 Web3.0 中的作用

数据资产，作为当今数字化时代的关键组成部分，指通过数字化过程，由组织、企业或个人获取、存储和管理的数据。这些数据不仅拥有可量化的价值，而且在多个层面上具有实际应用意义。它们可以被用于支撑决策制定、优化业务流程、提升工作效率，甚至直接创造经济价值。数据资产中蕴含的信息，经过适当的分析和利用，能够提供敏锐的洞察力，指导重要的商业决策，并揭示新的商业机会。例如，数据分析揭示的市场趋势可以有效指导产品开发和营销策略。数据资产的类型广泛，包括易于机器读取和分析的结构化数据，如数据库中的信息，以及需要更复杂处理方法提取价值的非结构化数据，如文本、图片和视频等。数据的生命周期涵盖了从数据获取、存储到管理、分析，乃至共享和交易的整个过程。在这个周期内，数据不断地被精炼和转化，为企业和组织提供了持续的价值和洞见。

数据资产在当代企业和组织的运营中扮演了至关重要的角色，它不仅提供了关键的业务洞察力，还助力更准确的市场预测和更科学的决策制定。通过深入分析这些数据资产，企业能够有效地识别市场趋势、预测未来事件，并据此制定以数据为基础的战略方案。此外，数据资产在优化业务流程方面也具有显著意义，它帮助识别并解决业务处理效率的瓶颈，减少浪费，进而提升整体运营效率。在客户关系管理方面，通过分析客户数据，企业可以更深入地理解客户需求和行为模式，从而提供更加个性化的服务和产品，提高客户满意度和忠诚度。数据资产还是揭示新市场机会和推动产品创新的关键，它激发了新服务的开发，并促进了基于数据的新商业模式，如数据订阅服务或数据驱动的定制化服务。在竞争激烈的市场环境中，有效地管理和利用数据资产可以为企业提供显著的竞争优势。这些数字资产能够提供宝贵的行业洞察，帮助企业制定更有效的市场策略。同时，数据资产对于风险管理也至关重要，它能帮助识别和缓解各类业务风险，如市场风险和信用风险等。此外，对于那些需要遵守特定行业标准和法规的企业，有效的数据资产管理是必不可少的。总的来说，数据资产是支撑决策制定、优化运营、驱动创新、获得竞争优势及有效管理风险的基石，对现代企业的成功至关重要。

在 Web3.0 生态系统中，数据资产扮演着核心和多维的角色，极大地推动了这个去中心化网络环境的发展和创新。数据资产是 DApp 的基石，这些应用利用区块链技术存储和处理数据，从而显著减少了对传统中心化数据存储系统的依赖。这一转变强调了用户对自己数据的直接控制权，使数据资产的概念变得更加个人化。用户不再需要将自己的数据托付给中心化的服务提供商，而是可以直接拥有和管理自己的数据，这在提高数据的安全性和隐私保护方面发挥了重要作用。在 Web3.0 中，区块链技术的应用为数据资产提供了更高级别的保护，使其更难被非法访问或篡改。此外，数据资产的代币化，即转化为数字代币的过程，为数据资产的交易和流通提升了效率和提高了透明度。这不仅促进了经济模式的创新，也为自动化交易和服务的实现提供了基础。在这个框架下，智能合约能够根据特定的数据触发条件自动执行，进一步提高了交易的效率和可靠性。在 Web3.0 的治理结构中，尤其是在 DAO 中，数据资产成了关键的决策工具。有效的数据管理和分析对于保证这些组织的透明度和公平性至关重要。总而言之，数据资产在 Web3.0 中不仅仅是价值存储的媒介，还在推动网络的去中心化、加强用户对数据的控制、创新经济模式及促进智能合约发展等方面发挥着关键作用，是 Web3.0 生态系统中不可或缺的一环。

5.3.2　区块链技术对数据资产管理和流通的影响

区块链技术在数据资产管理方面引领了一场深刻的变革，其核心在于它提供了一种安全、透明且去中心化的存储和管理方式。区块链技术通过分布式账本的概念，将数据存储于网络上的多个节点，而不是集中在单一的中心服务器上。这种去中心化的存储极大地提高了数据的安全性和抗损坏能力，使得即使部分节点遭受攻击或故障，网络中的数据仍然保持安全。与此同时，区块链技术使用先进的加密技术保护数据，确保数据在传输和存储过程中的安全性。这种加密技术的应用，使得一旦数据被添加到区块链上，几乎无法被更改，从而为数据的真实性和可靠性提供了强有力的保障。区块链上所有的交易记录对网络的参与者都是透明的，这不仅增加了数据处理的透明度，而且提高了整个系统的信任度和可追溯性。智能合约的引入进一步简化了数据管理流程，这些自动执行的智能合约能够在预定条件满足时激活，从而减少了人工干预，提升了处理效率。区块链技术还支持数据资产所有权的证明和转移，使得个人和组织能够更有效地管理和控制他们的数据资产。总的来说，区块链技术的应用在数据资产管理方面不仅增强了数据的安全性和可靠性，还推动了数据管理流程的自动化和高效率。这些特点对于推动数据驱动的业务模式、增强数据交易的透明度及加强用户对自己数据的控制权都具有深远的影响。

区块链技术对数据资产流通产生了深远的影响，它显著简化和加速了数据资产的交易流程。区块链技术的核心创新之一是允许数据资产的代币化，即将数据转换为数字代币的形式。这种代币化极大地简化了数据资产的买卖流程，使得交易过程变得更加快速、简便，同时显著降低了交易成本。智能合约在这个过程中扮演了关键角色，它们自动执行交易条件，消除了传统交易中对纸质文档和手工处理的依赖，从而加快了交易速度，减少了人为错误的可能性。区块链上的所有交易都是可追溯且透明的。这种透明度不仅提高了交易的可信度，还使得参与方能够实时追踪交易的状态和历史，从而在买卖双方之间建立了更强的信任关系。通过区块链，数据资产的交易可以直接在买家和卖家之间进行，无须通过传统的中间机构，如中介机构或第三方服务商，进一步提升了交易效率并降低了成本。区块链技术还支持了全新市场和商业模式的发展。例如，代币化的数据资产可以在去中心化的数据交易平台上进行交易，为数据买卖提供了新的渠道。此外，区块链技术支持的基于数据的共享经济模式，使得数据创作者可以更容易地从他们的数据中获利。这种技术还降低了数据资产化和交易的门槛，使得更多个人和小型企业能够参与到数据的创建、管理和交易中，促进了数据经济的民主化。综上所述，区块链技术在数据资产流通方面的作用不仅体现在交易过程的简化、加速和成本的降低，还表现在交易透明度和信任的增强。通过代币化和智能合约的支持，区块链技术不仅开辟了数据资产交易的新可能性，还为整个数字经济的发展提供了强大的动力和创新空间。

5.3.3　数字身份和数据所有权在 Web3.0 中的重塑

在 Web3.0 时代，数字身份的概念经历了革命性的重塑，主要得益于区块链技术的引入和应用。在这个新兴的网络范式中，用户可以直接控制自己的数字身份，摆脱了对中心化机构或服务提供商的依赖。通过区块链技术实现的去中心化身份管理模式，不仅确保了身份数据的安全性和隐私性，还将身份信息和凭证存储在分布式账本上。这样的存储方式极大地增强了数据的保护，减少了数据泄露和滥用的风险。

区块链技术的应用还使得用户的数字身份能够跨越不同平台和应用，提供了更为连贯和便捷的用户体验。用户不必为每个新服务或平台重建自己的身份，而是可以使用一个统一的、去中心化的身份。这种灵活性使得用户能够控制自己的信息共享程度，从而更好地保护个人隐私。

Web3.0中的数字身份不仅可以应用到传统应用，还可以扩展到各种新型应用和服务，如DeFi应用、在线投票系统和社交媒体平台等，这些都需要可靠和安全的身份验证机制。在某些情况下，数字身份与代币系统结合，应用或平台为身份验证提供了新的激励机制。

这种去中心化的身份管理方式不仅加强了合规性和网络治理，还提升了网络空间的信任和透明度，使用户在进行在线交易和互动时更加安心。区块链技术的精确性和可靠性在减少欺诈行为方面发挥了重要作用。综上所述，数字身份在Web3.0中的重塑不仅改善了用户体验，还为构建一个更安全、透明和高效的数字世界奠定了坚实的基础。

在Web3.0时代，个人或实体能够直接拥有和控制自己的数据，而不需要依赖中心化的服务器或平台进行存储。这种变化意味着用户对自己的数据拥有完整的所有权和管理权，标志着数据管理方式的根本转变。

在Web3.0中，数据不再被存储在单一的中心化位置，而是分布在区块链网络的多个节点上，显著提高了数据的安全性和对攻击的抵抗能力。这种去中心化的存储方式不仅增强了数据保护，也为个人数据的隐私保护提供了强有力的支持。用户现在能够选择性地控制哪些数据可以被共享及如何共享，使得个人信息和敏感数据得到了更好的保护。

此外，区块链技术还使得数据交易变得更加安全和透明。数据的买卖可以在去中心化的环境中直接进行，大幅减少了数据泄露和滥用的风险。在Web3.0中，数据被视为一种资产，用户可以利用区块链技术对自己的数据进行货币化，如通过出售、共享或交换数据获得收益。

数据所有权的重塑推动了新型商业模式和市场的发展，如数据市场和个人数据管理服务等，为数据创造者提供了全新的收益渠道和业务机会。同时，数据所有权的变革也促进了更安全和高效的数据共享机制，使企业和组织能够在保护隐私的同时合作使用数据，并进行创新和分析。这种改进的数据共享方式有助于推动社会和经济的发展，尤其是在公共健康、教育、科学研究等关键领域。

综上所述，在Web3.0中，数据所有权的重塑不仅加强了数据的安全性和隐私保护，还为数据资产化、新型商业模式的发展和更加广泛的协作提供了坚实的基础。这一转变代表了用户和组织在数据管理方面从依赖中心化平台向直接控制自己的数据的重大转移，对构建一个更安全、透明和高效的数字世界具有深远的意义。

5.4　基于区块链技术的数据市场新动态

5.4.1　区块链技术如何推动数据市场发展

去中心化市场允许数据的生产者和消费者直接交易，无须传统的中介机构，从而降低了交易成本，加速了交易流程。直接交易机制提高了市场的效率，使得数据买卖过程更加快捷和直接。通过将数据资产代币化，区块链市场提高了数据的流动性。数据所有者可以更容易地交易和转移他们的数据资产。代币化有助于对标准化数据资产的价值进行评估，使得数据的价值更易于理解和比较。区块链提供了完整的、不可篡改的交易历史记录，增加了市场的透明度和信任度。去中心化市场在区块链上实现确保了交易的安全性，减少了数据泄露和滥用的风险。去中心化市场为数据资产的买卖提供了新的渠道，促进了新的商业模式和市场机会的出现。代币化和智能合约等区块链技术支持的创新手段为数据市场带来了新的经济模式和商业机会。区块链的去中心化市场通过简化数据交易过程、提高市场透明度和安全性，以及促进新型商业模式的发展，显著推动了数据市场的增长和创新。

区块链的加密技术和不可篡改性提高了数据存储和传输过程中的安全性。这种增强的安全性使得数据市场的参与者对交易数据的安全更有信心，从而鼓励了更多的参与者加入市场。区块链技术允许数据所有者更好地控制自己的个人信息和敏感数据，增强个人隐私保护。这种控制权的提升使得用户更愿意在数据市场中分享和交易他们的数据。区块链上的每笔交易都是透明且可追溯的，提升了数据交易过程的透明度。透明度的提升有助于建立市场参与者之间的信任，减少出现欺诈和错误的可能性。随着数据安全性和隐私保护的增强，新的数据市场和交易模式出现。例如，敏感数据的交易和共享，在安全的区块链环境中变得可行，为数据市场开辟了新的领域。区块链技术通过确保数据的完整性和真实性，提升了数据的价值。高质量的数据更受市场欢迎，更有可能带来商业机会。

区块链上的所有交易都公开记录，并且对所有网络参与者可见。这种透明度使得市场参与者可以完全查看交易历史，包括数据的来源、交易的各个阶段及最终的结果。交易记录在区块链上不可篡改，这减少了出现欺诈行为的可能性，增加了交易各方的信任。透明的交易机制允许快速验证和审计交易记录，加速了交易过程，降低了交易的复杂性和时间成本。在一些区块链平台上，智能合约可用于自动执行合规性检查，确保交易符合法规和政策要求。透明的交易机制支持了创新的数据交易模式，如实时数据市场和数据流交易，增加了数据市场的灵活性和可及性。透明度提高了用户的信心，且鼓励了更多用户参与到数据市场中，无论是作为数据提供者还是消费者。

5.4.2 Web3.0 在财经领域的应用

Web3.0 分布式应用的核心理念是数据驱动的价值分配和价值流动，其应用模式是由区块链技术支撑的分布式网络保障数据的确权属性，由智能合约驱动的系统运行规则让应用生态系统中的所有数据贡献都能以数字资产的形式捕获价值，最终形成从数据权益化、权益资产化到资产流通化的价值闭环。Web3.0 中的数据资产如图 5.2 所示。

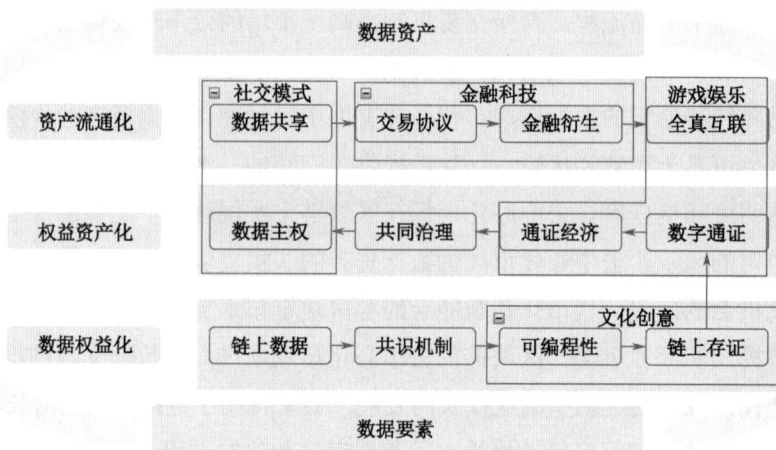

图 5.2　Web3.0 中的数据资产

在不同行业背景下，具体的 Web3.0 应用场景模式的侧重点不同，但均由智能合约构建的基于分布式网络、分布式数据库、分布式存储、分布式计算、分布式账本、分布式处理的分布式应用程序组成，遵循开源开放的技术框架、透明共治的治理机制，利用共建共享的原则分配三个核心。

DeFi 利用智能合约和预言机打造一个基于 Web3.0 的开放金融系统，旨在无须依赖第三方中心机构的条件下，为用户提供各项金融服务，并支持一体化和标准化的经济体系。DeFi 可以实现点对点的金融交易，而不需要第三方中心机构，使得交易成本大幅下降，交易效率大幅提升。DeFi 中交易直接发生在交易双方之间，可以支持更为详细、更为多样化的交易细节设计，充分满足人们的金融需求。DeFi 给金融市场提供了更大的创新空间，被认为是一场"新金融革命运动"。

DeFi 是 Web3.0 在金融科技方面较为成熟的应用场景，主要包含去中心化交易和去中心化借贷两种金融应用模式，Web3.0 金融生态与 Web2.0 金融生态如图 5.3 所示，两者有明显不同。不同于中心化的金融模式，DeFi 中用户无须将资金托管至第三方交易平台，而是存放在智能合约创建的资金池中，按照协议约定的规则自动执行资产交换。

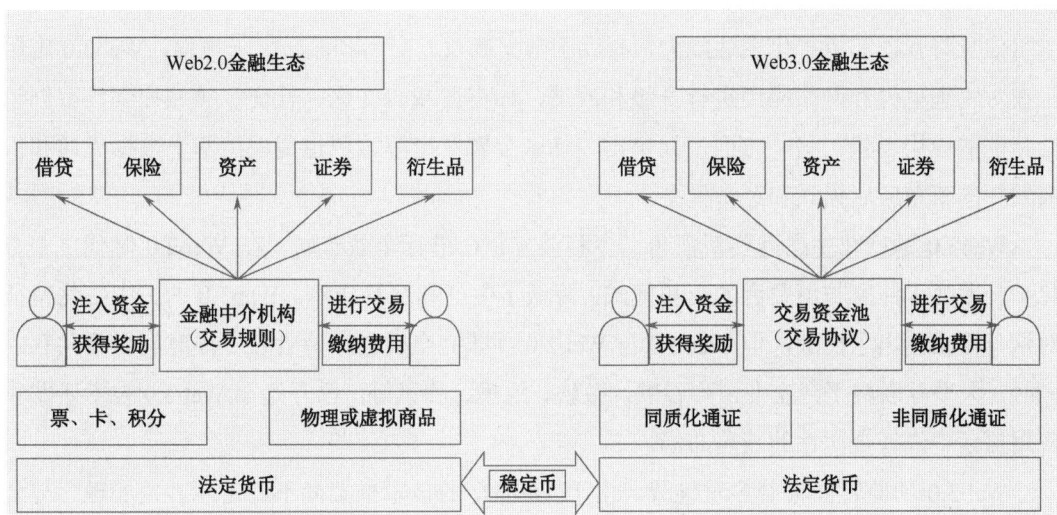

图 5.3　Web3.0 金融生态与 Web2.0 金融生态

5.4.3　Web3.0 的主要挑战

Web3.0 作为新一代互联网的发展方向，正面临着多项挑战和转型，其发展理念和技术框架仍在不断演进和成熟。Web3.0 的核心理念逐步清晰化，避免了早期对概念的过度扩张和技术偏执。现阶段，从去中心化基础设施和分布式数字身份过渡到数字资产和智能合约的探索，反映了业界对于解决现有网络问题和探索数字原生新应用的不同视角。随着区块链、人工智能、虚拟现实等技术的快速发展，Web3.0 的概念范围扩展到更多领域，如全真接入和数字生活等，但随着技术和产业的成熟，从业者和参与者将聚焦于明确的发展理念和路径。

Web3.0 技术协议栈仍在演变中，统一标准和产品研发成为关注焦点。Web3.0 初步形成了支持实体经济与数字经济融合发展的四层架构，但在技术和应用实践的验证下，这一架构仍在丰富和调整。类似 Web 诞生初期的核心技术标准，如 HTTP 协议和 URI 标识，以太坊等区块链基础设施在构建分布式信任网络中发挥了巨大作用，而分布式标识符 DID 技术方案也逐渐成为 Web3.0 数字身份的事实标准。因此，如果将此类统一标准和产品置于Web3.0 这一快速发展的体系中，区块链技术将继续受到产业界和学术界的高度关注，吸引更多研发人员进行应用实践。

Web3.0 组件和系统的迅速部署正在对现有网络逐步显现影响。随着基础设施、组件工具、交互界面等 Web3.0 核心要素的大规模建设和运行，这些组件和系统间的连通性增强，将对现有网络设施带来具体和深刻的影响。例如，具有分布式特征的组件工具加速了数据中心向分布式存储的演进，支撑了存证规模的扩展及智能合约的计算需求，推动了计算网络的边缘化发展，而面向数字身份的认证则推动了网络内安全通信的发展。

Web3.0 还可释放数据要素的潜力，为数字原生应用带来更多活力。它为数据流通提供了可信身份管理和资产化表达能力，有助于数据确权、交易和流转。一方面，Web3.0 应用正在对物理世界和网络应用进行升级和改造，如在游戏、文化、社交等领域探索具有创新性特征的应用场景。另一方面，元宇宙、加密金融资产等领域也涌现出基于数据流通和价值发挥的新型应用模式和经济模型。

Web3.0 的产业生态需要新视角，多利益方正在进行全面布局。在 Web2.0 时代，中心化平台改变了商家与消费者的交易模式，降低了生产和交易成本。Web3.0 的去中心化特征对这一模式提出了挑战，但 Web3.0 与 Web2.0 并非完全对立，两者在一段时间内将共存。同时，大型互联网平台企业，如谷歌、微软、阿里、腾讯等，已开始在 Web3.0 技术研发和应用探索中进行全面性的战略布局。

Web3.0 的监管面临着多重挑战。由于 Web3.0 的技术框架尚不稳定，其发展理念与公有区块链、加密数字货币等核心技术之间的关系还存在不确定性。因此，国家政府主管部门和国际化治理组织正积极开展研究，寻找合理的治理机制和法规保障，致力于通过建立试验区等方式探索新型监管治理体系和技术手段，确保 Web3.0 技术与产业的健康发展。

习题

一、简答题

1. 什么是 Web3.0，它与 Web1.0 和 Web2.0 有何不同？

2. 区块链技术在 Web3.0 中的核心作用是什么？

3. 智能合约在 Web3.0 中如何运作？

4. Web3.0 如何提升数据隐私和安全性？

5. Web3.0 对数据所有权的影响是什么？

6. Web3.0 的去中心化结构对网络安全有何影响？

7. Web3.0 中的数据如何成为经济资产？

8. 互操作性在 Web3.0 中的重要性是什么？

9. 上海市在推动 Web3.0 发展方面采取了哪些政策措施？

10. Web3.0 对未来数字经济有何潜在作用？

二、讨论题

1. 相比于传统的 Web2.0 模式，Web3.0 在数据隐私保护和用户控制权方面有哪些显著的改进？这些改进对在线经济和用户体验有什么潜在影响？

2. 在未来几年，Web3.0 技术可能会在哪些领域产生重大影响？讨论这些技术在金融、医疗、教育等行业的潜在应用和挑战。

## 第 6 章

区块链在金融领域的案例分析

6.1 央行数字票据交易平台原型系统

6.1.1 项目背景

2014 年中国人民银行（央行）开始进行法定数字货币发行的相关研究。我国法定数字货币的初步界定是由央行主导，在保持实物现金发行的同时发行的以加密算法为基础的数字货币，即 M0 的一部分由数字货币构成。对央行来说，法定数字货币的推出也应该本着循序渐进的原则，于是选择了一两个封闭的应用场景先行开展推广，观察其使用效果，逐步积累经验，随时改进和完善，待成熟后再推向全国。

央行决定使用的试点应用场景是票据交易，搭建数字票据交易平台并借助其验证区块链技术在法定数字货币发行中的可行性。在这样的背景下，2016 年 7 月，中国人民银行启动了基于区块链和数字货币的数字票据交易平台原型系统研发工作。

研发这个系统的目标是构建一个兼具安全性与灵活性的简明、高效、符合国情的数字货币发行流通体系，用以发行法定数字货币，这并不只是一个单纯的技术问题，同时涉及经济、货币流通机制、法律法规等领域的问题，所以在设计过程中尤其注重技术手段、机制设计和法律法规这 3 个层次的协调统一。在技术手段上，充分吸收和改造现有信息技术，确保数字货币信息基础设施的安全性与效率性；在机制设计上，要在现行人民币发行流通机制的基础上设计，同时保持机制上的灵活性和可拓展性，探索符合数字货币规律的发行流通机制与政策工具体系；在法律法规上，要处理好与传统人民币的承接关系，实行均一化管理原则，遵循与传统人民币一体化管理的思路。

6.1.2 项目内容

1. 项目框架

央行选择了与现行纸币流通模式相似的法定数字货币的发行和流通体系。在原型系统中，法定数字货币的发行和流通遵循中央银行-商业银行的传统二元模式，中央银行将数字货币发行至商业银行业务库，委托商业银行向公众提供法定数字货币存取等服务，双方共同维护数字货币发行、流通体系的正常运行。

原型系统按二元模式的总体设计原则，将央行数字货币（Central Bank Digital Currency，CBDC）的运行分为 3 层体系。

第 1 层的参与主体包括中央银行和商业银行，涉及 CBDC 发行、回笼及在商业银行之间的转移。原型系统一期完成从中央银行到商业银行的闭环，通过发行和回笼，CBDC 在中央银行的发行库和商业银行的业务库之间转移，整个社会的 CBDC 总量增加或减少，同时从机制上保证中央银行货币发行总量稳定。

第 2 层是从商业银行到个人或企业的 CBDC 存取，CBDC 从商业银行业务库转移到个人或企业的数字货币钱包中，或相反方向流动。

第 3 层是个人或企业用户之间的 CBDC 流通，CBDC 在个人或企业的数字货币钱包之间发生转移。

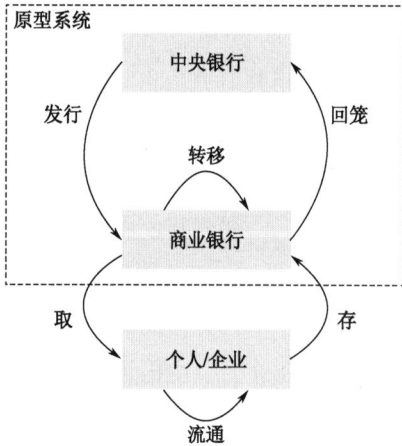

图 6.1 法定数字货币二元模式运行框架

原型系统一期建设主要针对第 1 层从中央银行到商业银行的闭环，这一层是整个 CBDC 发行流通体系的基础。法定数字货币二元模式运行框架如图 6.1 所示。

2. 运行机制

1）CBDC 表达式

央行数字货币在形式上就是一串经过加密的字符串，其中包含了发行方、发行金额、流通要求、时间约束甚至智能合约等信息。与比特币类似，它也是一种具备不可重复花费性、匿名性、不可伪造性、系统无关性、安全性、可传递性、可追踪性、可分性、可编程性等特性的加密货币。

但比特币等数字货币采用的技术不能直接移用到法币上，它们的价值主要取决于市场供求关系，而不是由政府或中央银行保证，也就不能像实际货币那样具有一些特定的属性，如稳定性、可兑换性等，只是在技术上是一种货币形式。比特币等数字货币的表达方式非常简单，它们只表示在特定地址下的数字货币数量，这种表达方式实际上是一种抽象和概念化的代币。

原型系统探索了支持可扩展特性的加密形态 CBDC 的表达式，其形式化模型可以表达为

$$\text{EXP}_{\text{CBDC}} = \text{Sign}\big(\text{Crypto}(\text{ATTR})\big)$$

$$ATTR \in \{id, value, owner, issuer, ExtSet\}$$

EXP_{CBDC} 代表 CBDC 的表达式，ATTR 表示表达式包含的属性集合，Crypto 代表对属性集合元素进行加密运算，Sign 代表对表达式进行签名运算，该属性集合包括最基本的用户标识 id、所有者信息 owner、发行方信息 issuer、可扩展属性集合 ExtSet 等。

原型系统根据 CBDC 的目标，围绕商业银行从发行、转移到回笼的闭环应用出发，充分考虑到稳定性和扩展性的要求，对 CBDC 表达式进行了设计，CBDC 表达式结构如图 6.2 所示。

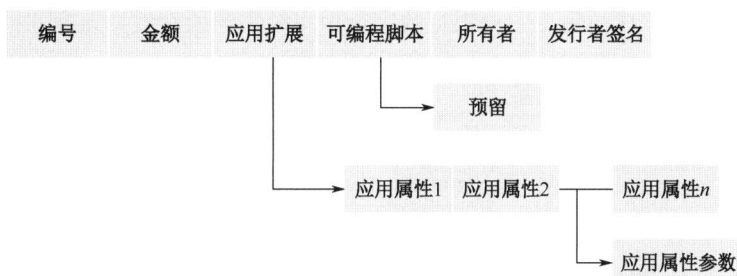

图 6.2　CBDC 表达式结构

从基本构成上看，CBDC 应包含最基本的编号、金额、所有者和发行者签名。编号是 CBDC 信息的主字段，编号不能重复，是 CBDC 的唯一标识，可以作为索引使用。金额代表了 CBDC 的面额，不同于传统人民币的固定面额，CBDC 的金额可以被拆分或合并，其最小颗粒度是 0.01 元（人民币 1 分），最大面额未设定上限。所有者代表 CBDC 的拥有者，即"钱是谁的"。发行者签名则代表 CBDC 发行方。CBDC 基本字段相对稳定，需要补充内容时，可以通过应用扩展和可编程脚本为 CBDC 增加应用扩展功能和可编程功能。应用扩展是通过可变长数据表达格式实现多个应用属性扩展存储的。同时，应用属性的可配置能力可以通过参数字段的配置进一步提升。可编程脚本在添加到 CBDC 之后仍可以通过预留的可变长数据表达格式进行不断扩展。这些关于可扩展字段结构的设计，能够使得 CBDC 灵活适应未来广泛的应用场景需求。

2）发行回笼机制

现有的基于账户模式的中央银行货币系统的发行和回笼，是通过商业银行在中央银行设立存款电子账户、推动货币在账户内外流动实现的。而 CBDC 作为一种新的货币形态，发行 CBDC 的前提是不改变中央银行货币的发行总量，这就需要设计一种与现有电子账户货币相匹配的兑换机制，探索新形态货币如何在现有货币运行框架内流畅地发行和回笼。

CBDC 发行是指中央银行生产所有者为商业银行的 CBDC，并发送至商业银行的过程。CBDC 回笼是指商业银行缴存 CBDC，中央银行将上缴的 CBDC 作废的过程。为保证 CBDC 的发行和回笼不改变中央银行货币发行总量，原型系统设计了商业银行使用存款准备金等

213

额兑换 CBDC 的机制。在发行阶段，扣减商业银行存款准备金，等额发行 CBDC。在回笼阶段，作废 CBDC 后，等额增加商业银行存款准备金。因涉及存款准备金变动，原型系统需要对接中央银行会计核算数据集中系统，以实现存款准备金的实时扣增。

CBDC 发行过程如图 6.3 所示，商业银行数字货币系统向中央银行数字货币系统发起请领 CBDC 的申请，中央银行数字货币系统首先进行管控审批，该步骤为中央银行实施 CBDC 监管预留了扩展功能的接入端口。然后，向中央银行会计核算系统发起存款准备金扣款指令，在中央银行会计核算系统中进行扣减该商业银行存款准备金并等额增加数字货币发行基金的操作。扣款成功后，中央银行数字货币系统生产所有者为该商业银行的 CBDC，并发送至商业银行。最后，商业银行在数字货币系统中完成银行库 CBDC 入库操作。

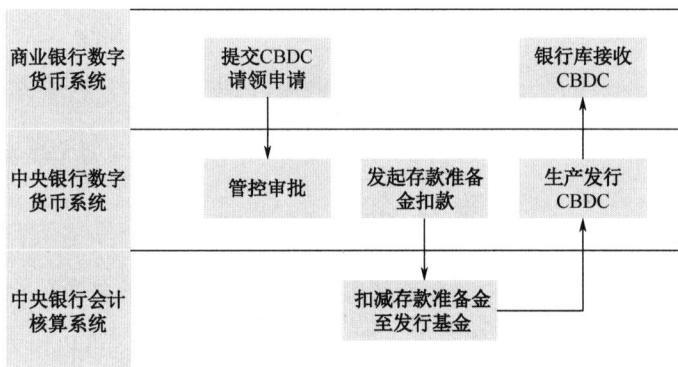

图 6.3　CBDC 发行过程

CBDC 回笼过程如图 6.4 所示，商业银行数字货币系统向中央银行数字货币系统发起缴存 CBDC 的申请，中央银行数字货币系统进行管控审批后，先将缴存的 CBDC 作废，然后向中央银行会计核算系统发起存款准备金调增指令，在中央银行会计核算系统中进行扣减数字货币发行基金的操作，同时等额调增该商业银行的存款准备金。完成后，中央银行数字货币系统通知商业银行 CBDC 回笼成功。

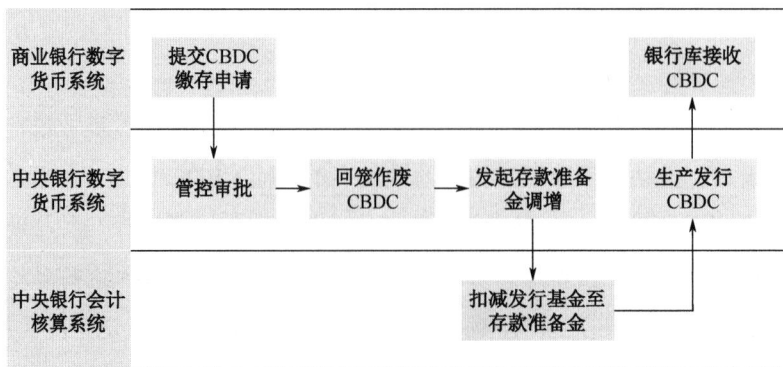

图 6.4　CBDC 回笼过程

3）转移机制

CBDC 是载有所有者信息的加密字符串，因此，CBDC 的转移必然涉及加密字符串的转换。由于经过转移的 CBDC 本质上已经是转换后的不同的加密字符串，转移前后的 CBDC 分别被称为来源币和去向币。CBDC 的转移可以有这 3 种模式：直接转移、合并转移、拆分转移，以下对这 3 种模式进行示例说明。CBDC 转移机制如图 6.5 所示。

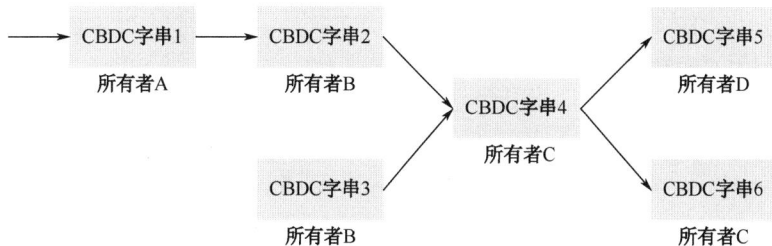

图 6.5　CBDC 转移机制

（1）直接转移：图 6.5 中用户 A 将 CBDC 字串 1 转移给用户 B 的过程。

CBDC 字串转移是一个加密字符串的传输过程，代表 CBDC 的加密字符串被打包成数据包的形式，在发送方和接收方保管 CBDC 的系统之间进行传输。

来源币是 CBDC 字串 1，所有者为 A。在转移发生后生成新的 CBDC 字串 2，即去向币，后者的所有者标识对应用户 B。转移过程中不涉及金额变化，CBDC 字串 1 和 CBDC 字串 2 的金额相同。

（2）合并转移：图 6.5 中用户 B 将两个 CBDC 字串一起转移给用户 C 的过程。

这里举例的是两个来源币的情况，实际上合并转移的来源币可以是任意数量。在示例情况中，来源币包括两个加密字符串，即 CBDC 字串 2 和 CBDC 字串 3，在转移发生后生成新的 CBDC 字串 4。此时去向币获取了所有来源币的全部信息，去向币的金额等于两个来源币金额之和，CBDC 字串 4 的所有者标识对应用户 C。

（3）拆分转移：图 6.5 中用户 C 将 CBDC 字串 4 的部分金额转移给用户 D 的过程。

此处举例的来源币是所有者为 C 的 CBDC 字串 4，在转移发生后生成新的 CBDC 字串 5，其所有者为用户 D，其金额为转移金额，由发起转移操作的主体设置。同时生成新的 CBDC 字串 6，仍属于用户 C，其金额为转移后的余额，即 CBDC 字串 4 的金额与 CBDC 字串 5 的金额之差。CBDC 字串 5 和 CBDC 字串 6 都是这个转移中的去向币。

根据 CBDC 转移机制，原型系统中商业银行之间转移 CBDC 的操作，在技术层面表现为 CBDC 字串通过中央银行数字货币系统进行转换并传递的过程。如图 6.6 所示，商业银行 A 数字货币系统将待转移的 CBDC（来源币）发送至中央银行数字货币系统。央行首先将来源币作废，然后按请求的转移金额生成所有者为商业银行 B 的去向币，如果转移后还有余额，则还要生成所有者为商业银行 A 的去向币。然后将去向币分别发送给对应的商业银行。

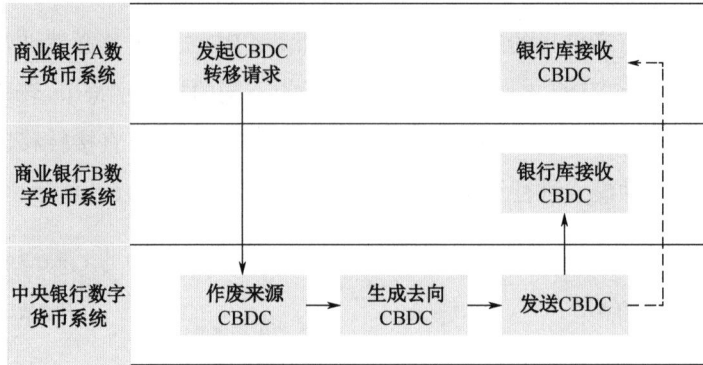

图 6.6 CBDC 转移过程

以 CBDC 发行为例，原型系统架构如图 6.7 所示。

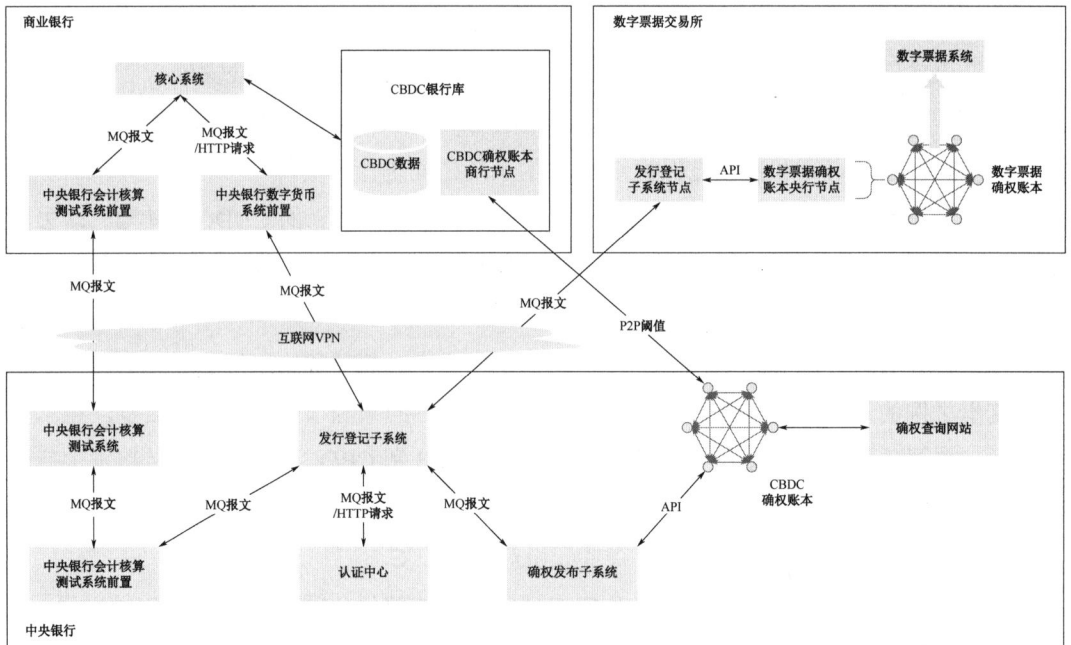

图 6.7 原型系统架构

原型系统架构的运行过程可以概括说明如下。

首先，由商业银行核心系统向中央银行数字货币系统前置发起请领 CBDC 的请求，通常是 MQ（Message Queue，消息队列）报文或 HTTP 请求。中央银行数字货币系统前置通过 VPN（Virtual Private Network，虚拟专用网络）向中央银行发行登记子系统转发报文，以使发行登记子系统开始处理 CBDC 的发行业务。

其次，中央银行通过其会计核算测试系统减少商业银行的存款准备金。发行登记子系统向中央银行端的会计核算测试系统前置发送请求，以扣减商业银行的存款准备金。该前置将请求报文转发给中央银行的会计核算测试系统。在扣减存款准备金后，中央银行的会计核算测试系统通知商业银行端的会计核算测试系统前置存款准备金的变化情况，该前置随后通知商业银行的核心系统。中央银行的会计核算测试系统同时将存款准备金扣款成功的报文通知中央银行端的会计核算测试系统前置，该前置随后通知发行登记子系统存款准备金扣款成功。

再次，中央银行的发行登记子系统生成发行的 CBDC，并通过中央银行的数字货币系统前置发送至商业银行的核心系统，然后存放在商业银行的银行库中。

最后，中央银行的发行登记子系统在确权账本上进行权属登记。发行登记子系统通知确权发布子系统 CBDC 发行的权属信息，确权发布子系统将脱敏后的数据发布在 CBDC 的分布式确权账本上，CBDC 的确权查询网站读取分布式确权账本的数据以进行确权查询。商业银行的确权账本节点与中央银行的确权账本节点进行数据同步。

6.1.3　项目评价

央行数字票据交易平台原型系统探索了二元模式下法定数字货币发行、转移、回笼闭环等步骤流程，是在全球范围内首个研究发行数字货币并开展真实应用的交易平台，率先探索了区块链技术在货币发行中的实际应用，是一个具有创新性和前瞻性的项目。

1. 主要创新性及优点

（1）业务创新：该项目采用了区块链技术，实现了数字票据的全生命周期登记流转和基于数字货币的票款对付（DVP）结算功能。此外，该项目还在传统区块链技术的基础上进行了优化和改进，解决了一些关键问题，如智能合约的升级问题、隐私保护问题等。

该项目引入了数字货币进行结算，实现了数字票据交易的资金流和信息流同步转移。这种设计模式可以避免类似 TheDAO 事件带来的风险，使业务在逻辑上实现升级。

（2）实际应用：该项目已经成功地进行了测试，并在数字票据交易场景中验证了数字货币的应用。这意味着央行将成为全球首个研究数字货币及真实应用的银行。

（3）前瞻性：该项目显示了中国央行紧跟金融科技的国际前沿趋势，力求把握对金融科技应用的前瞻性和控制力。

2. 潜在的缺点和不足

（1）性能问题：基于分布式账本的共识记账和国密 SM2 运算（一种椭圆曲线公钥密码算法，需要大量计算资源）是影响 CBDC 转移性能的关键操作，由于这两个操作的计算十分复杂，可能会影响系统的性能和效率。

（2）安全性和可调配性：由于央行在解决数字货币在安全性、可调配性和交易性能等方面的需求时存在问题，其共识算法也许不会采用当前的 PoW 或者 PoS，而是另外研发一套专用算法，从而满足法定数字货币的要求。这可能会增加系统的复杂性，并可能需要更多的资源和时间进行开发和测试。

（3）隐私保护：虽然系统在设计时已经考虑到了隐私保护问题，但是在实际应用中，如何在保护用户隐私的同时，能够有效地进行数据分析和监管，仍然是一个挑战。

（4）系统的可用性和稳定性：由于该项目是一个原型系统，所以它可能还需要经过进一步的测试和优化，以确保其在各种条件下的可用性和稳定性。

6.2　腾讯云融资易动产质押区块链登记系统

6.2.1　项目背景

近年来，传统的仓储管理系统在监管质押物方面面临诸多问题，主要表现在对质押物的有效监管手段不足。由于缺乏科技支持，传统系统难以应对重复质押、虚假仓单等问题，导致仓单质押生态受到严重破坏。这一情况给中小企业带来了巨大的资金周转压力，因为它们在融资过程中面临双重困境：规模相对较小和缺乏足够的主体信用。同时，在过去的数年中，仓单质押生态的不健康发展使得中小企业难以获取必要的融资支持。传统的仓储管理系统无法提供足够的保障，容易被不法分子利用，进而导致融资市场的不稳定。中小企业作为经济的支柱之一，其融资问题对整个经济体系产生了负面影响。为解决这些问题，腾讯公司着手开发一种先进的仓储管理系统，通过区块链技术实现可信的信息共享，对仓单进行多方确权，保证了仓单的真实、可靠，可以有效地降低动产质押风险。

腾讯云区块链服务平台（Tencent Blockchain as a Service，TBaaS）致力于打造全球领先的企业级区块链技术平台，以帮助客户、开发者及合作伙伴轻松创建和管理可托管、可扩展的区块链网络，助力产业协同发展。TBaaS 支持长安链·ChainMaker、Hyperledger Fabric 等区块链底层平台，简化部署、运维及开发流程，实现业务快速上链，提升链上治理效率。使用 TBaaS 可以降低实现区块链底层技术的成本，简化区块链构建和运维工作，同时使其在面对各行业领域场景时，能够满足用户的个性化需求。

腾讯云融资易动产质押区块链登记系统运用"区块链+物联网+人工智能"技术，为用户提供动产的区块链资产管理服务，以满足基于动产质押的供应链金融及大宗商品电子仓单交易等场景。

6.2.2　项目内容

1. 项目框架

仓单登记管理系统主要由仓单登记管理主系统、仓储智能子系统、电子仓单子系统和物联子系统构成，如图 6.8 所示。它结合腾讯 TBaaS 和物联能力，通过接入各类智能化设备，对传统 WMS 系统进行智能化升级和数据采集上链，同时对仓储进、管、存各环节的业务数据进行采集上链，使其最终形成数据可溯源、不可逆、真实可信的区块链电子仓单，满足各方共识机制，从而大幅提升仓单信用效力。

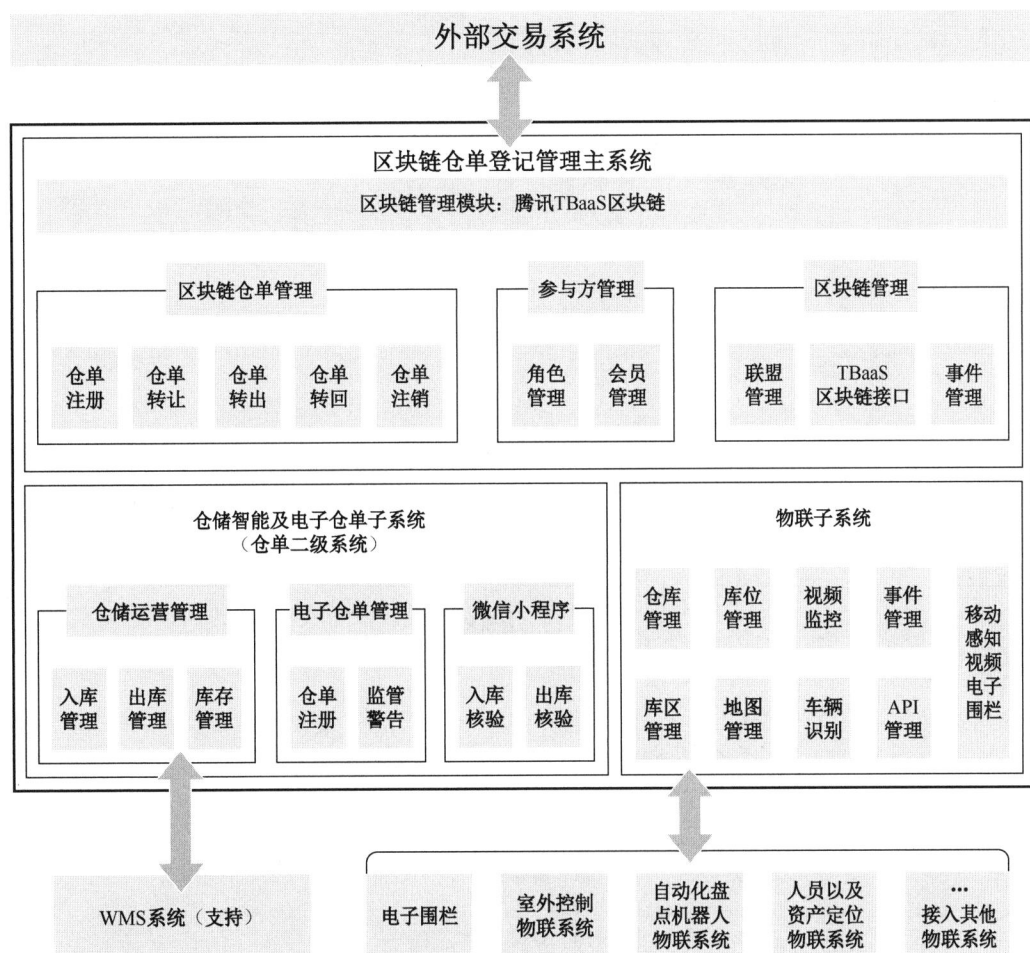

图 6.8　仓单登记管理系统

2. 运行机制

基于动产，如大宗商品现货的仓储环节，通过腾讯云融资易动产质押区块链登记系统生成可信电子仓单，实现可信电子仓单在登记系统内的流转及转出至第三方交易系统进行交易、流转，在系统中的用户请求如图 6.9 所示。

基于腾讯云融资易动产质押区块链登记系统生成的可信电子仓单，可支持第三方金融、保险机构提供的各类供应链金融服务，包括但不限于仓单抵押、仓单融资、仓单保险及仓单担保等，动产质押流程如图 6.10 所示。

与该平台合作的企业，在满足现有业务系统与该平台相关系统对接需求，并实现适量增加智能化设备和管理规则的前提下，可快速部署物联设备、接入 AI 实现智能化改造，大幅提升先进化技术水平及业务规范程度，接入 AI 过程如图 6.11 所示。

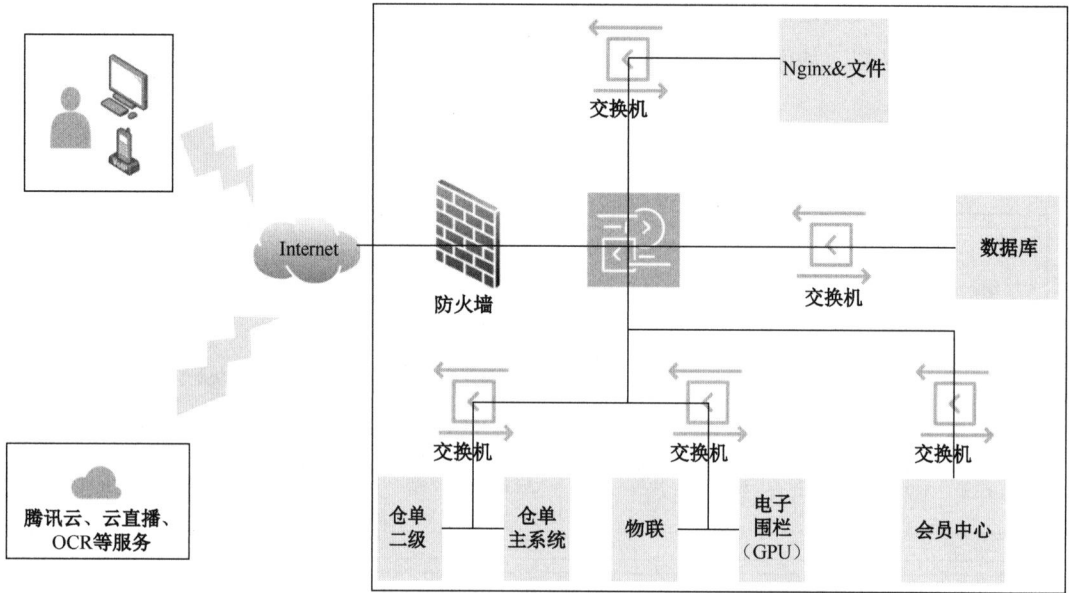

图 6.9　用户请求

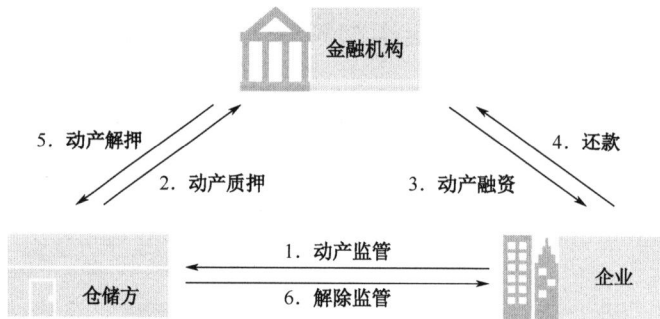

图 6.10　动产质押流程

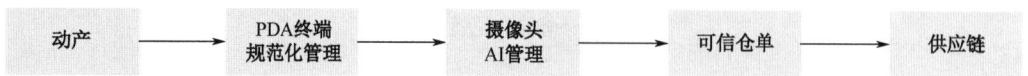

图 6.11　接入 AI 过程

3. 系统架构

本部分将对腾讯云融资易动产质押区块链登记系统的四个主要构成组件（仓单登记管理主系统、仓储智能子系统、电子仓单子系统和物联子系统）进行结构和功能的介绍。

1）仓单登记管理主系统

仓单登记管理主系统是腾讯云融资易动产质押区块链登记系统的主模块，用于所有平台用户业务功能侧的发起、管理、维护等相关操作，包含了基本信息管理、会员管理、仓单管理、数据管理、外接系统管理与统计报表管理等功能。该系统的主要功能模块包括区块链管理模块、登录及认证管理模块等。该系统的区块链管理模块使用的是 TBaaS 区块，是腾讯云融资易动产质押区块链登记系统的主要技术支撑模块之一，负责仓单上链、确认、流转、注销等操作，以及所有涉及区块链内容管理等的偏技术侧的功能，包含了区块链节点管理、智能合约管理、货品溯源管理等功能，主要基于腾讯 TBaaS 系统中的后台管理功能实现。

2）仓储智能子系统和电子仓单子系统

仓储智能子系统及电子仓单子系统，简称仓单二级系统，是腾讯云融资易动产质押区块链登记系统的主要业务支撑模块，负责仓储企业物联设备智能化相关的偏业务侧的发起、管理，以及电子仓单的制作、预生成、注销等操作。并且对各仓储企业自有的 WMS 系统提供的相关接口进行升级，以满足仓储智能化管理和区块链仓单生成的关键需求，同时包含了电子仓单管理、仓库管理、货品标签管理等功能。

腾讯云融资易动产质押区块链登记系统具备强大的仓储运营管理功能，涵盖了出入库管理、库存管理和存货人管理。通过先进的技术手段，用户可以轻松实现对仓库日常运营的全面监控和优化，确保出入库流程的高效性和精准性，同时实现对库存的精准追踪和管理，提高仓库资源的利用效率。存货人管理则有效规范了与存货相关的各类操作，确保信息的完整性和可追溯性。

腾讯云融资易动产质押区块链登记系统通过应用 AI 图像识别技术的电子围栏功能，24 小时监控区域内货物，设有货物出入自动告警，为仓储企业提供高安全、强监控的业务场景支持，是区块链电子仓单能力的主要支撑技术之一。

腾讯云融资易动产质押区块链登记系统引入电子仓单管理，包括电子仓单注册与注销功能。通过电子化的仓单管理系统，用户能够实现对质押物的高效监管，防范重复质押和虚假仓单等风险。监管告警管理则通过智能算法，实时监测仓单交易活动，及时发出警报，帮助运营者迅速应对潜在风险，提高监管效能。

腾讯云融资易动产质押区块链登记系统支持微信小程序，方便用户进行出入库核验。通过小程序，用户可以随时随地轻松核实仓库的出入库信息，提高了操作的灵活性和便捷性。这一功能不仅为仓储管理提供了更便利的操作途径，同时也为用户提供了即时的仓储信息查询服务，提升了整体运营的透明度和效率。

3）物联子系统

物联子系统用于所有接入平台的物联网设备（如摄像头、智能终端、定位标签等 AI 及 IoT 设备）的运维管理。同时，该子系统也可根据功能需要对接入的各类物联系统，如第三方电子地图系统、电子围栏系统、实时监控系统、视频点播回放系统、车牌识别系统、自动化盘点机器人系统、人员资产定位系统、室外定位系统等进行统一的授权与管理。

本系统通过对各类物联设备的管理，实现出入库车牌号码自动识别、货物铭牌信息 AI

解析、货物标签统一制作管理、仓储业务无纸化改进等诸多智能化应用，帮助仓储企业提高管理透明度，使这些设备的上链数据采集可以更好地支持区块链电子仓单业务场景。

4. 应用场景

1）大宗商品仓单质押融资

基于腾讯云融资易动产质押区块链登记系统生成的大宗商品电子仓单，可支持由第三方金融、保险机构提供的各类供应链金融服务，包括但不限于仓单抵押、仓单融资、仓单保险及仓单担保等各类供应链金融服务，还可支撑供应链金融平台的建设及大型机构托管仓的运营等业务。

2）动产产权流通监管

基于大宗商品现货的仓储环节，本系统通过配置电子围栏等相关监控设备，标准化仓储操作规范，进而生成可信电子仓单，并支持电子仓单在本系统内的流转，以及与转出至第三方大宗现货交易系统之间的交易、流转。该仓储管理系统的多功能性和高度定制化的特点，使其能够灵活适应不同业务场景的需求，为大宗贸易电商、电子仓单交易所及大型机构交割仓等提供了可靠的支持，助力这些领域的业务高效、安全地运转。

3）动产应收账款质押融资

动产应收账款质押融资是基于供应链上下游企业之间的动产交易而形成的应收账款，通过合同签订、原料采购、运输仓储、生产制造等环节实时采集和上链登记。这一过程在逻辑上保证了关键数据的多方可验证性和防篡改性，从而实现了资产的数字化。在数字化资产的基础上，我们可以确保其可信度，进而为动产应收账款融资、订单供应链金融等服务奠定坚实的基础。

4）农资（畜产）监管质押融资

基于农资（畜产）的集中化饲养过程，本系统通过在畜产养殖场配置摄像头、传感器等相关物联设备，监控畜产的实时生存状态及所需饲料的储备状况，以形成可信的农资（畜产）数字化资产，进而为农资供应链相关参与方提供产品溯源和供应链金融等服务。

6.2.3　项目评价

本系统利用了区块链技术，有一定创新性和前沿性，可以提高数据的透明度和安全性。本系统主要服务于中小微型企业，帮助解决中小微型企业的融资难题，对于推动经济发展具有积极意义。本系统进行实时信息同步和多方信息共享，可以提高业务处理的效率。本系统在数据通信和存储方面都经过加密处理，有一定安全性。本系统架构清晰，功能完备，支持多场景应用，且核心用户参与系统的成本较低，并支持部分子系统的热插拔，具备良好的兼容性和扩展性。

但同时，本系统可能存在一些潜在的挑战或限制，如技术的复杂性可能会对一些没有相关背景的用户构成挑战。虽然区块链技术可以提高数据的安全性，但本系统的数据隐私仍然是一个需要关注的问题。尽管本系统的数据经过加密处理，但如果加密算法被破解，数据可能会暴露。本系统应用的区块链技术的性能可能受到网络规模、交易量等因素的影响，随着本系统规模的扩大，可能需要更多的计算资源和存储空间。区块链技术在全球范围内的应用可能会面临不同国家和地区的法规限制，这可能会对本系统中区块链服务的提供和使用产生影响。

6.3　开放支付网络 Ripple

6.3.1　Ripple 介绍

Ripple 公司成立于 2012 年，是一家位于美国加利福尼亚州的金融科技公司，主要专注于发展和推广其支付协议和交易网络。Ripple 的核心产品和服务旨在改善全球银行和金融机构的支付和结算流程，特别是在跨境交易领域。

Ripple 的前身是 OpenCoin，后来更名为 Ripple Labs，最终简称为 Ripple。自 2012 年成立以来，Ripple 迅速成为全球金融科技领域的重要参与者之一。Ripple 的技术在国际汇款等支付领域受到广泛关注，它通过提供更快、更经济的解决方案，试图改善传统的 SWIFT 系统。

目前 Ripple 网络已经吸引了超过 100 家金融机构的接入，其中包括瑞银集团、西班牙国家银行等重量级参与者。值得注意的是，英格兰银行和沙特阿拉伯金融管理局等也是 Ripple 的付费客户。在 2016 年，加拿大的 ATB 银行和德国 Reisebank 银行通过 Ripple 网络完成了全球首笔基于区块链技术的银行间跨境汇款，仅用了 8 秒钟就将 1 000 美元从 ATB 转移到 Reisebank，大幅优于传统模式所需的 2 到 6 个工作日。此外，全球第二大汇款公司速汇金（MoneyGram）宣布将测试其在支付网络中使用原生的货币（XRP）作为降低汇款成本和结算次数的工具。

Ripple 网络的核心是跨账本协议（Interledger Protocol, ILP）、共识总账和原生的货币（XRP）。Ripple 的交易方案主要有两种：第一种方案是使用 Ripple 系统 XRP 进行交易，其中 XRP 作为中介货币，在各种货币兑换中充当中间物。此外，XRP 还用于支付交易费用，每产生一笔交易就会消耗一定数量的 XRP，这有助于维护网络的安全性。第二种方案是通过 xCurrent 插件优化银行的基础账户，该方案通过跨账本协议，将银行账户与分布式账本建立关联和映射。这种方式无须实际资金转移，仅通过信息处理就能实现资金交割，目前多数银行选择测试此种方案。

6.3.2　主要产品和服务

1. XRP Ledger

XRP Ledger（XRPL）是一个分布式经济系统，不仅存储网络参与者的所有财务信息，还提供跨多种货币对的交易服务。XRPL 作为一个开源的分布式账本，旨在实现实时金融交易。XRPL 运用了自有的共识算法，即 Ripple 共识算法（Ripple Consensus Algorithm, RPCA）达成网络内的交易共识。XRPL 由一系列独立验证节点组成的网络管理，这些节点不断进行交易记录的校验。任何人都可以设置并运行一个 Ripple 验证节点，并且可以自行选择验证节点。但 Ripple 建议用户从官方认证的受信任节点列表（Unique Node List, UNL）中选取节点验证交易。这些受信任的节点可以相互交换交易数据，直到达成对当前账本状态的一致意见。只有绝大多数 UNL 节点认可的交易才被视为有效，且当所有节点将相同的交易应用到账本时，才视为达成了共识。Ripple 是一家私人企业，开发并维护 XRPL。由于 XRPL 是开源的，所以任何人都可以参与贡献节点。重要的是，即使 Ripple 公司不复存在，XRPL 仍然能够独立运行，这保证了其长期的稳定性和开放性。

2. XRP

Ripple 发行的数字货币 XRP 在 RippleNet 中起着关键作用。它被用作跨境交易中的中介货币，有助于减少涉及多种货币的交易成本和时间。

3. RippleNet

RippleNet 是 Ripple 公司基于 XRPL（XRP 账本）技术打造的专有支付和交易网络。RippleNet 与 XRPL 不同，RippleNet 是为银行和金融机构设计的专业级服务网络，旨在简化全球跨境支付和交易。RippleNet 主要提供三种支付解决方案。

1）xRapid

这是一种使用 XRP 作为桥接货币实现快速、低成本的国际汇款的服务。xRapid 允许金融机构在不同国家间快速转换资金，通过利用 XRP 的高流动性，减少了资金的预资本需求，并降低了交易成本。

2）xCurrent

这是 RippleNet 的核心产品，为银行和其他金融机构提供了实时跨境支付的解决方案。xCurrent 不依赖 XRP，而是使用 Ripple 的先进区块链技术追踪和即时清算跨境支付。这一系统使得交易双方能够在交易前和交易期间进行沟通，确保资金的迅速、透明和低成本转移。xCurrent 的四个基本组件如图 6.12 所示。

（1）Messager：这是一个应用程序接口，用于在银行系统中处理 Ripple 支付交易。Messager 在汇款行和收款行之间提供信息通道，交换 KYC/AML（了解用户/反洗钱）、风控信息、手续费、汇率及其他支付相关信息。在交易发起前，Messager 将这些信息发送给交易双方，以确保所有信息的准确性。只有在这些信息经过双方确认后，才能执行交易和清算资金。

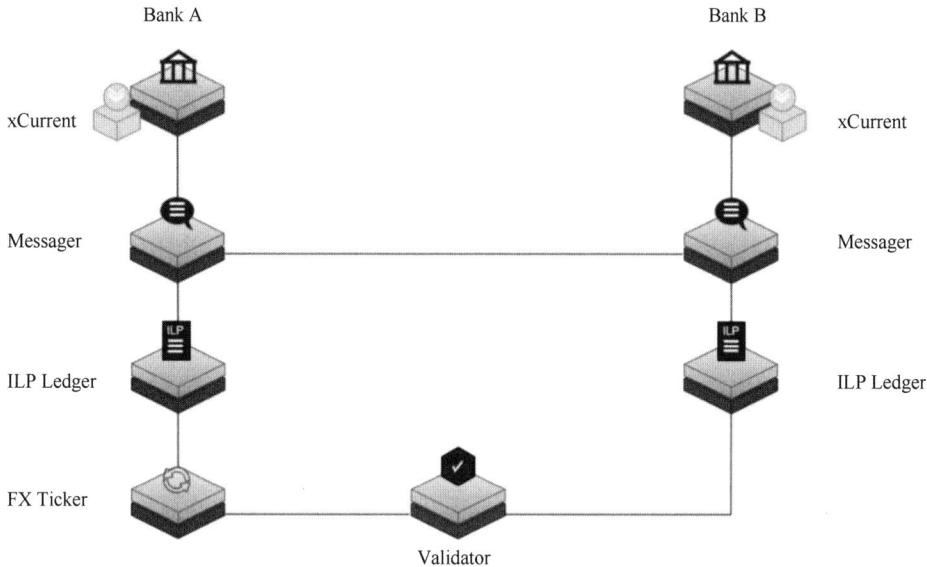

图 6.12　xCurrent 的四个基本组件

（2）ILP Ledger（跨账本协议账本）：它基于 Interledger Protocol（跨账本协议），记录交易各方银行账户的借贷情况及资金流动性提供商（Liquidity Provider）或做市商的资金变动。ILP Ledger 能够确保不同账本之间可以即时连接，实现互操作性。ILP Ledger 进行的资金结算是原子级别的，即结算过程不可再分割，要么完成要么失败，从而降低交易风险。

（3）FX Ticker：做市商通过 FX Ticker 向 Ripple 网络提交外汇报价。银行内部的外汇交易平台也可以通过这个模块集成到 RippleNet，起到做市商的功能。Ripple 自动选择网络中报价最低的做市商，以实现资金转换成本的最小化。

（4）Validator：作为交易双方信任的来源，Validator 用于确认交易是否成功并触发记账过程。它参与共识过程，满足复杂系统的容错要求。Validator 触发区块记账，确保账本的一致性。

3）xVia

这是一个支付接口，允许银行和金融机构通过 RippleNet 发送支付。xVia 使这些机构能够直接参与区块链或数字货币交易，通过标准的 API 接入 RippleNet，简化了跨境支付过程。

6.3.3　Ripple 的共识机制

Ripple 采用的是一种独特的共识机制，被称为 Ripple Protocol Consensus Algorithm

（RPCA）。这种共识机制与 PoW 或 PoS 等更常见的共识机制不同。Ripple 的共识算法旨在快速、有效地达成网络中独立验证节点之间的一致性，从而保证交易的快速处理和系统的整体可靠性。

1. RPCA 的工作原理

（1）唯一节点列表（Unique Node List，UNL）：在 Ripple 网络中，每个验证节点都有一个唯一节点列表，这个列表包含其他一些被认为是可信赖的验证节点。这些节点参与共识过程，决定哪些交易被记录在 Ripple 的分布式账本上。

（2）共识过程：共识过程在 Ripple 中是一个重复且快速发生的过程。每个节点收集所有等待的交易（称为候选交易集），并与其 UNL 中的节点进行交流，以达成哪些交易应该被包含在下一个账本中的共识。

（3）验证和记录：一旦超过一定比例的 UNL 上的节点同意某个特定的交易集，就认为达成了共识。然后，这个交易集被应用于当前的账本状态，并创建一个新的账本版本。该账本随后由网络中的所有节点接受和验证。

2. RPCA 的特点

（1）效率和速度：RPCA 能够在几秒钟内完成共识过程，这使得 Ripple 能够快速处理交易。

（2）可扩展性：与 PoW 等共识机制相比，RPCA 在能耗及其他资源消耗方面更为高效，更适合大规模金融交易处理。

（3）去中心化与信任：尽管 Ripple 的共识机制依赖可信节点列表，但这并不意味着是完全的去中心化。理论上，任何人都可以运行一个 Ripple 验证节点，但网络的健康运行依赖节点间的相互信任。

（4）安全性：RPCA 确保网络中的大多数节点达成一致，从而提供了抵御恶意行为和双重支出攻击的安全保障。

6.3.4 跨境支付案例

假设美国的 Alpha 公司向欧洲的 Beta 公司支付 100 欧元，并假设由外部做市商提供资金流动性。

1. 支付准备阶段

Alpha 公司（Originator）和 Beta 公司（Beneficiary）在对应的 Dollar 银行和 Euro 银行完成开户并存有相应币种的资金，银行系统内部的 Dollar Bank 账本和 Euro Bank 账本如图 6.13 所示。Dollar Bank 账本和 Euro Bank 账本是银行系统内部的记账账本，银行拥有记账权。另外，每个银行账户需要扩展一个 Ripple 外挂独立账户（Ripple Segregated Account），这个账户余额与外部的 Ripple ILP Ledger（用来跟踪做市商的资金状态）关联，有映射关系。

Dollar Bank's Ledger			
Account	Debit	Credit	Baiance
Originator			$10 000
Liquidity Provider			
Fees			
Ripple Segregated Account			

Euro Bank's Ledger			
Account	Debit	Credit	Baiance
Originator			€3 000
Liquidity Provider		€200 000	€200 000
Fees			
Ripple Segregated Account			

Dollar Bank's Ripple ILP Ledger			
Account	Debit	Credit	Baiance
Hold			
Liquidity Provider			

Euro Bank's Ripple ILP Ledger			
Account	Debit	Credit	Baiance
Hold			
Liquidity Provider			

图 6.13　银行系统内部的 Dollar Bank 账本和 Euro Bank 账本

做市商通过本地清算系统向 Euro 银行注入初始资金 200 000 欧元，并将其中的 40 000 欧元注入 Ripple 外挂独立账户，用于这笔交易的流动性支出，交易的流动性支出如图 6.14 所示。在这个案例中，只有单向资金支出，所以做市商单向做市即可。

Dollar Bank's Ledger			
Account	Debit	Credit	Baiance
Originator			$10 000
Liquidity Provider			
Fees			
Ripple Segregated Account			

Euro Bank's Ledger			
Account	Debit	Credit	Baiance
Originator			€3 000
Liquidity Provider		€200 000	€200 000
	€40 000		€160 000
Fees			
Ripple Segregated Account		€40 000	€40 000

Dollar Bank's Ripple ILP Ledger			
Account	Debit	Credit	Baiance
Hold			
Liquidity Provider			

Euro Bank's Ripple ILP Ledger			
Account	Debit	Credit	Baiance
Hold			
Liquidity Provider		€40 000	€40 000

图 6.14　交易的流动性支出

一旦 Ripple 外挂独立账户有了资金，流动性提供商通过 FX Ticker 将外汇报价提供给 Dollar 银行（Ripple 网络自动选择众多流动性提供商中报价最低者/最优换汇路径）。在这个案例中，我们假设汇率为 EUR/USD，即 1.142 9。

2. 支付

整合业务流和资金流如图 6.15 所示。

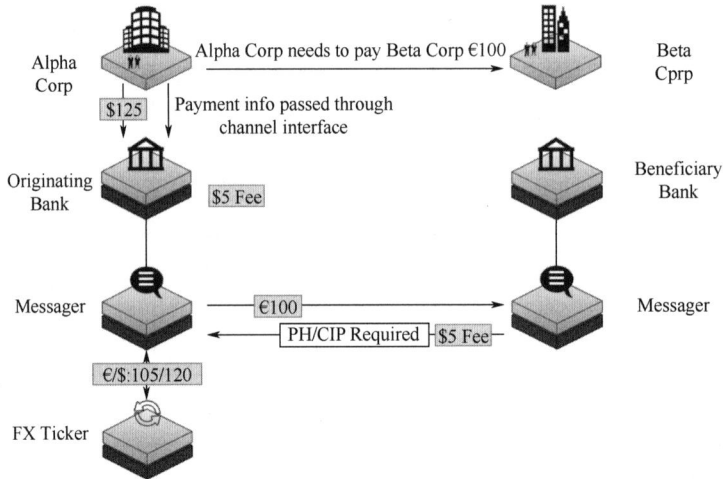

图 6.15　整合业务流和资金流

（1）Alpha 公司通过 Dollar 银行发起向 Beta 公司支付 100 欧元的汇款请求。

（2）Dollar 银行通过 Messager 连接到 Euro 银行，提交相关汇款信息、订单信息等。

（3）Euro 银行根据 Dollar 银行提交的请求开展检查：一是确认 Beta 公司此笔订单满足当地 KYC/AML 的监管要求；二是判断无需向 Dollar 银行申请进一步的 Alpha 公司信息。检查通过，Euro 银行返回相应的手续费。

（4）Dollar 银行收到 Euro 银行的应答后，通过 FX Ticker 获得欧元对美元的汇率。Dollar 银行最后呈现出来的是这笔交易的总成本。假定美元银行手续费为 5 美元，欧元银行手续费为 5 欧元，EUR/USD 为 1.142 9，那么总的成本差不多为 125 美元（计算过程为 100 欧元×1.142 9+5 美元+5 欧元×1.142 9）。

（5）一旦 Alpha 公司接受了这个费用，这笔支付即被发起。Dollar 银行借记 Alpha 公司-125 美元，收下 5 美元的手续费，贷记 Segregated Account 增加 120 美元，同时，ILP 账本更新如图 6.16 所示。

此时，这 120 美元还没有真正贷记到流动性提供方的账户上，而是在 Hold 账户中，直到 Euro 银行向 Validator 提供了拥有足够支付给 Beta 公司资金的证明。例如，Beta 公司冻结某部分资金或 Beta 公司提供可验证的发货信息等方式。

在发起共识时，Ripple 给出的方案是 Consensus 与 Validation 结合的验证结构。简而言之，Validator 组成的网关节点能够基于特殊节点列表（Unique Node List，UNL）投票，以达成满足复杂系统容错的账本共识。需要说明的一点是，参与投票节点的身份是事先相互知道的（不具备匿名性），因此算法的效率比 PoW 等匿名共识算法要高，3～5 秒内就能够完成交易的验证和确认，该共识算法只适用于权限链（Permissioned Chain）。

在此案例中，Beta 公司提供给 Validator 的保证是冻结 Euro 银行一部分资金。流动性提供方将用于流动性支出的 40 000 欧元中的 105 欧元放入 Hold 账户，并发送一个加密的收据给 Validator，资金支出如图 6.17 所示。

Dollar Bank's Ledger			
Account	Debit	Credit	Baiance
Originator			$19 000
	$125		$9 875
Liquidity Provider			
Fees		$5	$5
Ripple Segregated Account		$120	$120

Euro Bank's Ledger			
Account	Debit	Credit	Baiance
Originator			€3 000
Liquidity Provider		€200 000	€200 000
	€40 000		€160 000
Fees			
Ripple Segregated Account		€40 000	€40 000

Dollar Bank's Ripple ILP Ledger			
Account	Debit	Credit	Baiance
Hold		$120	$120
Liquidity Provider			

Euro Bank's Ripple ILP Ledger			
Account	Debit	Credit	Baiance
Hold			
Liquidity Provider		€40 000	€40 000

图 6.16　ILP 账本更新

Dollar Bank's Ledger			
Account	Debit	Credit	Baiance
Originator			$10 000
	$125		$9 875
Liquidity Provider			
Fees		$5	$5
Ripple Segregated Account		$120	$120

Euro Bank's Ledger			
Account	Debit	Credit	Baiance
Originator			€3 000
Liquidity Provider		€200 000	€200 000
	€40 000		€160 000
Fees			
Ripple Segregated Account		€40 000	€40 000

Dollar Bank's Ripple ILP Ledger			
Account	Debit	Credit	Baiance
Hold		$120	$120
Liquidity Provider			

ILP Validator(s)

Euro Bank's Ripple ILP Ledger			
Account	Debit	Credit	Baiance
Hold		€105	€105
Liquidity Provider		€40 000	€40 000
	€105		€39 895

图 6.17　资金支出

一旦 Validator 收到两边银行的资金存入 Hold 账户的证明，共识通过，它就触发双方的资金清算，且自动记录两边账本，过程为释放 Dollar 银行 ILP Ledger Hold 账户资金给流动性提供方账户，同时转移 Euro 银行 ILP Ledger 中流动性提供方 Hold 账户资金给 Euro 银行，100 欧元记入 Beta 公司，5 欧元手续费记入银行账户。支付结束如图 6.18 所示。

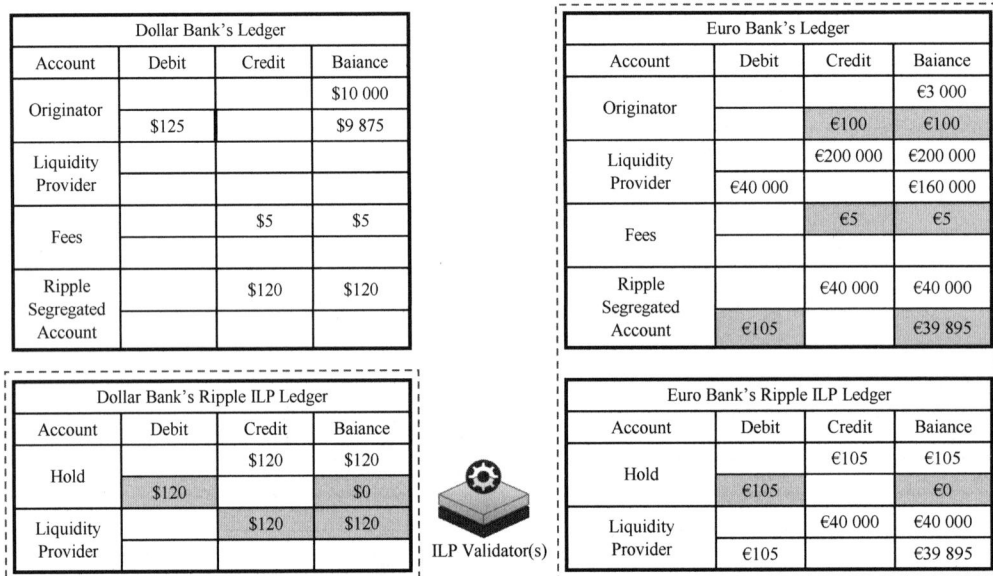

Dollar Bank's Ledger

Account	Debit	Credit	Baiance
Originator			$10 000
	$125		$9 875
Liquidity Provider			
Fees		$5	$5
Ripple Segregated Account		$120	$120

Euro Bank's Ledger

Account	Debit	Credit	Baiance
Originator			€3 000
		€100	€100
Liquidity Provider		€200 000	€200 000
	€40 000		€160 000
Fees		€5	€5
Ripple Segregated Account		€40 000	€40 000
	€105		€39 895

Dollar Bank's Ripple ILP Ledger

Account	Debit	Credit	Baiance
Hold		$120	$120
	$120		$0
Liquidity Provider		$120	$120

Euro Bank's Ripple ILP Ledger

Account	Debit	Credit	Baiance
Hold		€105	€105
	€105		€0
Liquidity Provider		€40 000	€40 000
	€105		€39 895

ILP Validator(s)

图 6.18　支付结束

需要强调的一点是，Ripple Segregated Account 的主要作用是体现流动性提供方的账户情况。RippleNet 只需将债务关系进行转换，无须实际资金的搬运，在短短几分钟内通过信息处理，最终实现资金的交割。上述详细的资金流和业务流过程有些复杂，但是由于通过区块链网络进行电子化操作，执行时间是短暂的，所以支付成本远低于传统的跨境支付模式。

6.3.5　项目评价

Ripple 项目在区块链和支付系统领域展现了显著的技术创新，特别是通过 RippleNet 和 XRPL，为 Ripple 项目跨境支付提供了高效、低成本的解决方案。这在传统银行系统中是一个重要的突破，因为它大幅减少了跨境交易的时间和费用。尽管 Ripple 项目已经与全球多家银行和金融机构建立了合作关系，显示出了其技术和服务在金融行业中的认可度，但它同时也面临着合规性和监管方面的挑战，特别是在其加密货币 XRP 的法律地位和使用方面。此外，Ripple 网络的集中化程度较高，尽管任何人都可以运行验证节点，但 Ripple 公司推荐的唯一节点列表（UNL）在网络中发挥核心作用，这引起了对网络去中心化程度和抗审查性的担忧。另外，作为一种加密货币，XRP 的价格波动性较高，增加了使用 Ripple 网络的风险。Ripple 还需要在激烈的市场竞争中进一步扩大其技术的采用率，同时持续创新以维持市场地位。

6.4　基于区块链的档案数据保护与共享方法

6.4.1　项目背景

档案是一种重要的数据记录，是人们在各种社会活动中直接形成的具有保存价值的原始信息。区别于一般的图书情报资料和电子文档信息，档案本质上是具有原始记录属性的，这使得档案能够还原真实的历史状况，因而具备重要的保存与参考价值，并且拥有法律效力。随着 IT 技术的高速发展，人们大规模地运用数字化的手段提升档案的存储和处理效率。在 20 世纪 90 年代末，我国国家档案局提出了构建数字档案馆的规划，以实现纸质档案和音、视频档案的数字化，达到档案的长期存储、高效共享和快捷查询等目标。2014 年，国家档案局发布《数字档案室建设指南》，其中明确提出了数字档案室的建设原则及内容，为推动我国数字档案馆的建设与发展奠定了基础。

现有的数字档案系统为档案的管理工作带来便利的同时，仍然存在以下主要问题：相比传统的纸质物理档案，数字档案作为保存在存储介质上的字节，具有高度的易变性，并且数字档案在存储、传输和处理等过程中容易被修改；每个档案馆都是档案信息的"孤岛"，档案馆之间缺乏安全有效的档案共享渠道；现有的数字档案保护方案大多是通过数字水印和数字签名等技术实现的，在档案遭到篡改或破坏后一般难以恢复。

迄今为止，数字档案的相关规范标准已经逐渐完善，新技术如大数据、云计算、物联网等也正在逐步应用于数字档案馆的建设。然而，目前对于档案数据真实性和原始性的保障仍主要依赖对系统中心或第三方实体的信任，如系统主节点、中心数据库、系统负责人和数据库管理员等。一旦这些系统中心失去了可信度，如系统数据库遭到入侵，或管理员被胁迫或收买，档案数据的真实性将无法保证。由于中心化的存储技术和管理方式的限制，档案的原始性、真实性和安全性等问题尚未得到妥善解决，所以档案被伪造、窃取和篡改等恶性事件屡有发生。

区块链技术是一种运行于对等网络的公共账本技术，网络中各节点遵从特定共识机制，它具有去中心化、无须信任、防篡改性强等优点。应用区块链技术有望解决现有数字档案馆中普遍存在的数据安全性低、共享性差等问题。下面介绍的项目基于区块链技术及 IPFS、数字签名和混合加密等技术，提出了一系列解决方法。

6.4.2　项目内容

1. 项目框架

数据档案的保护和共享系统由数字档案馆（DA）、联盟区块链、公有区块链、私有 IPFS 集群和系统服务（RESTful Service）五个部分组成，各部分协同工作，项目框架如图 6.19

231

所示。其中，系统的核心功能是数字档案馆（DA），它在数字档案馆联盟中充当权威节点，连接联盟区块链，提供档案保护、验证和共享等服务。系统服务是 DApp，本身不存储档案数据和身份信息，而是通过 RESTful 接口为数字档案馆联盟提供智能合约和 IPFS 接口调用。公有区块链采用基于 PoW 共识算法的以太坊区块链（ethereum），通过定期存储联盟链区块的快照信息，实现对联盟链上数据的保护。联盟区块链采用基于 PoA 共识算法的以太坊联盟链，通过智能合约存储档案馆的数字身份和档案的摘要信息，实现身份的注册与恢复及档案的保护与共享等业务逻辑。通过定期与公有链锚定的方式，增强数据的原始性和真实性保护。私有 IPFS 集群是一种分布式文件系统，能够高效地在不同节点之间存储和获取文件。

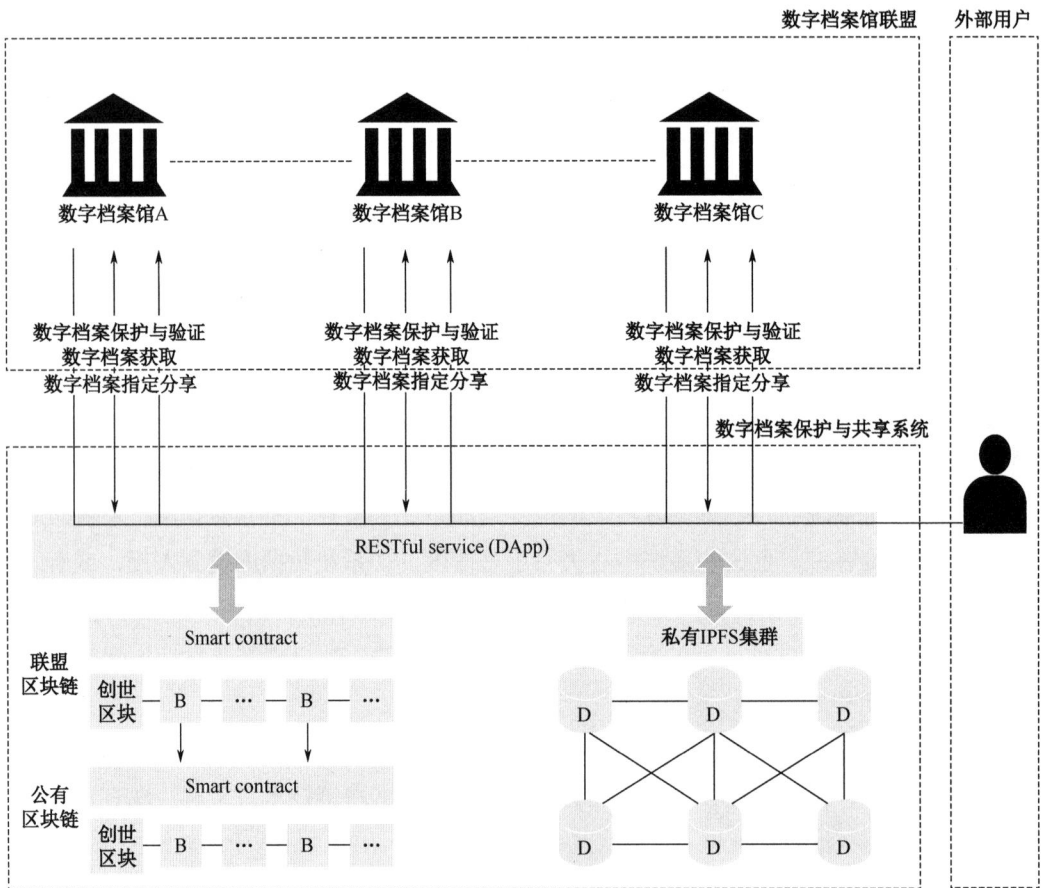

图 6.19　项目框架

数字档案数据在各组件之间的流动方式如图 6.20 所示，可以看到图 6.20 中的路径，数据从私有 IPFS 集群流向联盟区块链，然后再流向公有区块链。这一路径代表了在这个基于区块链的档案数据保护与共享系统中，数据的流动和处理过程。

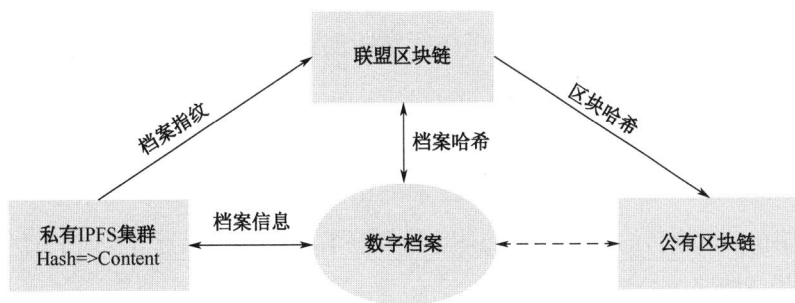

图 6.20　组件之间的流动方式

私有 IPFS 集群负责数字档案数据存储的初始阶段。在这个集群中，加密档案的原始信息被存储，并通过 swarm.key 进行节点身份认证。采用分布式哈希表（DHT）、块交换（BitTorrent）等技术，确保了数据的安全性。随后，数据从私有 IPFS 集群传输到联盟区块链，联盟区块链由多个机构共同维护，其访问与编写权限仅对加入组织联盟的节点开放。最终，数据流向公有区块链。公有区块链对所有人开放，允许任何人参与其中，但在这一层面的数据交换会受到权限的限制。

2. 运行机制

1）数字档案馆身份的注册与找回

数字档案的数字身份是档案馆参与联盟链的基础，为档案保护和共享等活动提供支持。想要加入联盟的数字档案馆需要经过以下流程，获得半数以上联盟成员的同意以完成数字身份的注册。

（1）加入联盟的数字档案馆使用 ECDSA 椭圆曲线算法在本地生成公私密钥对<PK, SK>，其中 SK 秘密存储在本地。

（2）通过可靠的信道，将公钥（PK）及其身份信息发送给联盟内的所有成员。随后，委托某一成员通过其 ICVC 合约创建数字身份的投票请求，其他成员则通过各自的 ICVC 合约参与投票。

（3）在获得超过半数的票数时，DICC 合约保存该档案馆的公钥信息。随后，系统为其生成 SC-ID，并创建 DIMC 和 DAMC 等一系列合约，从而完成数字档案馆身份的注册。

由于私钥被数字档案馆秘密存储，一旦由内部人员泄露或黑客非法获取私钥，就有可能伪造该档案馆的身份，进行档案的查看、修改和分享等操作。所以为了防范这种情况，有两个主要方面需要考虑。首先，数字档案馆必须妥善保管私钥（SK），以避免因管理不善而导致私钥泄露。其次，系统设计了一种基于投票机制的密钥重置方案。具体流程如下。

（1）数字档案馆秘密地重新生成一对新的公私密钥<PK_{NEW}, SK_{NEW}>，通过可靠信道，将新的 PK_{NEW} 和 SC-ID 等信息发送给联盟内的其他成员，并请求某一成员为其创建密钥重置投票。

（2）其他联盟成员为该数字档案馆进行密钥重置投票。当投票数超过半数时，DICC合约将重置该数字档案馆的公钥。

这种方法在设计过程中充分考虑了数字档案馆密钥重置的可能性，并通过身份编号（SC-ID），实现了公钥与业务逻辑的解耦。档案的查询与共享等操作都基于 SC-ID 进行权限判断，即使在 DICC 合约中重置了公钥，只要签名对应的公钥与 DICC 中的 SC-ID 一致，就仍然可以验证档案馆的数字身份。

2）数字档案的保护与验证

数字档案保护是指利用联盟链和公有链上的智能合约，结合 IPFS 私有集群，将数字档案储存在区块链上，以防止其内容被非法篡改和损害，并提供验证和恢复等功能，从而实现对数字档案的全面保护。在这个系统中，新增档案时，数字档案对象（DocJSON）被保护在链下的私有 IPFS 集群中，同时其档案指纹被保存在链上的 AISC 合约中。而在更新档案时，系统会保护每次更新生成的 DocJSON 档案对象和更新产生的数据。代码示例中展示的数字档案对象以 JSON 形式呈现，包含了档案编号、版本号、创建时间、操作管理员及档案附件等关键信息。整个过程旨在确保数字档案的完整性和安全性。

```json
{
"ID":"D9FB7ED585E4820914114DE61CD2112",
"Version":"1",
"Timestamp":1526198788,
"Admin":"WangBin",
"Title":"关于印发《中国科学院XXX工作》的通知",
"Responsibility":"中国科学院XXX处",
"Files":[
    {
        "ID":"0815EED725104657A4AF719CFD4183EC",
        "Title":"中国科学院XXX工作的通知.pdf",
        "Hash":"6e74fba4c64d2108830da44f8467d679bbcd312b",
        "IPFS":"QmQyzUBvwmCPDLnkL2TS859RJCzyEBoAVlRSifcFVftcbm"
    }
    ]
}
```

档案新增流程见算法 1 的代码示例。数字档案馆（DA）首先生成一对随机的密钥 edk(key, iv) 加密档案附件和档案对象，然后用 edk 将档案附件加密并存储到 IPFS 集群，并将附件哈希值（$Hash_{Files}^{sha256}$）、加密附件的指纹（$Ipfs_{EncryptedFiles}^{add}$）和其他档案属性整合为档案对象（DocJSON），再在加密后存入 IPFS 集群，并对数字档案馆身份（SC-ID）、档案编号（DocID）、档案对象哈希值（$Hash_{DocJSON}^{sha256}$）和加密档案对象的档案指纹（$Ipfs_{ciphertext}^{add}$）等信息进行签名，最后，通过 RESTful Service 发送到智能合约进行处理。当 AISC 合约接收到新增档案的请求时，它会调用 AACC 合约，通过签名还原公钥信息，并与 DICC 合约中记录的密钥进行比对。如果身份验证通过，即检查到相符的身份信息，那么 AISC 合约将在其内部添加档案编号与摘要等信息的映射。

算法　1.Saving of Archive.
Procedure　SaveArchive(DocID,DocAttrs,Files)

    system executes:

        generate a random　keyPair $\rightarrow$ edkkey,iv

        $\text{AES}_{\text{encrypt}}(\text{Files,key,iv}) \rightarrow \text{EncryptedFiles}$

        $\text{extract}\left(\text{Hash}_{\text{Files}}^{\text{sha256}},\text{Ipfs}_{\text{EncryptedFiles}}^{\text{add}}\right) \rightarrow \text{Files}_{\text{attrs}}$

        $\text{combine}(\text{DocAttrs,Files}_{\text{attrs}}) \rightarrow \text{DocJSON}_{\text{plaintext}}$

        $\text{AES}_{\text{encrypt}}(\text{DocJSON}_{\text{plaintext}},\text{key,iv}) \rightarrow \text{DocJSON}_{\text{ciphertext}}$

        $\text{ECDSA}_{\text{sign}}\left(\text{SC-ID,DocID,Hash}_{\text{DocJSON}}^{\text{sha256}},\text{Ipfs}_{\text{ciphertext}}^{\text{add}}\right) \rightarrow \text{signature}$

    contract executes:

      if $\text{AACC}_{\text{OwnerAuthCheck}}(\text{signature,SC-ID}) = \text{true}$ then

        $\text{AISC}_{\text{mapping}}^{\text{add}}(\text{DocId},[\text{version,IpfsAddr,Hash,Time}])$

      endif
end Procedure

档案的更新操作流程与新增操作相似，但有一个关键的不同点：数字档案（DA）在更新过程中不会重新生成 edk（加密密钥），而是会使用在新增档案时创建的 edk。在更新操作中，DA 会根据 DocID 从 AISC 合约和 IPFS 集群中提取出相应的 DocJSON，然后进行解密。接着，根据更新的档案信息生成新的 DocJSON，并在加密后将其存储至 IPFS 集群和 AISC 合约中。

档案验证操作包括三个主要部分：公有链对联盟链上的数据进行验证、联盟链对 IPFS 集群中档案数据的验证，以及 DocJSON 对档案馆本地数据库中档案信息的验证。具体流程详见算法 2 的代码示例。

算法　2. Validation of Archives.
Procedure　ValidateArchive(DocID)

    system executes:

      signature $\rightarrow \text{ECDSA}_{\text{sign}}(\text{PrivateKey}_A,\text{SC-ID,DocID})$

    service executes:

      if $\text{validate}(\text{PrivateChain}_{\text{getBlocks}},\text{BDPC}_{\text{getlastblock}}) = \text{false}$ then

        return $\text{error}_{\text{invalidChain}}(\text{DocID,timestamp})$

      endif

    contract executes:

      if $\text{AACC}_{\text{OwnerAuthCheck}}(\text{signature,SC-ID}) = \text{true}$ then

        return $\text{AISC}_{\text{DocID}}^{\text{getlastversion}} \rightarrow \text{List}\langle\text{DocJSON}_{\text{ipfs}},\text{DocJSON}_{\text{hash}}\rangle$

      endif

    system executes:

$$\text{AES}_{\text{decrypt}}\left(\text{Ipfs}_{\text{cipherjson}}^{\text{get}}\left(\text{DocJSON}_{\text{ipfs}}\right),\text{edk}\right)\rightarrow\text{DocJSON}_{\text{plaintext}}$$

if $\text{validate}\left(\text{DocJSON}_{\text{hash}},\text{sha256}\left(\text{DocJSON}_{\text{plaintext}}\right)\right)=\text{false then}$

　　　return $\text{error}_{\text{invalidIpfs}}\left(\text{DocID},\text{DocJSON}_{\text{ipfs}},\text{timestamp}\right)$

endif

if $\text{validate}\left(\text{DocJSON}_{\text{plaintext}},\text{LocalDB}_{\text{DocID}}^{\text{select}}\right)=\text{false then}$

　　　return $\text{error}_{\text{invalidDB}}\left(\text{DocID},\text{timestamp}\right)$

endif

end Procedure

DA 对 SC-ID、DocID 等信息进行签名，然后将签名发送到 RESTful Service 进行处理。一旦 Service 收到请求，则会从公有链上的 BDPC 合约中获取最新的联盟链区块快照信息，并将其与联盟链中的实际区块信息进行比对验证。如果验证失败，则返回联盟链数据异常错误；但如果验证通过，则将签名发送到智能合约进行进一步处理。AISC 合约收到请求后，先通过 AACC 合约对档案馆身份进行检查，然后，根据 DocID 从合约中查询该档案的摘要信息 List⟨DocJSON$_{\text{ipfs}}$, DocJSON$_{\text{hash}}$⟩并返回。DA 从 AISC 合约获取信息后，先根据 DocJSON$_{\text{ipfs}}$ 从 IPFS 集群中获取 DocJSON$_{\text{ciphertext}}$，然后根据本地的 edk 信息解密得到 DocJSON$_{\text{plaintext}}$，并验证其哈希值与 DocJSON$_{\text{hash}}$ 的一致性。若验证不通过，则返回 IPFS 数据异常错误。最后，将可信任的 DocJSON$_{\text{plaintext}}$ 与本地数据库中的档案信息进行比对验证。若验证不通过，则返回本地数据异常的错误信息。

在档案验证过程中，若出现数据异常错误，本文提供了相应的恢复方法。

（1）联盟区块链数据异常：通过比对联盟链和公有链上 BDPC 合约存储的区块信息，如果发现异常，可以继续与 BDPC 合约之前存储的区块信息进行对比，以定位异常区块的高度，并在联盟链中基于此区块高度重新开始创建新的区块。

（2）IPFS 集群数据异常：由于 AISC 合约中保存了该档案各个历史版本的数字指纹和哈希值，一旦系统检测到当前档案信息被篡改，可以恢复到之前已保存的正确版本。

（3）本地数据库数据异常：根据链上保存的可信档案文件重置本地数据库中被攻击者篡改的档案。相较于去中心化的区块链和 IPFS 集群，本地数据库中的档案数据更容易被篡改，因此这是本方案中需要特别关注的保护内容。

3）数字档案的共享与获取

数字档案的共享是指在数字档案联盟成员内部或数字档案联盟与外部用户之间，通过智能合约、IPFS 集群及混合加密机制，实现安全可靠的档案数据共享。这使得传统档案系统可以安全高效地获取区块链系统，从而确保档案数据的安全性。具体流程如图 6.21 所示。

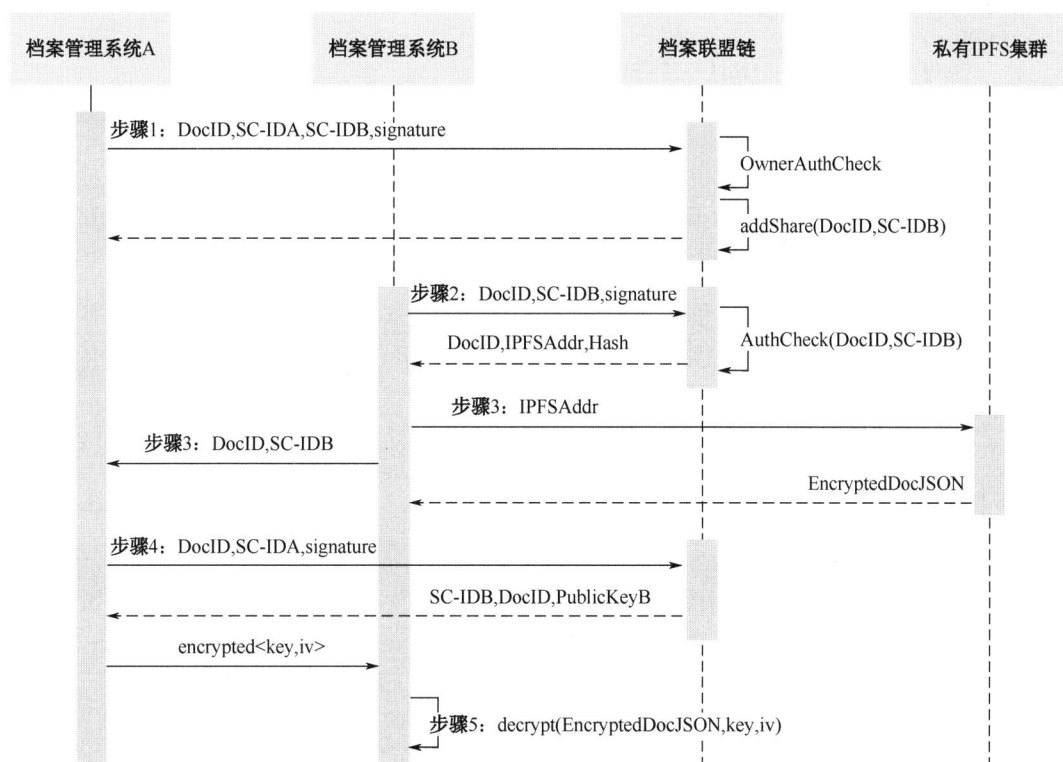

图 6.21　数字档案保护流程

步骤 1：数字档案馆 A（DA-A）使用私钥 SK_A 对待分享档案编号 DocID、分享目标档案馆 SC-IDA、SC-IDB 等信息进行签名，并通过 Service 发送到智能合约。ASSC 合约在接收请求后，调用 AACC 合约，通过签名对数字档案馆身份进行检查。通过检查后，SC-IDB 写入合约 DocID 对应的分享列表。

步骤 2：数字档案馆 B（DA-B）使用私钥 SK_B 对待分享档案编号 DocID 和身份标识 SC-IDB 等信息进行签名，并将其发送到智能合约。ASSC 合约在接收请求后，首先调用 AACC 合约对 DA-B 进行权限检查，按照算法 3 的代码示例进行验证。检查通过后，合约返回档案指纹和相应的哈希值。

算法3.Authority Check
Procedure　AuthorityCheck(DocID,SC-ID,hash,signature)
　　if　$ASSC_{DocID}^{isPublicShare}$ = true then
　　　　return true
　　endif
　　ecrecover(hash,signature) → PublicKey
　　　　if　$DICC_{checkPublicKey}$(SC-ID,PublicKey) = false then
　　　　return false
　　endif
　　if　$ASSC_{DocID}^{isInnerShare}$ = true || AACCownerAmhCheck(SC-ID) = true then
　　　　return true

```
        endif
            return  ASSC_checkShareList (DocID,SC-ID)
    end Procedure
```

步骤 3：DA-B 根据从合约中获取的档案指纹，从 IPFS 集群中异步获取加密的档案对象 DocJSON$_{ciphertext}$，同时，DA-B 通过异步 HTTPS 请求将身份标识 SC-IDB 和 DocID 发送给 DA-A，获取 DocJSON 的解密密钥。

步骤 4：DA-A 收到 DA-B 的请求后，根据 DocID 和 SC-IDA 等参数，通过 ASSC 合约检查共享记录的真实性，并从 DIMC 合约中获取 SC-IDB 对应的 PK$_B$，然后使用 PK$_B$ 对解密密钥 edk 进行非对称加密，并返回给 DA-B，公式如下。

$$ECDSA_{encrypt}\left(PK_B, edk\langle key,iv\rangle\right) \rightarrow encrypted_{\langle key,iv\rangle} \tag{6.1}$$

步骤 5：DA-B 收到 DA-A 的返回数据后，使用私钥 SK$_B$ 进行解密得到原始的 edk⟨key,iv⟩，然后使用 edk 对 DocJSON$_{ciphertext}$ 进行解密，得到原始的档案对象 DocJSON$_{plaintext}$；还可以根据 JSON 结构中的档案附件指纹从 IPFS 集群中获取附件密文，并通过 edk 进行解密查看，公式如下。

$$ECDSA_{encrypt}\left(SK_B, encrypted_{\langle key,iv\rangle}\right) \rightarrow edk\langle key,iv\rangle \tag{6.2}$$

$$AES_{encypt}\left(DocJSON_{ciphertext}, edk\right) \rightarrow DocJSON_{plaintext} \tag{6.3}$$

$$AES_{decrypt}\left(Ipfs_{EncryptedFiles}^{get}, edk\right) \rightarrow Files \tag{6.4}$$

4）项目实现

基于上述的数据档案保护和共享方法理论，档案数据保护与共享系统已实际研发落地，其实现主要分为四个部分：区块链智能合约开发、私有 IPFS 集群搭建、RESTful Service 开发及数字档案系统。

在智能合约部分，首先，使用 puppeth 程序生成创世区块的相关信息 Creation.json，并为数字档案馆联盟链中的初始档案馆分配权威节点；然后，使用 go-ethereum 客户端，在 Creation.json 的基础上创建联盟链中的节点；最后，使用 go-ethereum 客户端进行以太坊公有链的同步，以便实现对公有链 BAPC 合约的调用。本文使用 Solidity 语言进行 BAPC、DICC 等合约的开发，并使用 Truffle 框架进行合约的管理、编译、调试和部署。

对于 IPFS 集群部分，本文使用 go-ipfs 客户端进行本地私有 IPFS 集群的搭建，通过配置环境变量 LIBP2P_FORCE_PNET 启用私有集群模式，仅允许具有相同 swarm.key 文件的节点进行访问。

在 RESTful Service 方面，本文采用基于 Node.js 的 Web 框架 Express 进行开发，并通过 web3.js 实现对智能合约的调用，同时通过 js-ipfs-api 实现对私有 IPFS 集群的接口调用。

该系统已经在中国科学院合肥物质科学研究院档案馆（下属多个研究所，形成联盟）进行了初步试用。在这次试用中，该系统成功应用于研究院的基建档案和大科学工程等档案。在现有的传统档案管理系统基础上，通过 RESTful Service 接口将录入和更新操作的档案信息同步到区块链上，并为传统档案管理系统增加了档案的验证、共享和恢复功能。

6.4.3　项目评价

1. 运行成本

结合联盟链与公有链的方案可以在联盟链中部署大多数智能合约，因为在联盟链中部署和调用合约的成本可以被忽略，只需要考虑联盟链网络每月的运行成本即可。当联盟链规模相对较小时，可以频繁进行锚定操作。随着联盟链规模的不断扩大，系统的安全性和稳定性会提升，锚定的频率也会逐渐减小。通过调用公有链 BDPC 合约锚定联盟链中当前的区块快照信息，锚定频率可以根据需要动态调整。总体而言，联盟链进行数据存储操作的次数越多，该方案的经济成本就越低。

经过测试，截至 2018 年 5 月的数据显示，以太坊调用智能合约的平均交易费用为 8Gwei（按当时的汇率折合人民币约 0.7 元）。在忽略联盟链运行成本（如电力成本）的情况下，联盟链与公有链结合的方案可以将经济成本大幅降低，为原有的数据存储操作提供了更经济的替代方案。

2. 安全性

通过公有链与联盟链的结合，该系统实现了一种链式的保护机制。这个机制通过在公有链上的 BDPC 合约锚定联盟链的区块快照信息，实现了对联盟链上数据的保护与验证。联盟链的 AISC 合约存储档案指纹和哈希值，实现了对 IPFS 集群中档案对象的保护与验证。同时，IPFS 集群存储加密的原始档案对象，实现了对本地数据库中档案信息的保护与验证。

然而，如果仅仅采用以太坊公有链的方案，虽然安全性较高，但档案的操作成本会随之增加，而且操作效率相对较低，尤其是一些改变合约状态的操作，需要公有链的矿工打包数据。此外，一旦公有链遭受攻击（尽管概率很低），档案系统也会受到影响。

如果只采用联盟链的方案，由于运行的节点相对较少，特别是在运行初期，系统的安全性和稳定性不如公有链。同时，还存在一些风险，如联盟中部分成员可能共谋进行造假。

通过联盟链和公有链的结合，该系统利用的运行 PoA 共识算法的以太坊联盟链本身就具备较强的防篡改能力。此外，使用高安全性的公有链进行额外保护，不仅能够防范部分成员共谋造假对联盟链的攻击风险，而且不受限于单一公有链，可以拓展为多条公有链进行协同保护。这种综合方案在安全性和效率之间取得了平衡。

6.5　蚂蚁链租赁宝 PLUS

6.5.1　项目背景

近年来，随着经济的快速发展和人民生活水平的显著提高，租赁行业展现出强劲的增长势头。尤其在房地产、汽车及各类设备租赁领域，租赁方式因其具有灵活性和经济性，越来越受到消费者尤其是年轻人群的青睐。政府通过政策对住房租赁市场给予支持和鼓励，共享经济的兴起，进一步推动了租赁行业的发展。房地产租赁市场在政策的推动下，逐步向规范化和专业化方向发展，长租公寓等新型租赁模式逐渐兴起。汽车租赁和共享汽车服务响应人们对灵活出行日益增长的需求，提供了便捷的解决方案。同时，设备租赁在建筑、制造等行业中发挥着越来越重要的作用，能够帮助企业降低成本、提升灵活性和竞争力。

然而，租赁行业在快速发展的同时也暴露出一些痛点和挑战。首先，租赁市场信用体系相对不完善，使得租赁公司在进行交易时面临较高的信用风险。其次，相关的法律法规尚不完善，尤其在租赁合同的执行、消费者权益保护等方面存在不足，导致租赁纠纷的处理相对复杂和困难。此外，随着市场参与者的增多，服务质量参差不齐成了消费者的一大担忧，尤其是房地产租赁市场中的房源信息不透明和租后服务缺失问题。最后，对于租赁企业来说，如何高效管理大量的租赁资产，提高使用率和降低运营成本，仍然是一个待解的难题。这些痛点亟须行业内外创新的解决方案，以促进租赁行业的健康和可持续发展。

6.5.2　项目内容

蚂蚁链租赁宝 PLUS 是由蚂蚁集团推出的一款创新的租赁服务平台，平台基于区块链的真实不可篡改的基本原理，通过将租赁业务全流程上链，解决租赁产业生态对中小出租平台不信任的问题；帮助中小微商家解决采购贵、融资难、坏账多的经营性难题，实现整个租赁产业升级。平台通过重新构建租赁生态中的生产关系，实现租赁产业从重资产往轻资产方向发展。

1. 蚂蚁链租赁宝 PLUS 的优势

（1）租赁资产化：通过将整个租赁业务流程上链，平台确保了租赁交易的透明度，并实现了租赁资产的数字化。这可能意味着平台从合同到付款和终止的每一个环节都记录在一个不可更改的账本上，增强了租赁交易中的信任。

（2）链上一键融资：该平台旨在解决获得信贷的难题、高融资成本和流动性限制等常见融资问题。通过将融资解决方案直接整合到区块链平台中，它简化了租赁人和承租人获取资金的过程，可能提供更有竞争力的利率和更快速的资本获取途径。

（3）链上源头采购：这一功能旨在通过区块链连接承租人与制造商，直接解决采购中的挑战。它能使承租人以更优惠的条款获得资产，降低成本并简化采购流程，对在租赁行业中的中小企业（SMEs）尤其有益。

2. 蚂蚁链租赁宝 PLUS 的业务流程

蚂蚁链租赁宝 PLUS 的业务流程如图 6.22 所示。

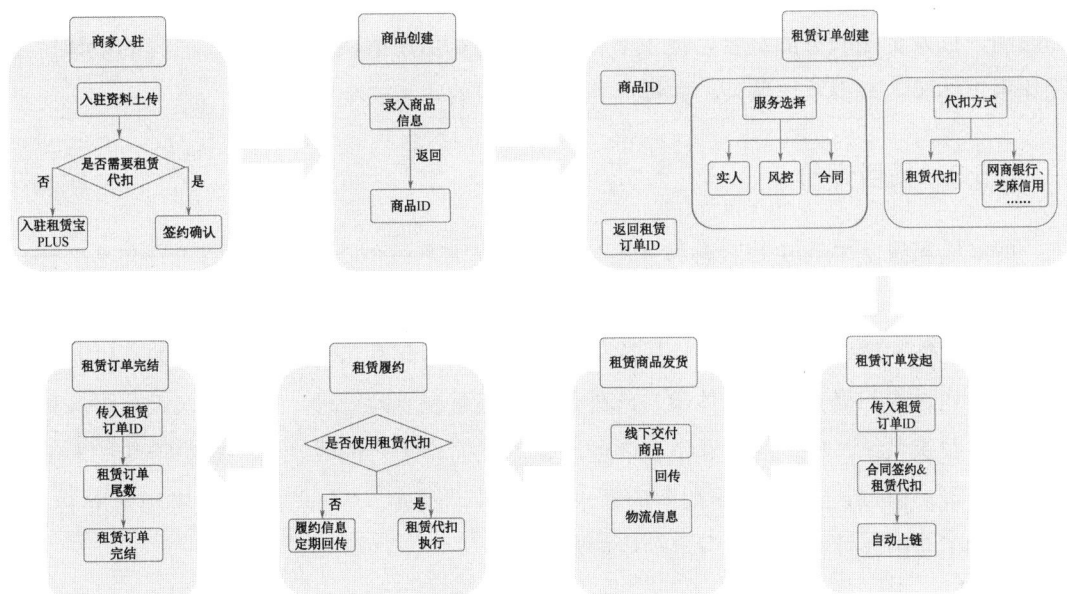

图 6.22　蚂蚁链租赁宝 PLUS 的业务流程

（1）商家入驻：商家需要提交一系列的入驻资料进行审核，然后商家需决定是否采用租赁平台的代扣服务，如果选择"是"，则直接进入确认环节，如果选择"否"，则商家会加入"租赁宝 PLUS"的服务。

（2）商品创建：商家需录入商品相关信息，如名称、规格、价格等，商品信息经过平台审核后，系统将生成一个商品 ID，用于后续的商品管理和订单关联。

（3）租赁订单创建：在这个阶段，商家或客户将选择相关的服务，如实人认证、风险控制措施和合同管理，选择代扣方式，可能包括租赁代扣、网商银行、芝麻信用等多种金融服务渠道，最终系统将生成一个租赁订单 ID，用于追踪和管理租赁订单。

（4）租赁订单发起：通过传入先前生成的租赁订单 ID，启动订单流程，包括合同的电子签约、租赁款项的代扣安排，订单信息将自动上链，将合同信息和交易记录上传到区块链以确保不可篡改和透明度。

（5）租赁商品发货：在商品租赁合同生效后，商家进行商品的线下交付，包括物流信息的录入和跟踪，确保商品按时送达。

（6）租赁履约：在租赁期间，会根据是否选择租赁代扣进行不同的管理，如果"是"，将执行租赁代扣流程，如果"否"，商家需要定期回传履约信息，如租赁支付情况、商品使用状况等。

（7）租赁订单完结：租赁期结束时，输入租赁订单 ID 和相关的尾款信息，确认所有租赁条件已满足和款项已结算后，租赁订单标记为完结。

整个业务过程每个步骤都设计有严密的流程和系统支持，以确保租赁交易的顺利进行和监管。整个业务过程涉及金融科技的各种应用，如区块链技术用于保证交易记录的安全和透明，以及金融服务的整合，提供多样化的支付和信用解决方案。整个流程的设计旨在优化用户体验，减少欺诈风险，并提高租赁交易的效率和安全性。

6.5.3　项目评价

蚂蚁链租赁宝 PLUS 是金融科技服务平台，提供了一个安全、高效的租赁交易平台。通过整合实人认证、风控管理、区块链技术等先进的金融科技手段，该平台能够显著提升交易的安全性和透明度，减少欺诈风险。商家入驻流程具有自动化和多样化的支付方式，简化了管理过程，提升了用户体验。此外，平台还重视风险管理，通过引入风控服务和自动化履约跟踪系统，保护商家和消费者的权益。然而，平台的成功不仅取决于其技术实现和服务质量，还依赖市场对租赁服务的需求、合规性等因素。综合来看，蚂蚁链租赁宝 PLUS 平台展现了金融科技在促进商业活动中的潜力。

6.6　微众银行微粒贷机构间对账平台

6.6.1　项目背景

深圳前海微众银行股份有限公司，是中国境内首家由民营企业出资建立的商业银行，于 2014 年 12 月 16 日正式开业，总部位于广东省深圳市，主要由腾讯、百业源和立业等企业发起设立。微众银行主要业务包括微粒贷等金融产品，主要服务个人消费者和小微企业，提供高效和差异化的金融服务，不设置实体营业网点或柜台，通过人脸识别技术和大数据信用评级进行贷款发放，不需要财产担保。

2016 年，FISCO（Financial Services Blockchain Consortium，金融服务区块链联盟）由微众银行、腾讯、前海金融控股、深证通信、顺丰控股等 20 多家金融机构和科技公司共同创立，随后于 2018 年推出了 FISCO BCOS（Be Credible, Open & Secure），作为金融行业的开源区块链底层开发平台，可以在保持易用性和高性能的同时满足金融行业所需的更高的安全可靠性。

2016 年 8 月，微众银行联合合作行共同搭建了国内首个在生产环境运行的银行间联盟链应用——机构间对账平台。该平台基于 FISCO BCOS 研发，将部分业务的资金信息和交易信息等作为副本旁路上链存储，用于微众银行与合作行的对账工作。考虑到隐私保护与监管合规，该平台与原有银行核心系统在逻辑层和物理层完全独立、互不影响，业务数据脱敏之后才会发送到区块链系统上，所有业务数据的传输、存储也均采用加密方式，严格遵循银行业信息技术的强监管与高安全度要求，确保数据全程安全运行。

金融业务合作不同于一般合作，需要频繁地进行数据交换及对账等繁杂工作，因此"对账"是金融机构之间最普遍的需求之一，对账目的时效性和准确度要求尤为苛刻。传统的对账方式是"批量文件对账"，即机构之间会约定好在某一个时间点对前一个交易日的所有数据进行汇总，按照约定格式输出成文件，并以某一种技术手段交付给其他机构进行对账，传统对账流程如图 6.23 所示。在这种"批量文件对账"的方式下，存在着一些痛点。

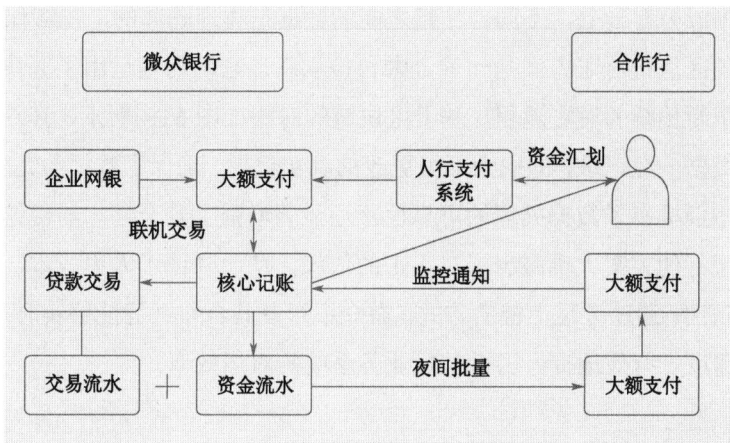

图 6.23　传统对账流程

（1）效率低下：传统的对账过程往往依赖大量的人工操作，处理速度慢，容易出错，影响资金结算速度。

（2）成本高昂：人工处理对账的成本高，尤其是在高交易量的环境下，人力成本和时间成本都很高昂。

（3）数据孤岛：不同金融机构之间的信息孤岛现象严重，数据共享困难，导致对账信息不一致。

（4）风险管理：在手动对账过程中，由于缺乏实时监控，风险管理能力受限，容易引发对账失误和财务风险。

（5）合规压力：随着监管要求的不断提高，金融机构需要更加严格和透明的对账过程，以满足合规要求。

6.6.2　项目内容

1. 设计原则

（1）不影响现有业务，通过旁路上链的方式，将业务数据脱敏后发送到区块链上。

（2）开发一个 Web 系统，方便合作银行查询区块链上的对账结果。

（3）业务数据传输、存储均采用加密方式，确保数据安全性。

2. 优势

（1）数据实时触达：实时监测当日账户余额、当日放款总金额、当日还款总金额、当日其他划入款项总金额、当日其他划出款项总金额和当日流水数据。

（2）数据安全性高：数据的通信和存储都经过加密处理。

（3）数据可用性高：区块链节点相互同步数据，提升数据的可用性。

（4）合作行可控性强：合作行可以自由选择自己的节点数为 1 到多个，节点可以选择部署在合作行内或公有云上，不同合作行之间的数据是物理隔离的，能够保护隐私。

微众银行的区块链对账方案是一项金融科技创新，它精巧地运用了区块链技术中的分布式账本特性革新传统的对账流程，基于区块链的对账如图 6.24 所示。在这个系统中，链上的所有交易数据一经记录，即成为不可更改的真实记录，确保了数据的完整性和透明性。这种对账机制不仅提高了数据处理的可靠性，还显著增强了安全性。与传统的批量文件对账相比，微众银行的方案大幅减少了对人工的依赖，从而降低了人力成本，并且提升了对账的速度和准确性。通过旁路上链的方式，微众银行及其合作银行能够实时同步交易信息，加快资金流转速度，有效地提升了微粒贷业务系统的对账效率。

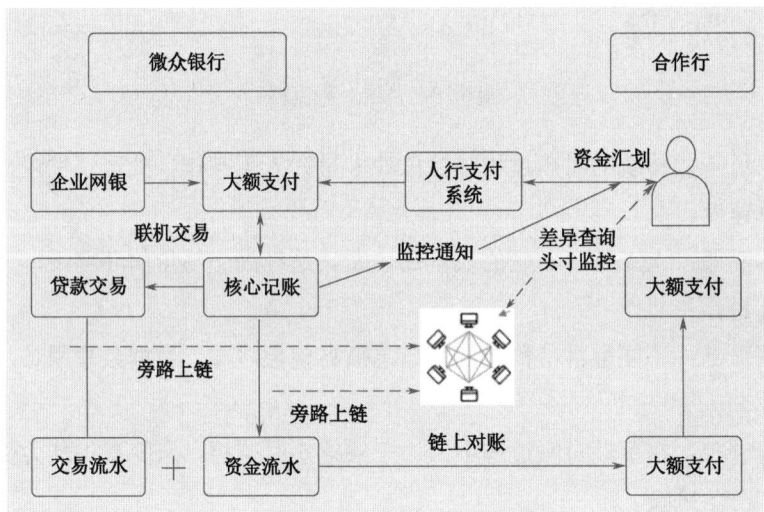

图 6.24　基于区块链的对账

目前有多家合作行相继接入微粒贷机构间的对账平台，通过区块链与分布式账本技术，优化微粒贷业务中机构间的对账流程，实现了准实时对账、提高运营效率、降低运营成本等目标。截至目前，平台稳定运行，记录的真实交易笔数已达千万量级。

6.6.3　项目评价

使用区块链技术的对账平台在安全性和透明度上相比其他平台有显著提升。分布式账本减少了数据被篡改的风险，增强了对账数据的安全性。自动化和实时对账功能显著提高了对账效率，减少了人工成本，对账速度的提升有助于资金的快速流转。智能合约的引入确保了交易和对账规则的自动执行，减少了人为失误，提高了对账的准确性。区块链技术提供的可追溯记录和透明的交易历史，有助于银行更好地管理和审计跟踪。微众银行机构间对账平台使用区块链技术后，显著提升了对账流程的安全性、效率、准确性和透明度，这些改进有助于金融机构满足更高的业务处理标准和监管要求。

6.7　基于社交网络激励的电网反外损项目

6.7.1　项目背景

随着电力基础设施的不断完善和输电线路的增加，电网面临着一系列新的挑战。输电线路所处的多样地理环境和复杂气候条件使其易受到各类风险的影响，包括异物挂线（气球、风筝线、塑料薄膜）、自然灾害（台风、暴雨、高温）及人为损害（违章建筑、大型设备操作不当）。这些因素增加了停电事故的发生频率，需要采取有效措施以预防重大事故。

2019 年的两会报告提出了建设世界一流能源互联网企业的目标，核心在于构建"坚强智能电网"和"泛在电力物联网"。国家电网有限公司提出深度融合电网与互联网，运用移动互联、人工智能等技术，实现电力系统的全面互联和智能化。

当前的反外损研究主要集中在重大电力突发事件的预警系统上。最新研究表明，通过气象数据实时评估和预警特高压输电线路的电气可靠性已经成为可能。然而，许多外部损害，特别是人为因素，难以通过传统监测手段发现。虽然无人机和机器人技术在监测方面取得进展，但对于突发性和隐蔽性人为损害的应对仍是一大挑战。

在此背景下，"泛在电力物联网"的概念应运而生，为解决上述问题提供了新的思路。尽管泛在物联网在电网综合服务中还处于初级阶段，但其对及时发现和修复输电网络外部损害至关重要。

结合区块链和泛在物联网，区块链技术数据的不可更改和可追溯特性有助于跨平台数据共享和运维。知识图谱技术则在电网事故侦测、知识管理方面发挥重要作用，有助于实现信息的可视化管理。

面对电网反外损的挑战，当前的巡检方案主要分为基于环境变量的预警模型、机器人终端视觉的巡检和人工巡检。每种方法各有优缺点，如基于环境变量的预警模型适用于日常电网运维，但对于突发的人为损害预警效果有限；而机器人终端视觉的巡检在恶劣环境下表现良好，但也难以应对突发事件。

在这种情况下，"泛在电力物联网"的治理思路提供了一种全新的解决方案：结合社交网络和物联网技术，动员社会力量参与电网的反外损工作。具体来说，该项目提出了三种激励机制。

（1）社交网络激励：通过社交网络动员公众参与反外损，激励社区居民主动上报电网故障。

（2）社会设备主人激励：在地区网格化管理中，设备主人负责基站检修，并接受 KPI 考核。

（3）抢单激励：通过 App 发布抢单通知，调动巡检员和社会力量参与反外损工作。

这一项目基于区块链底层智能协议设计，旨在提高用户上报隐患的数量，并减少检修员的无效巡查。这是一种旨在利用社会网络激励的电网反外损项目，不仅提高了反外损的效率和有效性，还降低了相关成本。

6.7.2 项目内容

根据社交动员与人员激励的前期研究基础，我们提出了一种激励方案，系统整体框架如图 6.25 所示，系统流程如图 6.26 所示。

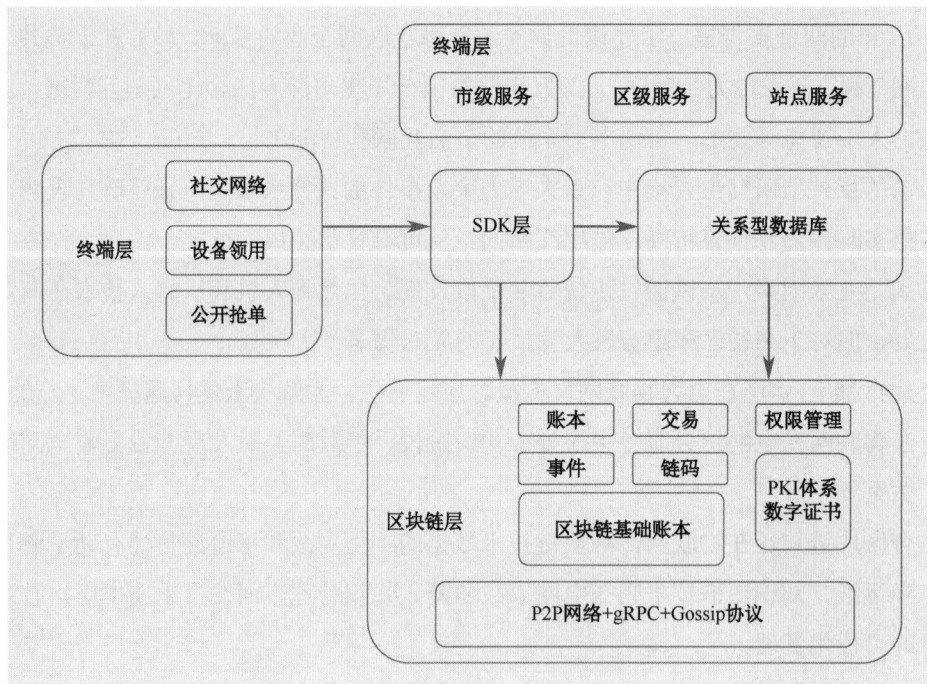

图 6.25 系统整体架构

其中设计了 3 种反外损的运营机制：社交网络激励，通过激励基站附近社会人员主动上传照片，发现隐患，并通过 App 提示附近的居民，提供有效信息的居民和确认信息的人员，都可获得积分奖励；社会设备主人激励，巡检责任落实到分管员，分管员认领基站，作为社会设备主人，负责地区网格化管理范围内的基站检修，设立分管员的积分制度，用于年终考核；抢单激励，通过 App 发布抢单通知，调动巡检员和社会力量参与反外损的积极性。

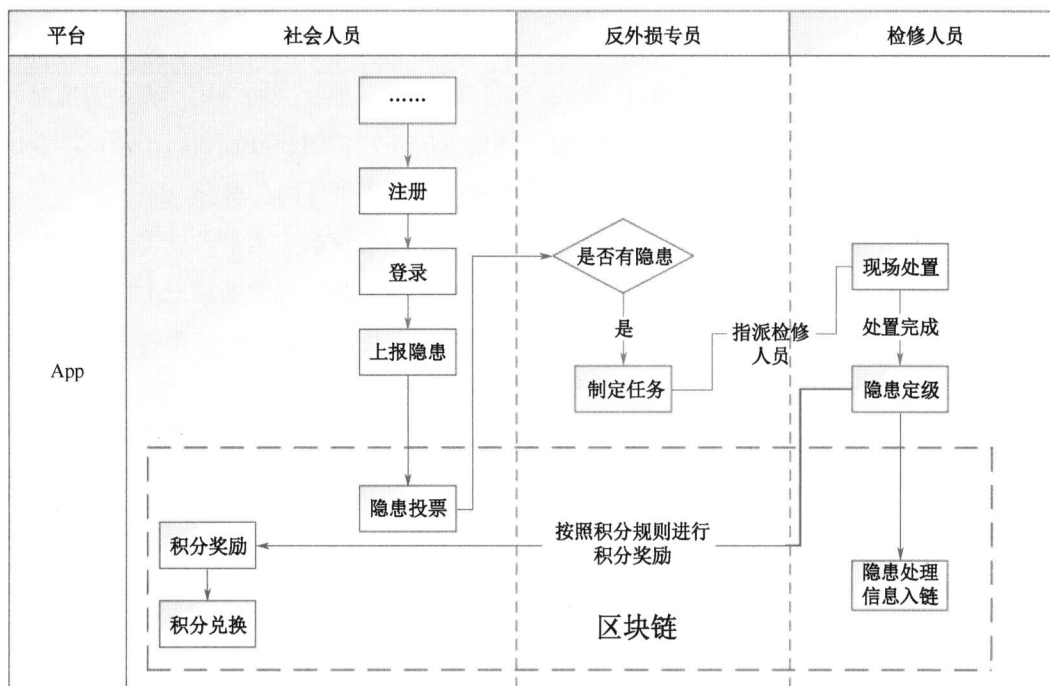

图 6.26　系统流程

1. 社交网络激励

该激励的目的，在于让基塔和线路附近的社会普通人员，主动发现故障隐患，上传照片。为此，需要在系统中嵌入一个社交网络平台。用户可以主动发起一个事件，事件以图片加文字描述的形式，提供隐患信息，并在社交网络上全网可见。社交网络激励模式如图 6.27 所示。

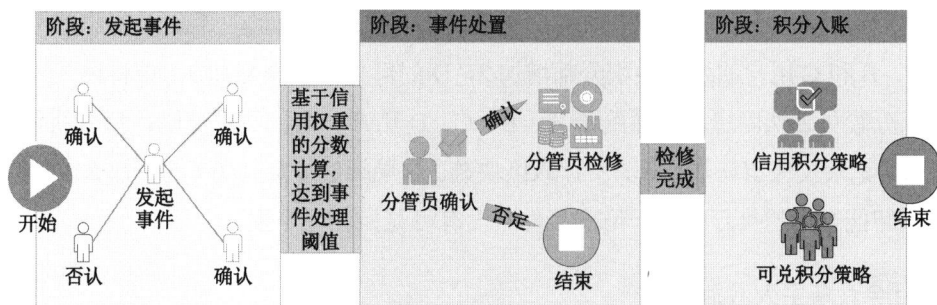

图 6.27　社交网络激励模式

当用户发起事件后，用户的朋友可以通过点赞、评论、转发等行为，对该隐患信息进行确认。但是，用户一个人的观察可能具有一定的主观性，如施工车在输电线附近施工，被误认为破坏了输电线。因此，我们引入否认机制，如果该用户的朋友，或附近的居民发现并没有产生损坏，可以否认该用户的这条信息，并上传现场照片。于是，每一起事件都有正向与负向的评分。这里，我们设定有前 N 个朋友提供了肯定或否定信息，是区块链的智能合约自动启动的条件一。另外，激励设计还考虑到了用户本身的信用，如果一个用户经常提供无效信息（被分管员否定的信息）或虚假信息（被其他社交网络用户否定的信息），那么该用户的信用积分较低，而成功发布被采纳信息的用户信用积分较高。于是，结合用户的信用积分和正面负面打分，合理设置权重，可以得到该事件的总得分。

进一步地，设置一个总得分的阈值，当超过阈值后，该信息进入事件处置阶段，是区块链的智能合约自动启动的条件二。在事件处置阶段，分管员首先根据用户上传的图片，以及用户好友的评论与图片信息，确认是否存在隐患。如无隐患，结束该事件；如确认隐患，则出勤巡查检修，完成检修后，将积分奖励给用户及好友。

积分奖励包括信用积分与可兑换积分。其中，信用积分的设置参考 3 个维度：用户的日常电费缴费评分、用户的好友数评分、用户成功提交反外损信息的比例评分。3 个维度构成的用户画像可转化为信用积分，信用积分可作为计算可兑换积分的权重。可兑换积分的计算，是通过用户的信用积分权重乘以信息发布分值得出的。用户发起事件的分值高于点赞、评论、转发等行为的分值，否定的信息发布分值略高于确定的信息发布分值，积分累加得到的总分，经分管员确认、检修、再确认后，直接转换为相应等值积分发放到用户及参与贡献的好友账户，形成可兑换积分。可兑换积分可以用于抵扣电费，或兑换公司允许范围内的其他货币或实物。

假设事件需要 1 个发起人、3 个用户好友确认、1 个管理员确认，才能形成区块链上的一个区块。A 用户信用积分为 0.9，拍照上传隐患信息，得到积分 5，B 和 C 用户确认这条信息，B 用户信用为 0.8，C 用户信用为 0.6，两人确定信息分别得到积分 2，D 用户信用积分为 0.5，否认了该信息，得到积分 3。智能合约在计算总分时，将信用积分作为权重，进行加总，计算过程为 $0.9 \times 5 + 0.8 \times 2 + 0.6 \times 2 - 0.5 \times 3 = 5.8$。假设 5 分为阈值，5.8 大于 5，超过阈值，分管员确认照片后，现场排除了隐患，并确认了该信息，那么 A 用户的可兑换积分增加 5，B 和 C 用户的可兑换积分都增加 2，D 的可兑换积分增加 3，并将记录写入区块链；如果分管员否认隐患，仍然给予 A、B、C、D 用户一定的贡献奖励，每人获得 0.5 可兑换积分，记录仅保留在数据库，不计入区块链。如果阈值提高到了 6 分，那么 5.8 小于 6，没有达到智能合约的执行条件，结束事件，没有可兑换积分产生。

2. 社会设备主人激励

社会设备主人这个概念的提出，旨在对分管员的权责进行边界的划分。在管理上，目前电网基塔的数量远远大于巡检员的数量，而且基塔的分布地域广泛，巡检员出勤的时间成本高、巡检效率低。对于基塔的日常检查维护，我们希望能够全面覆盖，避免遗漏。该机制让巡检员认领他能力范围内的基塔，将巡检、维护、管理的任务交给认领设备的主人，使认领者成为分管员。首先，需要将地区网格化，每个分管员负责一个网格中所有的电力设备，分管员在每一个设定周期内（每日、每周、每月）有对网络中设备"打卡"的义务，确认该设备已经得到巡检或检修。但是由于分管员本人的巡检覆盖能力有限，需要社会力量的支持，于是分管员行使"派单"的权力，将工单在社交网络上发布，形成社交网络的区块链管理流程，即社会普通人抢单→拍照→好友确认→分管员确认。但是这与社交网络激励存在区别，因为分管员派单是针对具体某个基站在特定时间内的检查任务，而非用户主动发现问题上报。一种是被动获得上报信息，一种是主动获取上报信息。两种途径的结合，保证了分管员能定期、定点、定量地对自己负责的基站和线路进行检查覆盖。通过"打卡"机制，分管员还能够设定积分奖励，并在年终对分管员的绩效进行考评。社会设备主人激励如图 6.28 所示。

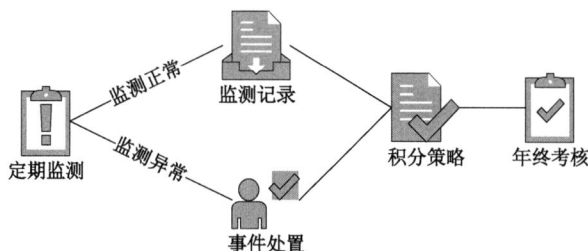

图 6.28　社会设备主人激励

3. 抢单激励

抢单激励由分管员发起，目的在于补充巡检中无法覆盖区域的信息上报环节。单纯考虑社交网络激励，会导致上报信息区域不平衡的问题，因为由社会人员自发上报的信息，局域分布具有随机性和偶然性。而社会设备主人激励的提出，弥补了区域覆盖不全的问题，由分管员主动派单，社会人员抢单，完成检查的任务。派单在社交网络上发布，全网可见，并不局限于发布地点附近的居民，只要社会人员愿意拍照上传，都能够参与抢单。一旦抢单成功，便激活社交网络激励，经过好友确认和分管员确认后，完成该单。由于抢单的地区往往比较偏僻，为了调动社会力量的积极性，在完成工单后，用户的积分奖励为社交网络激励的 2 倍，抢单激励如图 6.29 所示。考虑到社交网络激励中否定机制的存在，一旦经好友否定，未达到智能合约执行条件一的阈值，该单即会流拍，并自动重新发布在社交网络上。

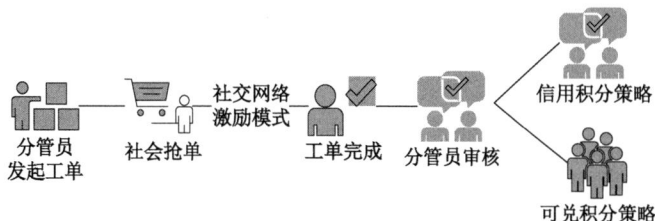

图 6.29　抢单激励

6.7.3　项目评价

该项目是一项创新性技术，有效地结合了区块链技术和社交网络激励机制，针对电网反外损的问题提供了全新的解决方案。该项目的核心在于利用社交网络动员公众参与电网的反外损工作，区块链技术确保了数据的可靠性和透明度，从而大幅提高了反外损的效率和准确性。

在实际应用中，项目成功地动员了社会力量，通过激励机制鼓励公众上报电网故障，极大地提高了分管员对问题识别和处理的速度。同时，区块链技术的应用增强了数据处理的安全性和可信度，为电网运维提供了强有力的技术支持。

然而，项目在实施过程中也面临一些挑战。例如，如何进一步提高社会公众参与的积极性、确保信息的准确性和及时性，以及如何有效管理和维护庞大的用户数据库等。这些问题的解决将是项目未来发展的关键。总体来看，该项目在电力行业具有重要的实践意义和应用价值，为电网反外损问题提供了一种新的思路和方法。

习题

1. 区块链技术在动产质押融资中如何提高透明度和信任度？你认为这会对传统金融体系产生什么样的影响？

2. 在实施区块链登记系统的过程中，可能会遇到哪些技术和管理上的挑战？你有哪些建议来解决这些挑战？

3. 结合区块链的不可篡改性和分布式特性，探讨它在防范金融欺诈中的潜在应用。

4. 仓储智能子系统的引入如何改变传统仓储管理模式？你认为未来智能仓储的发展方向是什么？

5. 讨论区块链技术在供应链金融中其他潜在的应用场景，并分析它可能带来的风险和收益。

6. 区块链技术能否完全取代传统的仓单管理系统？为什么？